职业院校机电类专业中高职衔接系列教材（中职）

电工基础与技能

（含学习指导与练习）

主　编　刘伦富　　敖小锋　　朱　琴

副主编　王　宇　　张道平

参　编　杨玉秀　　蒋朝宏　　任华玲
　　　　蔡继红

西安电子科技大学出版社

内 容 简 介

本书依据教育部颁布的《中等职业学校电工技术基础与技能教学大纲》，参考国家职业技能标准和企业岗位对技能型人才所需能力的要求并结合教学实践组织编写。本书主要内容包括电路基础知识、简单直流电路分析、复杂直流电路分析、电容、磁场与磁路、电磁感应、单相交流电路、三相交流电路、安全用电。本书贴近企业岗位需要与学生实际，根据教学内容，每章安排了"技能训练"，旨在将实操方法与过程通过清晰的实操图片进行演示，将理论与实践相结合，以加深学生对专业知识的理解，提高学生学习的兴趣和积极性。

本书可作为机电技术应用、电气自动化、电子技术应用、电子电器应用与维修等专业的基础教材，也可作为技能高考电类专业的重要基础教材，还可作为中级电工的培训教材和工程技术人员的参考书。

图书在版编目(CIP)数据

电工基础与技能：含学习指导与练习 / 刘伦富，敖小锋，朱琴主编. --西安：
西安电子科技大学出版社，2023.8
ISBN 978 - 7 - 5606 - 6932 - 8

Ⅰ. ①电… Ⅱ. ①刘… ②敖… ③朱… Ⅲ. ①电工—中等专业学校—教材
Ⅳ. ①TM

中国国家版本馆 CIP 数据核字(2023)第 130990 号

策 划 秦志峰 杨丕勇
责任编辑 秦志峰
出版发行 西安电子科技大学出版社(西安市太白南路2号)
电 话 (029)88202421 88201467 邮 编 710071
网 址 www. xduph. com 电子邮箱 xdupfxb001@163.com
经 销 新华书店
印刷单位 陕西日报印务有限公司
版 次 2023年8月第1版 2023年8月第1次印刷
开 本 787毫米×1092毫米 1/16 印张 16.5
字 数 389千字
印 数 1～2000册
定 价 44.00元
ISBN 978 - 7 - 5606 - 6932 - 8 / TM

XDUP 7234001 - 1

＊＊＊如有印装问题可调换＊＊＊

前　言

　　本书依据教育部颁布的《中等职业学校电工技术基础与技能教学大纲》，参考国家职业技能标准和企业岗位对技能型人才所需能力的要求并结合教学实践组织编写。本书主要包括电路基础知识、简单直流电路分析、复杂直流电路分析、电容、磁场与磁路、电磁感应、单相交流电路、三相交流电路、安全用电等内容。以下是本书的几个特点。

　　（1）本书知识点的覆盖面较宽，突出实践应用，强化基础知识，以满足企业岗位对技能型人才的要求。书中减少了电路工作原理分析和定量计算，主要从定性分析、实践应用的角度帮助学生理解、掌握所学知识。

　　（2）每章根据教学内容安排了"技能训练"，将实操方法与过程通过清晰的实操图片进行了演示，避免冗长的文字描述，并将技能训练融合在各知识点中，以加深学生对专业知识的理解，提高学生学习的兴趣和积极性。

　　（3）本书衔接职业技能鉴定要求和技能高考大纲。技能高考大纲与职业技能鉴定中级工的要求是相统一的。本书根据学生的知识结构和能力，在知识点、技能点的广度和深度等方面与技能高考大纲和职业技能鉴定要求是相匹配的。

　　（4）每节都有"学习目标"，指出了本节应知应会的目标和要求。每章有"本章小结"，归纳整理本章的知识点与技能点，帮助学生复习，以巩固、掌握知识。

　　（5）本书配套的学习指导与练习，内容紧扣教材，按章节顺序编写，每章包括知识要点、解题示例与分析、综合练习。知识要点简述该章的基本内容及重点、难点；解题示例与分析着重分析解题方法，阐明解题思路；综合练习用于帮助学生加深对电工基础知识和基本分析计算方法的理解，巩固所学知识，为后续的专业知识学习奠定基础。

　　湖北信息工程学校刘伦富、湖北省荆门职业学院敖小锋、湖北信息工程学校朱琴担任本书主编，荆门市钟祥市职业教育中心王宇和湖北信息工程学校张道平担任副主编，参与编写的还有湖北信息工程学校杨玉秀、蒋朝宏、任华玲、蔡继红。

　　限于时间关系，书中难免存在欠妥之处，请读者不吝指正。

编　者

2023 年 4 月

目　录

第 1 章

电路基础知识

1.1　电路的组成与电路图

（1）了解电路的基本组成及功能。

（2）理解并熟记电路图中常用电气元件的图形符号与文字符号。

1. 电路的组成

如图 1-1(a)所示，干电池、小灯泡、开关和连接导线构成一个简单直流电路。合上开关，干电池向外输出电流，电流流过小灯泡，小灯泡发光。像这样电流通过的闭合路径称为电路。

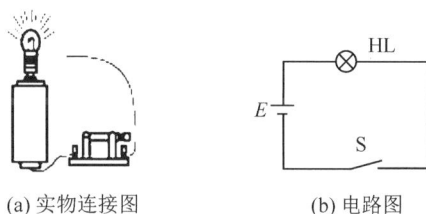

(a) 实物连接图　　　　(b) 电路图

图 1-1　电路和电路图

由此可以看出，电路一般由电源、负载、开关和连接导线四个基本部分组成。

（1）电源：把非电能转换成电能的装置，如发电机、干电池等。发电机将机械能转换成电能，干电池将化学能转换成电能，它们是电路中产生电流的动力。

（2）负载：把电能转换成其他形式能量的装置，也称用电器，如灯泡、电炉、电烙铁、扬声器、电动机等用电设备。

（3）开关：接通或断开电路的控制元件。广义地讲，开关包括控制电器和保护装置，它使电路按人们的意愿接通或断开，保护设备安全运行，如熔断器、各种开关、继电器等。

（4）连接导线：把电源、负载及开关连接起来，组成一个闭合回路，起传输和分配电能的作用。

2．电路的基本功能

在电力系统中，发电机将机械能等转换成电能，通过变压器、输电线将电能传输、分配给用户，用电器将电能转换成机械能、光能等。因此，电能传输电路具有能量的传输、分配和转换功能。

电视机、手机、计算机等电子设备通过电子电路将信号源的信号变换、放大或加工成所需要的信号并输出，以方便用户识读或观看。因此，电子电路具有信号或信息传递和处理功能。

3．电路图

为方便分析电路的工作原理，表达电路的设计和安装，一般采用国家统一规定的符号来直观地表达电路中各组成部分的连接关系。

用电气符号描述电路连接情况的图称为电路原理图，简称电路图或原理图。它主要反映电路中各元件之间的连接关系，并不考虑各元件的实际大小和相互之间的位置关系。图1-1(b)所示是图1-1(a)的电路图。工程实践中还有原理框图、安装接线图和印制电路图等。

绘制电路图必须采用国家标准规定的符号。在使用时可查阅相关标准，如《电气简图用图形符号》GB/T 4728等。表1-1是部分常用图形符号和文字符号。

表1-1　常用图形符号和文字符号

图形符号	文字符号	名称	图形符号	文字符号	名称
～／	S，SA	开关	⊗	HL	信号灯，指示灯
⊣⊢	GB	干电池	▷◁	VD	发光二极管
▭	R	电阻器	▷⊦	VD	二极管
▭↓	RP	电位器	Ⓥ	PV	电压表
＋		架空导线	Ⓐ	PA	电流表
＋●		焊接导线	▭	FU	熔断器
⊥		接机壳	○	X	端子
⏚		接地	⌒⌒⌒	L	线圈，电感器，绕组

思考与练习

1. 电路一般由_____、_____、_____和连接导线四个基本部分组成。

2. 手机电池被充电时，它是_____（选"电源"或"负载"）。

3. 电路的基本功能：_____；_____。

4. 画出下列电气元件的图形符号并标注文字符号。

（1）熔断器_____；（2）电位器_____；（3）焊接导线_____；（4）接地_____。

1.2　电　流

学习目标

（1）理解电流的形成条件与电流的概念。

（2）掌握电流的计算公式和常用单位的换算。

1. 电流的形成

在山区或者地形险峻的地区，连日暴雨会造成山体松动，形成泥沙、石块滚滚而下的泥石流。泥石流是一种流动体，它在山体高度差的作用下向某个方向流动。泥石流是一种自然灾害，破坏力强，我们应当科学预防，减少损失，保护人民的财产和生命安全。

电流也是一种流动体。电荷的定向移动形成电流，移动的电荷又称载流子。载流子是多种多样的，如金属导体中的自由电子、电解液中的离子等。金属导体中的自由电子在导体两端电位差（电压）的作用下定向移动，电解液中正、负离子沿相反方向移动，阴极射线管中的电子流定向移动等，均能形成电流。图 1-2 所示为电流的形成。

习惯上规定正电荷移动的方向为电流的方向，因此电流的方向实际上与自由电子移动的方向相反。

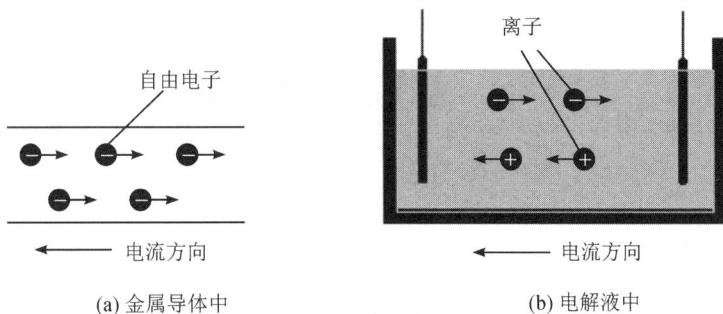

（a）金属导体中　　　　　　　　（b）电解液中

图 1-2　电流的形成

必须指出，电子的移动速度是很慢的，但电流的传导速度是光速，二者不能等同。

2．电流的大小

电流的大小称为电流强度，简称电流，是指单位时间内通过导体横截面的电荷量，即

$$I = \frac{Q}{t}$$

式中，I、Q、t 的单位分别为安培（A）、库仑（C）、秒（s）。电流的常用单位还有毫安（mA）和微安（μA）。电流常用单位的换算如下：

$$1 \text{ mA} = 10^{-3} \text{ A}$$
$$1 \text{ μA} = 10^{-3} \text{ mA}$$

工程实践中，有时会用到较大或较小的物理量，可以在单位前冠以相应的词头，构成倍数或分数单位，如前面提到的 μA、mA 等。其他单位词头见表 1-2。

表 1-2 单位词头

中文名称	吉	兆	千	毫	微	纳	皮
因数	10^9	10^6	10^3	10^{-3}	10^{-6}	10^{-9}	10^{-12}
符号	G	M	k	m	μ	n	p

电流既是描述带电离子定向移动的物理现象，又是描述带电离子定向移动强弱（大小）的物理量，要视描述环境而定。

思考与练习

1．金属导体中的自由电子在导体两端_____作用下_____形成电流，习惯上规定_____为电流方向相同，电流的路径必须是_____。

2．1 A=_____ mA，1 μA=_____ mA。

3．在图 1-2(a)中，1 分钟通过导体横截面的电荷量为 6 C，则通过导体的电流为_____ mA。

4．在图 1-2(b)中测得 10 s 内通过电解液某一截面向左移动的电荷量为 6 C，向右移动的电荷量也为 6 C，则此电解液中电流强度为多少？（提示：向右移动的电荷和向左移动的电荷形成的电流方向相同，则 $I = 2Q/t$）

1.3 电压与电动势

学习目标

（1）理解电压、电动势在电路中的作用及相互关系。

（2）理解电压、电位、电动势的概念。

1．电压

金属导体中的许多无序运动的自由电子在外加电场的作用下能有规则地定向移动，从

而形成电流。如图 1-3 所示，电场力将单位正电荷从 a 点移动到 b 点所做的功，称为 a、b 两点间的电压，用 U_{ab} 表示。电压单位是伏特，简称伏，用 V 表示。电路中正是有电压的作用才形成持续的电流。

电压与电流的关系和水压与水流的关系有相似之处。

在图 1-4 所示的装置中，水泵不断将水槽乙中的水抽送到水槽甲中，使水槽甲的水位比水槽乙的水位高，形成水压，水管中的水在水压的作用下由高处向低处流动，推动水车旋转。

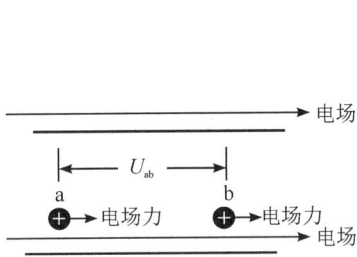

图 1-3　电场力做功　　　　　图 1-4　水压与水流

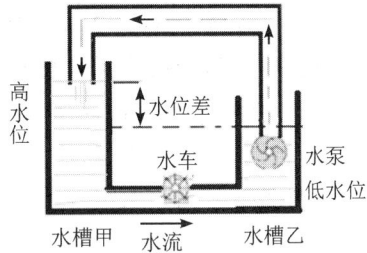

在图 1-5 所示的电路中，由于电源正、负极间有电压(电位差)，电路中正电荷由正极持续不断地流向负极(实际上是负电荷由负极流向正极)，因而使电灯发光。

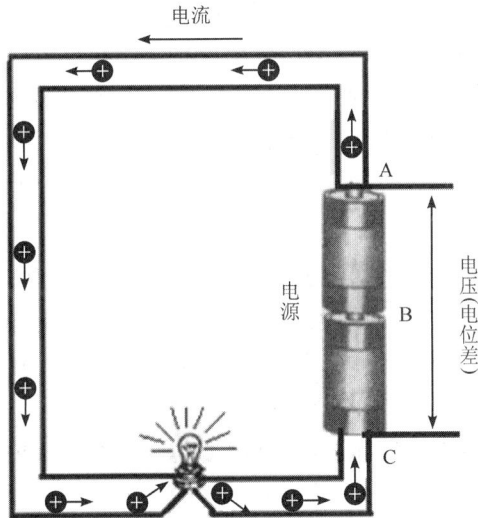

图 1-5　电压与电流

若电场力将 1 库仑(C)的电荷从 a 点移动到 b 点，所做的功为 1 焦耳(J)，则 a、b 间的电压为 1 V。工程上常用的电压单位有千伏(kV)、毫伏(mV)和微伏(μV)。它们的换算关系如下：

$$1\ kV = 10^{3}\ V$$

$$1\ mV = 10^{-3}\ V$$

$$1\ \mu V = 10^{-3}\ mV = 10^{-6}\ V$$

2. 电位

在电路分析、故障排查中，有时需要引入电位的概念。在电路中任意选定一点作为参考点，通常把参考点的电位规定为"0"，即"0"电位，则电路中某点与参考点之间的电压即为该点的电位。电位的单位也是伏特（V）。电位用 U 表示，如 U_a 表示 a 点的电位。

电路中任意两点（如 a、b）间的电位差即为这两点间的电压，因此，电压又称电位差，二者的关系式为

$$U_{ab}=U_a-U_b$$

一般选大地为参考点，即大地电位为零电位。在电子仪器和设备中常把其金属外壳或电路的公共接点的电位规定为零电位，其符号有两种，但意义有差异。"⏚"表示接大地，"⊥"或"◢"表示多条支路汇合的公共接地或接机壳。高于参考点的电位取正，低于参考点的电位取负。

【例 1-1】　在图 1-5 中，已知干电池电压为 1.5 V。

（1）以电源负极 C 为参考点，则 C 点和 A 点电位分别为多少？

（2）以 A 为参考点，则 A 点、B 点、C 点电位又分别为多少？

解　参考点的电位一般定义为 0。

（1）由图 1-5 知，A 与 C 点电压 $U_{AC}=3$ V。以电源负极 C 为参考点，$U_C=0$，$U_{AC}=U_A-U_C$，则 A 点电位 $U_A=3$ V。

（2）由图 1-5 知，$U_{AB}=1.5$ V。以 A 为参考点，$U_A=0$，$U_{AB}=U_A-U_B$，则 $U_B=-1.5$ V。同理得 $U_C=-3$ V。

不管参考点如何选择，两节电池正、负极之间的电位差都是 3 V，这是不会改变的，像图 1-4 中，不管参考点选在何处，甲、乙水槽间的水位差是不会随参考点的改变而改变的。由此可知，电路中某点的电位与参考点的选择有关，但两点间的电位差与参考点的选择无关。

3. 电动势

图 1-4 中水泵的作用是不断地把水从乙水槽抽送到甲水槽，使甲、乙水槽间始终保持一定的水位差，水管中就有持续的水流。图 1-5 中电源的作用和水泵相似，它不断地将正电荷从电源负极经电源内部移动到电源正极，使电源的正、负极之间始终保持一定的电位差（电压），这样电路就会保持一定的持续电流。

在电源的内部，外力（或称电源力）将单位正电荷从电源的负极移动到电源的正极所做的功，称为电源的电动势，如图 1-6 所示。电动势用 E 表示，单位为伏特（V）。

这里所说的外力是指其他形式能量所产生的一种对电荷的作用力。例如，发电机的外

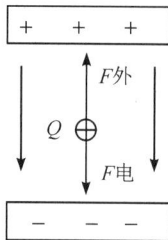

图 1-6　外力克服电场力做功

力是由电磁作用产生的电磁力。

电动势方向的规定：在电源内部由负极指向正极，如图 1-7 所示。对于电源，它既有电动势，又有对外输出的端电压。电动势只存在于电源内部，端电压则是电源加在外电路两端的电压，方向由正极指向负极。

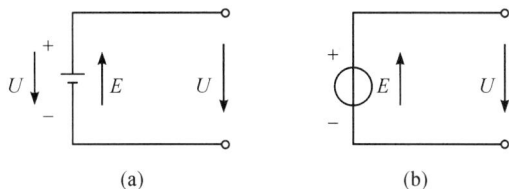

(a)　　　　　　　　(b)

图 1-7　直流电动势的图形符号的两种表示法

电源的电动势在数值上等于电源没有接入电路(开路)时两极间的电压。当电源接入电路时电源内部电流由负极流向正极。干电池电压约 1.5 V，蓄电池电压约 2 V，这里讲的就是电源的电动势，它由电源本身的性质所决定，与外电路无关。

4. 直流电和交流电

方向不随时间变化的电流(或电压)，称为直流电流(或电压)，简称直流电，用符号 DC 表示。其中，大小和方向都不随时间变化的电流(或电压)，称为稳恒直流电，如图 1-8(a) 所示；大小随时间变化，而方向不变的电流(或电压)，称为脉动直流电，如图 1-8(b) 所示。本书所说的直流电，如无特殊说明，均指稳恒直流电。若电流(或电压)的大小和方向都随时间的变化而变化，则称为交变电流(或电压)，如图 1-8(c) 所示，简称交流电，用符号 AC 表示。通常把脉动直流电看成是在稳恒直流电的基础上叠加交流成分而得到的。蓄电池、直流发电机能给电路提供稳恒直流电压，家庭照明电路都是由交流电源供电的，称为交流电路。

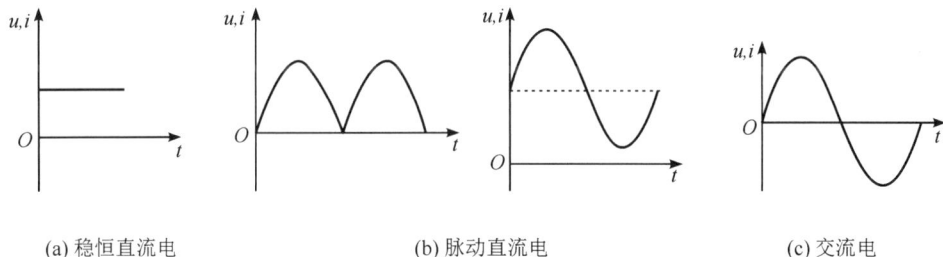

(a) 稳恒直流电　　　(b) 脉动直流电　　　(c) 交流电

图 1-8　直流电和交流电

思考与练习

1. 判断题

(1) 电路中某一点和参考点之间的电压，就是该点的电位。　　　　（　　）
(2) 从定义上讲，电位和电压相似，所以电位改变电压也改变。　　（　　）
(3) 外力将单位正电荷由正极移向负极所做的功即为电源电动势。　（　　）
(4) 电路中发生电能的装置是电源，而接受电能的装置是负载。　　（　　）

（5）电路中两点间的电压很高，则这两点的电位也一定很高。　　　　　　　（　　）

（6）电路中 a、b 两点电位相等，若用导线将这两点连接起来并不影响电路的工作。

　　　　　　　　　　　　　　　　　　　　　　　　　　　　　　　　　　（　　）

（7）电路中任意两点间的电压值是相对的，任一点的电位值是绝对的。　　　（　　）

（8）通过导体截面的电量越多，电流就越大。　　　　　　　　　　　　　　（　　）

（9）电荷在电压的作用下定向移动形成电流，电荷移动的速度就是电流的速度。

　　　　　　　　　　　　　　　　　　　　　　　　　　　　　　　　　　（　　）

2. 填空题

（1）电路中 A、B 两点的电位分别是 $U_A = 7$ V，$U_B = -10$ V，则 A 点对 B 点的电压_____ V。

（2）电路中 A、B 两点间电压为 10 V，A 点的电位 $U_A = -5$ V，则 B 点的电位 U_B _____ V。

（3）取出一节旧电池，测得电压为 1.3 V，则该旧电池的电动势为_____ V。

（4）电流的大小随时间变化，但方向不变称其为_____，其符号为_____。电流的大小和方向都随时间变化，称其为_____，其符号为_____。

1.4　电阻与电阻定律

学习目标

（1）掌握电阻定律，能计算导体的电阻，理解电阻率及其意义。

（2）了解电阻器的主要参数和电阻与温度的关系，熟悉常用电阻器。

1. 电阻和电阻器

当电流通过导体时，导体对电流有阻碍作用，称这种阻碍作用为电阻。导体的电阻常用 R 表示。工程实践中，经常要用到具有一定电阻值的元件称为电阻器，也简称为电阻。电阻单位是欧姆，简称欧（Ω），工程上常用的单位有千欧（kΩ）、兆欧（MΩ）。它们之间的换算关系为

$$1 \text{ k}\Omega = 10^3 \text{ }\Omega$$
$$1 \text{ M}\Omega = 10^3 \text{ k}\Omega$$

2. 电阻定律

导体的电阻由导体本身的性质决定，它的大小与导体长度成正比，与导体横截面积成反比，与导体的材料有关，环境温度也会改变电阻的大小。

导体电阻可按下式计算：

$$R = \rho \frac{l}{s}$$

式中，比例系数 ρ 称为导体材料的电阻率，单位是欧姆米（Ω·m），它与材料性质和材料所处环境温度有关。在一定的温度下，同一种导体材料的 ρ 是常数。

电阻率的大小反映了导体材料的导电能力，电阻率 ρ 越大，说明导体材料导电性能越

差。通常电阻率小于 10^{-6} Ω·m 的材料称为导体，如金属；电阻率大于 10^{7} Ω·m 的材料，几乎不导电称为绝缘体，如塑料、云母。常用材料的电阻率见表 1-3。

表 1-3　常用材料的电阻率

材料名称		电阻率(20℃) $\rho/(\Omega \cdot m)$	电阻温度系数 α
导体	银	1.6×10^{-8}	3.6×10^{-3}
	铜	1.7×10^{-8}	4.1×10^{-3}
	铝	2.8×10^{-8}	4.2×10^{-3}
	钨	5.5×10^{-8}	4.4×10^{-3}
	镍	7.3×10^{-8}	6.2×10^{-3}
	铁	9.8×10^{-8}	6.2×10^{-3}
	锡	1.14×10^{-7}	4.4×10^{-3}
	铂	1.05×10^{-7}	4.0×10^{-3}
	锰钢(85%铜+3%镍+12%锰)	$(4.2 \sim 4.8) \times 10^{-7}$	约 0.6×10^{-5}
	康铜(58.8%铜+40%镍+1.2%锰)	$(4.8 \sim 5.2) \times 10^{-7}$	约 0.5×10^{-5}
	镍铬丝(67.5%镍+15%铬+16%碳+1.5%锰)	$(1.0 \sim 1.2) \times 10^{-6}$	约 15×10^{-5}
	铁铬铝	$(1.3 \sim 1.4) \times 10^{-6}$	约 5×10^{-5}
半导体	碳(纯)	3.5×10^{-5}	-0.5×10^{-3}
	锗(纯)	0.60	
	硅(纯)	2300	
绝缘体	塑料	$10^{15} \sim 10^{16}$	
	陶瓷	$10^{12} \sim 10^{13}$	
	云母	$10^{11} \sim 10^{15}$	
	石英(熔凝)	7.5×10^{17}	
	玻璃	$10^{10} \sim 10^{14}$	
	琥珀	5×10^{14}	

注：电阻温度系数 α 是温度每升高 1 ℃时电阻值变动数值与原电阻值之比。

　　有一类材料导电能力介于导体和绝缘体之间，它们的导电性能受外界条件的影响很大，如温度的变化、光照的变化、掺入微量其他物质等都可能使其导电性能发生显著变化，这类材料称为半导体。半导体材料在现代科学技术中有着重要的应用，半导体材料可制作成敏感电阻，如热敏电阻、光敏电阻、压敏电阻等。

　　由表 1-3 可知，纯金属的电阻率小，导电性能好，所以连接电路的导线一般用电阻率小的铝或铜来制作，必要时还在导线上镀银，以减少接触电阻。合金材料的电阻率较大，常用来制作电阻器、电炉电阻丝。为了保证安全，电线的外皮、电工用具的手柄、外壳等都要用橡胶、塑料等绝缘材料制成。

　　3. 电阻与温度的关系

　　(1) 纯金属的电阻值随温度的升高电阻增大，温度升高 1 ℃，电阻值增大千分之几，称为正温度系数材料。有的合金材料电阻值随温度的升高而减小，称为负温度系数材料。

（2）大多数半导体电阻值与温度变化的关系较大，温度增加电阻值明显减小。

生产中利用电阻与温度变化的关系可制造电阻温度计。康铜合金、锰铜合金的电阻值几乎不受温度的影响，常用来制造标准电阻。温度升高也会降低碳和绝缘体的绝缘性能。

4. 常用电阻器

1) 电阻器的作用与分类

为满足不同电路工作要求，电阻器有不同的结构和规格。按结构可分为固定电阻和可变电阻两大类。图1-9所示是常用电阻器，图(a)、(b)分别是固定电阻和可变电阻的外形。固定电阻用于阻值不需要变动的电路中，可变电阻用于阻值需要经常变动的电路中，微调电阻主要用于电路需要在线调试的电路中。图1-9(c)是敏感电阻，它常用于电子测量电路和自动控制系统中。

金属膜电阻　　　　　碳膜电阻　　　　　贴片电阻

(a) 固定电阻

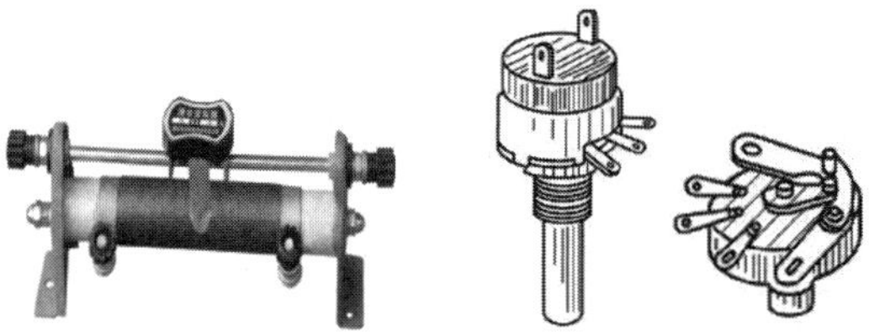

滑动变阻器　　　　带开关电位　　　　微调电阻器

(b) 可变电阻

光敏电阻　　　　　热敏电阻　　　　　压敏电阻

(c) 敏感电阻

图1-9　常用电阻器

2) 电阻器的主要参数

选用电阻时我们必须考虑它的电阻值大小和功率。

（1）标称值：标注在电阻表面上的阻值。

（2）额定功率：在一定的温度下能长期连续工作所允许消耗的最大功率。额定功率也称标称功率。常用小型电阻器的功率有 1/8 W、1/4 W、1/2 W、1 W、2 W 等。选用时其额定功率应大于它在电路中实际消耗的功率，否则将因发热而烧毁。

在仪器仪表等电子设备中选用电阻元件还必须考虑它的允许偏差等参数。允许偏差是指电阻真实值与标称值之间的误差值。

💡思考与练习

1. 导体的电阻与_____成正比，与导体横截面积成_____比，与导体的材料和环境温度有关。导体电阻计算公式_____。

2. 导体电阻率 ρ 越大，说明其导电性越_____，在导线上镀银，是为了_____。

3. 金属电阻值随温度的升高电阻_____，它们是_____温度系数材料。

4. 电阻器按结构可分为_____电阻和_____电阻两大类。

5. 导体的长度和横截面积都增大一倍，其电阻值_____。

6. 将一根导体均匀拉长为原来的 3 倍，则电阻值为原来的多少倍？

7. 相同材料制成的两个均匀导体，长度之比为 2∶3，横截面面积之比为 4∶1，则其电阻之比为多少？

1.5 部分电路的欧姆定律

📖 学习目标

（1）掌握欧姆定律，能计算电路中的电流、电压与电阻，并能判断电流、电压的实际方向。

（2）了解伏安特性曲线的意义。

1. 欧姆定律

初中阶段我们学习过欧姆定律，它描述的是一段电路或一个导体上流过的电流与电压的关系。准确地讲，这一定律应称为部分电路的欧姆定律，其内容是：在不含电源的电路中，流过导体的电流与这段导体两端的电压成正比，与电阻成反比，如图 1-10 所示，即

图 1-10 部分电路

$$I = \frac{U}{R}$$

式中，I、U、R 的单位分别是安倍（A）、伏特（V）、电阻（Ω）。

部分电路的欧姆定律（常称欧姆定律）揭示了一段电路或一个导体上电流、电压和电阻三者的关系，它不涉及电源，被广泛应用于电路分析中。

在分析计算较复杂电路时，常常遇到对电压或电流的实际方向难以判断的情况，可以先设定电压或电流的参考方向，原则上电压或电流的参考方向可任意选取，但如果已知电流参考方向，则电阻上电压参考方向最好选择与电流方向一致，称为关联参考方向。通过计算，如果电压或电流值为正值，说明它们的实际方向与参考方向一致，如计算结果为负值，则说明它们的实际方向与参考方向相反。例如，在图 1-11 所示电路中，已选定电流参考方向为图中箭头所示方向，如计算 $I_1 = 1$ A，$I_2 = -1$ A，则说明 I_1 的实际方向与选定的

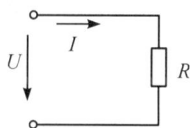

参考方向相同，I_2 的实际方向与选定的参考方向相反，实际方向向左。

如电路中电压与电流方向选为非关联参考方向，如图 1-12 所示，则 $U=-IR$。

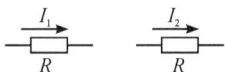

图 1-11　电流的参考方向　　　　图 1-12　U 与 I 方向相反

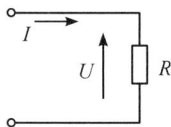

2.伏安特性曲线

如果以电压为横坐标，电流为纵坐标，可画出电阻的 U/I 关系曲线，称为伏安特性曲线。如图 1-13 所示的电阻元件的伏安特性曲线是通过原点的直线，这种电阻称为线性电阻，其电阻值可认为是恒定不变的常数，$R=\dfrac{U_1}{I_1}=\dfrac{U_2}{I_2}$。一般金属导体电阻是线性电阻。

图 1-14 所示电阻元件的伏安特性曲线不是一条通过原点的直线，这种电阻称为非线性电阻，图中 $R_1=\dfrac{U_1}{I_1}$，$R_2=\dfrac{U_2}{I_2}$，但 $R_1 \neq R_2$，其电阻值不是常数。一般半导体器件（如晶体二极管）是非线性电阻。对于非线性电阻，曲线上每点电阻值不同，因此，欧姆定律不适用非线性电阻，但曲线上每一点的电压、电流与电阻的关系仍满足欧姆定律。

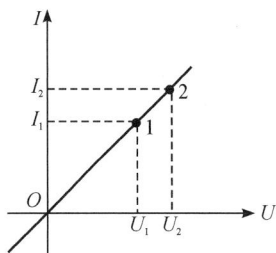

图 1-13　线性电阻的伏安特性曲线　　　图 1-14　非线性电阻的伏安特性曲线

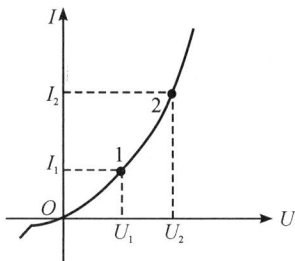

💡**思考与练习**

1．判断题

（1）由一段无源电路欧姆定律公式 $R=U/I$ 可知，电阻 R 的大小与电压成正比。

（　　）

（2）如果改变电路中电流的参考方向，则电流的实际方向也跟着改变。　（　　）

（3）一段金属导体两端加 10 V 电压，电阻为 5 Ω，两端加 20 V 电压，电阻为 10 Ω。

（　　）

（4）欧姆定律描述了电压、电流与电阻的关系，因此它适用于所有电阻元件。（　　）

2．填空题

（1）图 1-15 所示的电阻特性曲线中，图（a）中 R_1 _____ R_2，图（b）中 R_2 _____ R_1。

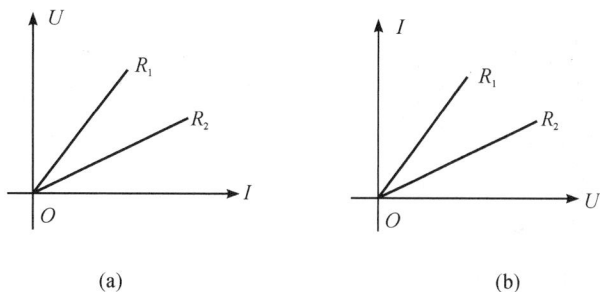

图 1-15　电阻特性曲线

（2）一段金属导体两端加上 10 mV 电压时，电流为 2 mA；两端加上 5 V 电压时，通过的电流为_____ mA。

（3）测得某用电器的电阻为 55 Ω，工作电流为 4 A，则其两端电压为_____。

（4）伏安特性曲线是描述元件的_____。

1.6　电功与电功率

📖 学习目标

（1）理解电功、电功率的概念。

（2）掌握电功、电功率和焦耳热的计算方法。

（3）能理解电气设备标注的额定值的含义。

1. 电功

电流通过负载将电能转化为其他形式的能，这个过程必须通过电流做功才能完成。例如，电流通过电动机做功，电能转化为机械能；电流通过灯泡做功，电能转化为热能和光能等。电流所做的功，称为电功，用字母 W 表示。实践研究表明，电流在一段电路上所做的功等于这段电路两端的电压 U、电路中的电流 I 和通电时间 t 三者的乘积，即

$$W = UIt$$

式中，W、U、I、t 的单位分别为焦耳(J)、伏(V)、安(A)、秒(S)。

电功常用的较大的计量单位是千瓦时，用符号 kW·h 表示，1 kW·h 就是我们常说的 1 度电，1 度电与焦耳的换算关系为：

$$1 \text{ kW·h} = 3.6 \times 10^6 \text{ J}$$

我们用电能表（或称电度表）测量电流做功，用它累计计量负载在一定时间内消耗的电能。如图 1-16 所示，图(a)为老式机械电能表，其自身功耗大，需定期抄表后用户支付电费，已逐渐淘汰。图(b)为 IC 卡式预付费电能表，还有新型智能电能表等。新式表付费方便，使用广泛。

2. 电功率

在相同时间内，电流通过不同的负载所做的功，一般并不相同。例如，在同一时间内，

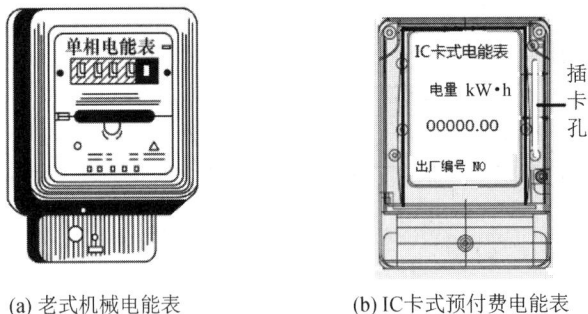

(a) 老式机械电能表   (b) IC卡式预付费电能表

图 1-16   常见电能表

电流通过家用照明灯泡所做的功(灯泡消耗的电能)，显然要比电热水壶大得多。为了表征电流做功的快慢程度，引入电功率这一物理量。

电流在单位时间内所做的功称为电功率，用字母 P 表示，其公式：

$$P = \frac{W}{t}$$

或

$$P = UI$$

式中，P、W、U、I 的单位分别为瓦特(简称瓦，用 W 表示)、焦耳(J)、伏(V)、安(A)。

对于电阻电路，根据部分电路的欧姆定律，上式可以写为

$$P = I^2 R$$

或

$$P = \frac{U^2}{R}$$

注意：在计算电功率时，U 和 I 方向相同，则 $P = UI$；如方向相反，则 $P = -UI$。若计算结果 P 为正值，表明元件吸收功率，处于负载状态；若计算结果 P 为负值，表明元件发出功率，处于电源状态(电源电压与电流方向相反)。

【例 1-2】   一个"220 V、60 W"的白炽灯，接在 220 V 的供电线路上，则线路电流为多少？若家用电饭煲的功率为 1 kW，每天使用 30 min，白炽灯平均每天使用 5 h，则这个家庭每天耗电多少度？

解   因为

$$P = UI$$

则

$$I = \frac{P}{U} = \frac{60}{220} \text{ A} \approx 0.27 \text{ A}$$

每天消耗电能为

$$W = Pt = 0.06 \times 5 \text{ kW} \cdot \text{h} + 1 \times \frac{1}{2} \text{ kW} \cdot \text{h} = 0.8 \text{ kW} \cdot \text{h} = 0.8 \text{ 度}$$

3. 电流的热效应

电流通过负载做功使负载发热的现象称为电流的热效应。电流的热效应就是电能转换

成热能的效应，电流的热效应表达式：

$$Q = I^2Rt$$

式中，Q、I、R、t 的单位分别为焦耳(J)、安(A)、欧(Ω)、秒(s)。

电路中如果只有电热元件，那么电流所做的功与产生的热量相等，即电能全部转换为热能，如果是白炽灯，一部分转换为光能，另一部分转换为热能，因此，白炽灯的工作效率比较低。电动机工作时电能 85％以上转换为机械能，其余转换为热能。

在生产生活中，人们充分利用了电流的热效应，如生活中常用的电熨斗、电暖器、电饭煲等；在生产中选用低熔点的铅锡合金等制成熔断器的熔丝以保护电路和设备。

电流的热效应对生产生活也有不利的一面，如电动机在运行中发热，不仅消耗电能，而且会加速绝缘材料的老化，严重时甚至会发生事故。因此，在电气设备中应采取防护措施，以避免由于电流的热效应所造成的危害。例如，许多电气设备的机壳上都装有散热孔，有的电动机里装有风扇，表面加强散热的散热筋等以加快散热。

4. 负载的额定值

电气设备长期安全工作时所能承载的电压、电流、功率等最大值统称为额定值。电气设备在额定功率下的工作状态称为额定工作状态，也称满载；低于额定功率的工作状态称为轻载；高于额定功率的工作状态称为过载或超载。过载很容易烧坏用电器，所以一般不允许出现过载。额定值一般标注在电气设备或电气元件的明显位置，如图 1-17 所示。例如，灯泡上标注"220 V、40 W"，电容上标注"25 V、2200 μF"，电动机的额定值通常在其外壳的铭牌上，故其额定值也称铭牌数据。

(a) 电灯泡额定值标志　　　　　　　　　　(b) 电容器额定值标志

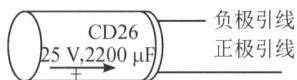

电动机的铭牌

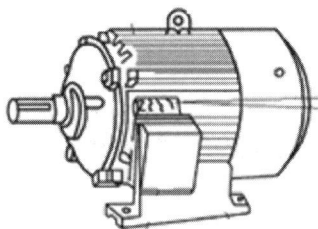

三相异步电动机			
型号 Y2-132S-4		功率 5.5 kW	电流 11.7 A
频率 50 Hz	电压 380 V	接法△	转速 1440 r/min
防护等级 IP 54	重量 68 kg	工作制S1	绝缘等级F
××电机厂			

(c) 电动机的铭牌

图 1-17　电气设备的额定值

【**例 1-3**】　一只标注"220 V、60 W"额定值的灯泡，接到 110 V 电源上时，它的实际功率是多少？

解　一般电阻类用电器的阻值是不变的，根据 $P = U^2/R$ 可得

$$\frac{U_{\mathrm{N}}^2}{P_{\mathrm{N}}}=\frac{U^2}{P}$$

$$\frac{220^2}{60}=\frac{110^2}{P}$$

得 $\qquad P=15\ \mathrm{W}$

把用电器如灯泡接到额定电压电源上时，它的功率为额定值，正常工作发光；当电源电压低于额定值时，它的实际功率比额定值小得多，灯泡发光暗淡，如果电源电压很低时，灯泡的实际功率极小而不会发光；当电源电压高于额定值时，极易损坏电气设备。这说明只有当实际电压等于额定电压时，实际功率才等于额定功率，用电设备才能安全可靠、经济合理地运行。

【例 1-4】 一个额定值为"1600 Ω、1 W"的电阻，它的额定电压和电流是多少？

解 根据式 $P=U^2/R$ 可得，电阻额定直流电压为

$$U=\sqrt{PR}=\sqrt{1600}=40\ \mathrm{V}$$

电阻额定直流电流为

$$I=\frac{P}{U}=\frac{1}{40}=0.025\ \mathrm{A}$$

💡**思考与练习**

1. 判断题

（1）"25 W、220 V"的灯泡接在"1 kW、220 V"的发电机供电线路上，灯泡一定会烧坏。　　　　　　　　　　　　　　　　　　　　　　　　　　　　（　　）

（2）在电路中，如果负载电功率为正值，则表示负载吸收电能，此时电路中电流与电压的实际方向一致。　　　　　　　　　　　　　　　　　　　　　（　　）

（3）一个 100 W 的白炽灯，正常工作 20 h 所消耗的电能为 2 度。　（　　）

2. 填空题

（1）额定值为"1 W、100 Ω"的电阻，在使用时电流和电压不得超过_____。

（2）一个"100 W、220 V"的灯泡，其额定电流和工作电阻为_____。

（3）某电烤箱的工作电压 220 V，电阻为 5 Ω，工作 15 min，产生的热量为_____J，消耗的电能为_____度。

1.7　技能训练　测电笔的使用与常用导线的认识

📖**实训目标**

（1）了解测电笔的结构。能正确使用测电笔判别火线与零线，并能用测电笔检查低压导体和电气设备是否带电。

（2）理解常用导线型号的意义，了解常用导线的结构、性能和安全载流电量。

实训器材

常用测电笔和多型号常用导线。

相关知识

1．测电笔

测电笔又称试电笔，常用于判别火线、零线，检查低压导体和电气设备是否带电等。低压测电笔的结构和形式如图 1-18 所示。低压测电笔有氖管型（钢笔式、螺丝刀式）和数显型两种。低压测电笔测试电压的范围为 60～500 V。当测试带电体时，电流经带电体笔尖、电阻、氖管（或数显型的数字电路）、弹簧、笔尾、人体到大地形成串联的通电回路，只要带电体与大地之间的电位超过 60 V，电笔中的氖管就会发光。由于这段电路中串有高阻值的电阻，故电流很小，对人体没有危害。

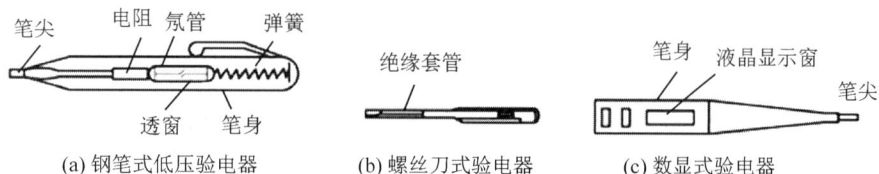

(a) 钢笔式低压验电器　　　(b) 螺丝刀式验电器　　　(c) 数显式验电器

图 1-18　低压测电笔的结构和形式

2．测电笔使用方法

如图 1-19 所示，握好测电笔，手指触及笔尾的金属体，氖管小窗体背光朝向自己，便于观察。在明亮的光线下测试时，应注意避光，以防误判。

图 1-19　测电笔使用方法

3．使用测电笔的安全知识

（1）测电笔中的高阻值电阻，不可拆掉，否则使用时会造成触电事故。

（2）测电笔使用前，一定要在已知的电源上检测，确认测电笔良好才能使用。

（3）潮湿环境慎用测电笔，使用时，应使测电笔逐渐靠近被测物体，直至氖管发光。

（4）在测试时慎防测电笔尖滑落搭接在两根导线或导线与金属外壳上，导致短路。

（5）测电笔不可当旋具使用，以防损坏。

4．常用导线认识

电工常用导线主要有塑料线、橡皮线、护套线、软线和裸绞线等。橡皮护套具有较好的弹性、耐磨、柔软和耐寒等特性。聚氯乙烯（塑料）护套具有耐油、耐酸碱腐蚀、机械强度高、不易燃等综合防护性好和制造工艺简单等优点。常用导线的结构、型号、名称和用途见表1-4。

表 1-4　常用导线的结构和应用范围

结　构	型　号	名　称	用　途
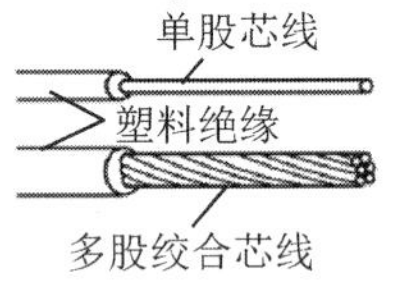 单股芯线 塑料绝缘 多股绞合芯线	BV BLV	聚氯乙烯（塑料）绝缘铜芯线 聚氯乙烯绝缘铝芯线	用于交直流额定电压为500 V及以下的户内照明和动力线路的敷设（布线），可明敷、暗敷、穿管以及户外沿墙支架线路的架设
 棉纱编织层 橡胶绝缘 单根芯线	BX BLX	铜芯橡皮线 铝芯橡皮线	
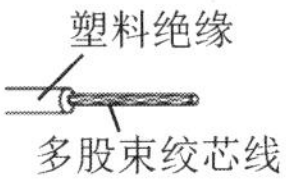 塑料绝缘 多股束绞芯线	BVR	聚氯乙烯绝缘铜芯软线	用于不频繁活动又有柔软要求的场合电源连接线
 绞合线 平行线	RVB RVS	塑料绝缘双根平行铜芯软线 双根绞合铜芯软线	用于交直流额定电压为250 V以下的电器、吊灯的电源连接线
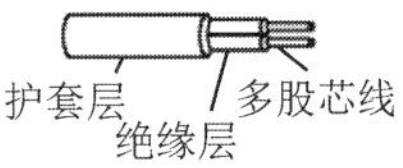 护套层 多股芯线 绝缘层	RVV	塑料绝缘和护套铜芯软线	用于交直流额定电压为250 V及以下的移动日用电器、家用电子设备电源连接线
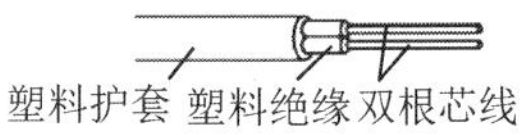 塑料护套 塑料绝缘双根芯线	BVV BLVV	塑料绝缘和护套铜（铝）芯双根或三根护套线	用于交直流额定电压为500 V及以下的户内外照明和小容量动力线路的敷设
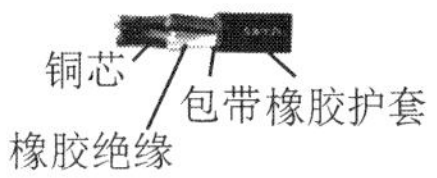 铜芯 橡胶绝缘 包带橡胶护套	YQ(W) YZ(W) YC(W)	移动式橡套软电缆（Y系列）	适用于低压移动电器如电动工具、插座、仪器及临时供电电源的连接线。YCW型耐油、耐气候，适于户外、耐油场合
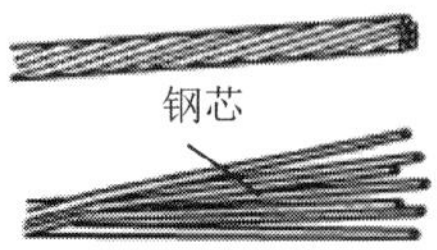 钢芯	LJ LGJ	裸铝绞线 钢芯铝绞线	用于户外高低压架空线路的架设；其中LGJ应用于气象条件恶劣，或电杆档距大，或跨越重要区域，或电压较高等场合
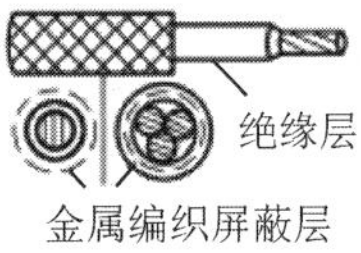 绝缘层 金属编织屏蔽层	BVP RVP	聚氯乙烯绝缘屏蔽（软）线	用于通信线路，防止电磁波干扰，如话筒线、通信传输线

电线电缆型号的意义如图1-20～图1-22所示。

B L X F

类别：绝缘布线
导电材料：铝
绝缘材料：橡皮
其他特征：氯丁橡胶

类别项中其他常见字母
表示意义：
Y—移动电缆；
J—电动机引接线；
YH—电焊机用移动电缆。

图 1-20　BLXF(铝芯氯丁橡胶绝缘导线)

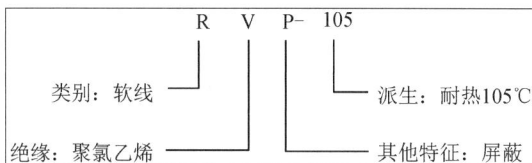

R V P- 105

类别：软线
绝缘：聚氯乙烯
其他特征：屏蔽
派生：耐热105℃

特征项中其他字母
表示意义：
S—双绞线；
HF—非燃烧橡胶护套；
Q—轻型；　Z—中型；
C—重型；　W—户外型。

图 1-21　RVP-105(耐热 105℃的聚氯乙烯绝缘屏蔽软线)(铜芯导电材料代号省略)

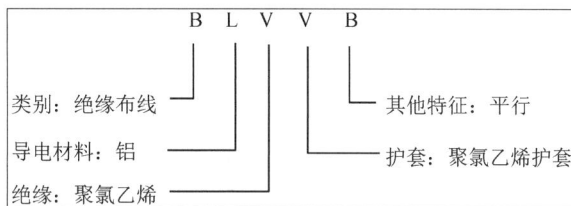

B L V V B

类别：绝缘布线
导电材料：铝
绝缘：聚氯乙烯
护套：聚氯乙烯护套
其他特征：平行

图 1-22　BLVVB(铝芯(二或三芯)聚氯乙烯绝缘聚氯乙烯护套平行导线)

　　每种型号的导线都规定了不超过它们最高允许工作温度时，长期连续负荷运行允许的最大电流值，称为安全载流量，导线截面积与导线最高允许工作温度65℃，环境温度25℃时安全载流量见表 1-5、表 1-6。

表 1-5　常用单芯线空气中和穿铁管敷设的安全载流量

芯线股数/单股直径/mm	导线截面积/mm²	安全载流量/A									
		空气中敷设				穿铁管敷设					
		BV BVR	BX BXR	BLV	BLX	穿 2 根线		穿 3 根线		穿 4 根线	
						BX	BLX	BX	BLX	BX	BLX
1/1.13	1.0	19	21	—	—	15	—	14	—	12	—
1/1.37	1.5	24	27	18	19	20	15	18	14	17	11
1/1.76	2.5	32	35	25	27	28	21	25	19	23	16
1/2.24	4.0	42	45	32	35	37	28	33	25	30	23
1/2.73	6.0	55	58	42	45	49	37	43	34	39	30
7/1.33	10	75	85	55	65	68	52	60	46	53	40
7/1.70	16	105	110	80	85	86	66	77	59	69	52
7/2.12	25	138	145	105	110	113	86	100	76	90	68

表 1-6　RV、RVB、RVS、BVV、BLVV 型导线空气中敷设的安全载流量

导线截面积 /mm²	安全载流量/A					
	一 芯		二 芯		三 芯	
	BX	BLX	BX	BLX	BX	BLX
0.5	12.5	—	9.5	—	7	—
0.75	16	—	12.5	—	9	—
1.0	19	—	15	—	11	—
1.5	24	—	19	—	12	—
2	28	—	22	—	17	—
2.5	32	25	26	20	20	16
4	42	34	36	26	26	22
6	55	43	47	33	32	25
10	75	59	65	51	52	40

　　生产生活实践中，导线的选用要考虑的因素较多，其用途不同考虑的侧重点也不同。选用导线时主要是：一看用途定类型；二看环境，如依据温度、湿度、散热条件等选线芯的长期允许工作温度；三看额定工作电压、负载的电流选导线的电压等级和导线的截面积，同时应注意输电导线不宜过长，线路总电压降不应超过 5%；四看经济指标。

　　一般工厂室内布线往往按表 1-5、表 1-6 所示安全载流量的 70%～80% 作为导线选用的载流量并留出适当裕量。2.5 mm² 的铜芯线选用载流量为 $32×(70\%～80\%)≈22～26$ A，如环境温度高于 25℃还应进行折算。家用室内布线因布线环境复杂、环境温度和用电量的变化等因素，往往按表 1-5、表 1-6 所示安全载流量的 50% 甚至更低作为导线选用的载流量。

　　导线的绝缘材料在使用过程中，由于光、电、热、氧等各种因素的长期作用，会使其老化，高压电器主要是电老化，低压电器主要是热老化。绝缘导线使用时温度过高会加速绝缘材料的老化过程。

💡 实训内容与步骤

1. 观察图 1-18 所示低压测电笔的结构。
2. 正确使用测电笔测试，判断图 1-19 所示插孔中的火线与零线，注意握好测电笔。
3. 用测电笔检查低压导体和电气设备是否带电。
4. 认识实验室常用导线，能指出其型号、名称，通过查表能说明其安全载流量。

💡 思考与练习

1. ＿＿＿＿＿＿ V 以下的电压不能使氖管式测电笔发光。

2. 测电笔中串有_____电阻，不可拆掉，它对人体有保护作用。

3. 测电笔使用前，一定要_____检测，确认测电笔_____才能使用。

4. 导线 BVR 表示_____。

5. 绝缘材料在使用过程中会老化，高压电器主要是_____，低压电器主要是_____。

本 章 小 结

1. 电路的主要物理量，见表 1－7。

表 1－7　电路的主要物理量

名称	符号	物 理 意 义	国际单位制（SI）单位名称与符号
电流	I	单位时间内通过导体横截面的电荷量 $I=Q/t$	安培（A）
电压	U	电场力移动单位正电荷所做的功	伏特（V）
电位	U	电路中某点与参考点之间的电压	伏特（V）
电动势	E	外力将单位正电荷从电源负极移动到正极所做的功	伏特（V）
电阻	R	导体对电流的阻碍作用，$R=\rho l/S$	欧姆（Ω）
电功	W	电流在一段时间内所做的功，$W=UIt$	焦耳（J）
电功率	P	电流在单位时间内所做的功，$P=UI$。推论：$P=U^2/R$ 或 $P=I^2R$	瓦特（W）

2. 形成电流必须具备条件：①能自由移动的电荷；②导体两端必须保持一定的电压且电路必须闭合。

3. 电压就是电路中任意两点间的电位差，即 $U_{ab}=U_a-U_b$，故电压也称电位差，电压的方向由高电位指向低电位。电位是相对数值，随参考点的改变而改变，电压是绝对数值，不随参考点的改变而改变。

4. 电动势只存在于电源内部，而电压不仅存在于电源两端，而且也存在于电源内部；在有载情况下，电源端电压总是低于电源电动势，只有当电源开路时，电源端电压才与电源电动势相等。

5. 导体的电阻由本身因素（导电特性 ρ、长度 l 和截面积 S）决定，也受环境温度影响。

6. 部分电路的欧姆定律：

$$I=\frac{U}{R}$$

它揭示了一段电路或一个导体上电流、电压、电阻三者的关系，可通过测量电阻两端电压与通过的电流来计算电阻，金属电阻的大小不受电压与电流的影响。

7．电流所做的功称为电功，电流在单位时间内所做的功称为电功率。

8．电气设备长期安全工作时所能承载的电压、电流、功率等最大值统称为额定值。

9．测电笔常用于判别火线、零线，检查低压导体和电气设备是否带电等。低压测电笔测试电压的范围为 $60\sim500$ V。

10．每种型号的导线都有其安全载流量，在使用过程中，由于光、电、热、氧等因素的长期作用，会使其绝缘材料老化，高压电器主要是电老化，低压电器主要是热老化。

第 2 章

简单直流电路分析

2.1 全电路欧姆定律

📖 **学习目标**

(1) 掌握全电路欧姆定律,理解内电阻对外电路输出电压的影响。

(2) 能用全电路欧姆定律分析电路的三种状态。

(3) 理解负载获得最大功率的条件和阻抗匹配的概念。

1. 全电路欧姆定律

与部分电路相对应,含有电源的闭合电路称为全电路,如图 2-1 所示。电源内部的电路称为内电路,r 为电源内部的电阻,称为内阻。如发电机的线圈电阻、电池内的溶液电阻等。内电阻可以不单独画出而标注在电源旁。电源外部的电路称为外电路,如图 2-1 中 AB 右边部分。外电路中的电阻称为外电阻,即负载电阻。

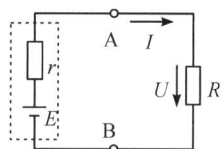

图 2-1 全电路

全电路欧姆定律:闭合电路中的电流与电源的电动势 E 成正比,与电路的总电阻(内电阻 r 与外电阻 R 之和)成反比,公式为

$$I = \frac{E}{R+r}$$

式中,E、R、r、I 的单位是伏(V)、欧(Ω)、安(A)。

由上式得

$$E = IR + Ir = U_{外} + U_{内}$$

式中,$U_{内}$ 是电源内阻电压降,$U_{外}$ 是电源向外电路输出的电压,称为电源的端电压。

将公式 $E = IR + Ir$ 两边同乘以电流 I,可得

$$IE = I^2 R + I^2 r$$

即

$$P_{电源} = P_{外} + P_{内}$$

上式表明，在闭合回路中，电源发出的功率等于外电路消耗的功率与电源内阻消耗的功率之和。

2. 电路的三种状态

（1）通路。如图 2-2 所示，将开关 S 置于"1"位置，电路为通路状态，是电路正常工作状态，电路中电流为

$$I = \frac{E}{R+r}$$

端电压 U（即 $U_{外}$）：

$$U = E - U_{内} = E - Ir$$

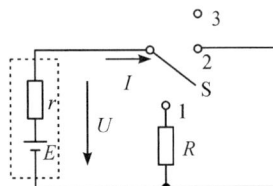

图 2-2　电路的三种状态

此式表明，当电源电动势 E 和内阻 r 一定时，电源端电压 U 将随负载电流 I 变化而变化，这种关系特性称为电源的外特性，可用如图 2-3 所示的特性曲线表示。由图 2-3 可见，电源端电压 U 随电流 I 的增大（负载电阻减小）而减小，电源内阻越大，直线越倾斜，这表明，当电源具有一定的内阻时，端电压总小于电源电动势，图中直线与纵轴交点的纵坐标表示电源电动势的大小（$I=0$ 时，$U=E$）。

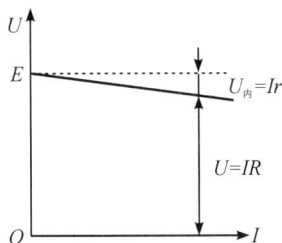

图 2-3　电源的外特性曲线

通常把通过大电流的负载称为大负载，把通过小电流的负载称为小负载。也就是说，当电源的内阻一定时，电路接大负载，端电压下降较多；电路接小负载，端电压下降较少。

（2）开路（断路）。将图 2-2 中的开关 S 置于"3"位置，电路为断路状态，也称为空载状态，其电流为 0。内阻电压降为 $U_{内}=Ir=0$，$U_{外}=E-Ir=E$，即电源开路时，其开路电压等于电源电动势。生活中，电池使用久了，内阻会变大，用仪表测量其开路电压（实际为电源电动势）并不低，连接到电路中其输出电压却较低，对外电路的供电能力就很差。发电机的内阻是不变的。

在生产实践中，如果导体接触面氧化、脏污、接点松动等，将会造成接触电阻过大甚至开路。

（3）短路。将图 2-2 中的开关 S 置于"2"位置，电源被短接，电路处于短路状态。短路电流 $I_{短}=E/r$，由于电源内阻一般都很小，$I_{短}$ 极大，此时外电路的端电压 $U=E-rI_{短}=0$ V。电源的能量全部被内电阻消耗了，短时间内产生大量的热量，严重损坏电源。短路是一种严重的故障状态，必须严格禁止，避免发生。在电气工程实践中，常常串联保护装置，如熔断器、断路器等，一旦电路发生短路故障，它们就自动切断电路，起到安全保护作用。

【例 2-1】 图 2-2 中，$E=2$ V，$r=0.2$ Ω，$R=9.8$ Ω。求开关在不同位置时，电路中的电流和端电压。

解　开关置"1"位，电路处于通路状态，电路中电流

$$I = \frac{E}{R+r} = \frac{2}{9.8+0.2} \text{ A} = 0.2 \text{ A}$$

端电压：

$$U = IR = 0.2 \times 9.8 \text{ V} = 1.96 \text{ V}$$

或

$$U = E - Ir = (2 - 0.2 \times 0.2) \text{ V} = 1.96 \text{ V}$$

开关置"2"位，电路处于短路状态，电路中电流：

$$I = I_{短} = \frac{E}{r} = \frac{2}{0.2} \text{ A} = 10 \text{ A}$$

电压：

$$U = 0 \text{ V}$$

开关置"3"位，电路处于开路状态，电路中电流：

$$I = 0 \text{ A}$$

电压：

$$U = E = 2 \text{ V}$$

3. 电源向负载输出的功率

电源存在内阻，由全电路欧姆定律知，$P_{电源} = P_{外} + P_{内}$，如果内阻上的功率较大，负载上获得的功率就较小。在什么条件下，负载才能获得最大功率呢？

在图 2 - 1 中，负载电阻 R 的功率表达式为

$$P = UI = I^2 R = \left(\frac{E}{R+r}\right)^2 R = \frac{E^2 R}{(R+r)^2}$$

将 $(R+r)^2 = (R-r)^2 + 4Rr$ 代入上式，得

$$P = \frac{RE^2}{(R-r)^2 + 4Rr} = \frac{E^2}{\dfrac{(R-r)^2}{R} + 4r}$$

当 $R = r$ 时，上式分母值最小，P 值最大。因此，负载电阻 R 获得最大功率的条件为：

负载电阻与电源的内阻相等，即 $R = r$，这时负载获得的最大功率为

$$P_m = \frac{E^2}{4R} = \frac{E^2}{4r}$$

负载获得最大功率也是电源输出最大功率，所以，这个条件也是电源输出最大功率的条件。当电动势和内阻均恒定时，负载功率 P 随负载电阻 R 变化的关系曲线如图 2 - 4 所示。

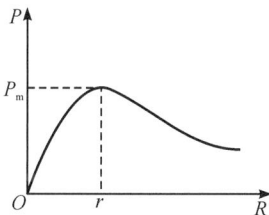

图 2 - 4　负载功率 P 与负载电阻 R 的关系曲线

【例 2 - 2】　在图 2 - 5 所示电路中，电源电动势 $E = 10$ V，内阻 $r = 1$ Ω，$R_1 = 9$ Ω，R_2 多大可获得最大功率？此时 R_2 消耗的功率为多少？

解　把电阻 R_1 看成电源内阻的一部分，则电源内阻为 $r + R_1 = 10$ Ω。

依据负载获得最大功率的条件可得，$R_2 = r + R_1 = 10$ Ω。

R_2 消耗的功率：

$$P_m = \frac{E^2}{4R_2} = \frac{10^2}{10} \text{ W} = 10 \text{ W}$$

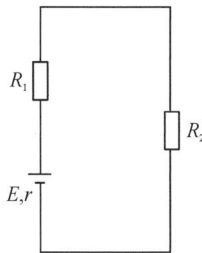

图 2 - 5　例 2 - 2 图

　　当负载电阻与电源内阻相等时，称为负载与电源匹配。这时负载上和电源内阻上消耗的功率相等，电源的效率只有 50%。

　　在信号或信息传递与处理电路中，因为信号一般很弱，常要求从信号源获得最大功率，因此必须满足匹配条件。例如，在音响系统中，要求功率放大器与扬声器间满足匹配条件，扬声器才能获得最大功率，类似的还有电视机、手机、收音机等。在负载电阻与信号源内阻不等的情况下，人们常在负载之前接入变换器以实现匹配。

　　在电力系统中，因为输送功率很大，所以提高效率非常重要，故必须使电源内阻远小于负载电阻，以减小损耗。

思考与练习

　　1. 当电路开路时，电源端电压等于＿＿＿＿＿＿＿＿＿＿＿＿＿。

　　2. 电源输出最大功率时，电源的效率只有＿＿＿＿＿＿。

　　3. 负载电阻 R 获得最大功率的条件是＿＿＿＿＿＿＿＿＿＿＿＿＿＿＿＿。

　　4. 通过大电流的负载被称为＿＿＿＿＿＿负载。

　　5. 当电源电动势和内阻一定时，负载电阻 R 增大，电源输出电压＿＿＿＿＿＿＿。

　　6. 生产中把＿＿＿＿＿＿的负载称为大负载，把＿＿＿＿＿＿的负载称为小负载。

　　7. 已知电源电动势为 6 V，内阻为 0.5 Ω，负载电阻为 3.5 Ω，电路中的电流 $I =$＿＿＿＿＿＿，电源端电压等于＿＿＿＿＿＿。

　　8. 如图 2-6 所示，开关 S 闭合时电压表的读数是 2.9 V，电流表的读数是 0.5 A；当 S 断开时电压表的读数是 3 V。求：① 电源的电动势和内电阻；② 外电路电阻 R 大小。

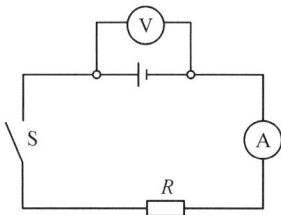

图 2-6　思考与练习 8 图

2.2　电阻的串联

学习目标

　　（1）掌握电阻串联电路的特点及应用。

　　（2）能综合运用欧姆定律和电阻串联关系分析计算简单电路。

1. 电阻串联电路的特点

装饰城市夜空的彩灯带或家用 LED 灯都是由许多小彩灯或 LED 灯依次连接在电路中的，如图 2-7(a)所示。像这样把多个元件顺次连接起来，就构成串联电路。串联电路中有一个元件断开或损坏，电流就不能形成闭合回路，电路就会停止工作。例如，控制开关串联在电路中，一旦控制开关断开，电路就会停止工作；彩灯带或家用 LED 灯中只要有一只灯损坏熄灭，它们就会全部熄灭。

电阻串联电路如图 2-7(b)所示。

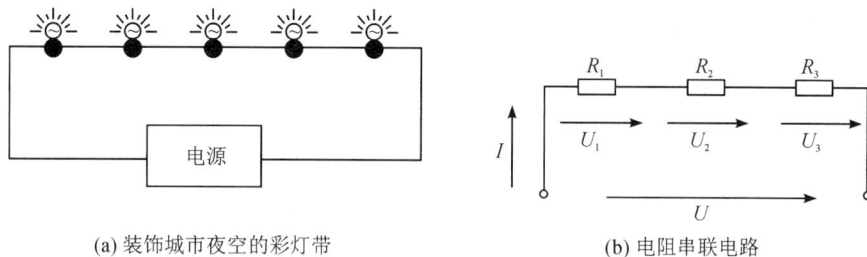

(a) 装饰城市夜空的彩灯带　　　　　　(b) 电阻串联电路

图 2-7　串联电路

电阻串联电路的特点如下：

(1) 串联电路中流过各电阻的电流相等。

(2) 串联电路的总电压等于各分电压(各电阻两端电压)之和：

$$U = U_1 + U_2 + U_3 + \cdots$$

(3) 串联电路的总电阻(等效电阻)等于各电阻之和：

$$R = R_1 + R_2 + R_3 + \cdots$$

(4) 串联电路中各电阻两端的电压与它的阻值成正比：

$$U_{R_1} = \frac{R_1}{R}U, \quad U_{R_2} = \frac{R_2}{R}U, \quad U_{R_3} = \frac{R_3}{R}U$$

串联电路中阻值越大的电阻分配到的电压越大，反之电压越小。

两个电阻 R_1 和 R_2 串联，电路的总电压为 U，则分压公式如图 2-8 所示。

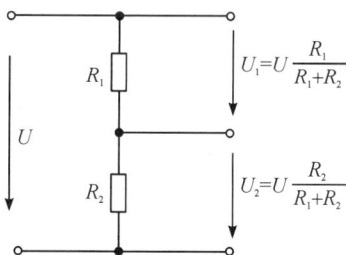

图 2-8　两个电阻串联分压

(5) 因为 $P = I^2 R$，所以串联电路中各电阻消耗的功率与它的阻值成正比，即

$$\frac{P_1}{P_2} = \frac{R_1}{R_2}$$

2. 电阻串联电路的应用

（1）电阻串联可获得较大阻值的电阻。

（2）电阻串联可限制和调节电路中的电流，如图2-9所示。

（3）电阻串联构成分压器，使同一个电源能满足不同电路的不同电压要求，如图2-10所示。这种分压器在电子电路中经常用到。

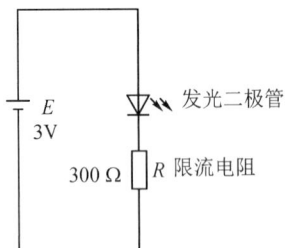

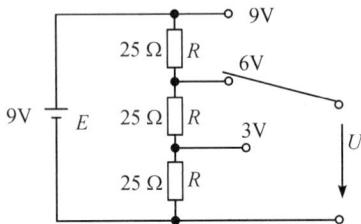

图2-9　R限流电路　　　　　图2-10　电阻串联构成分压器

（4）电阻串联可扩大电压表的量程。应用串联电阻的分压特点可扩大电压表的量程，串联的电阻越大，其扩大的量程越大。串联的分级电阻越多，其量程等级（挡位）越多。

【例2-3】 如图2-11所示，磁电系测量机构（表头）R_g 的满偏电流为1 mA，内阻为500 Ω。

（1）表头能承载的最大电压是多少？

（2）串联电阻 R_3 多大时，挡位2与B之间的电压 U_2 为25 V？

解 （1）测量机构（表头）R_g 的满偏电流就是表头能承载的最大电流。根据欧姆定律，表头能承载的最大电压：

$$U_g = I_g R_g = 500 \times 10^{-3} \text{ V} = 0.5 \text{ V}$$

（2）挡位2与B之间的电压 U_2 为表头承载的电压和 R_3 分担的电压 U_{R_3}，则 R_3 分担的电压：

$$U_{R_3} = U_2 - U_g = 25 \text{ V} - 0.5 \text{ V} = 24.5 \text{ V}$$

串联电阻 R_3 的值：

$$R_3 = \frac{U_{R_3}}{I_g} = \frac{24.5}{1 \times 10^{-3}} \text{ k}\Omega = 24.5 \text{ k}\Omega$$

图2-11　扩大电压表的量程

该表头再继续串联合适的电阻 R_2、R_1 可将量程扩大到100 V、250 V 等，这样就把一个量程为0.5 V 的表头改为量程为 0.5 V、25 V、100 V 和 250 V 的电压表。万用表的电压挡就是如此制成的。图2-11中的S为转换开关。

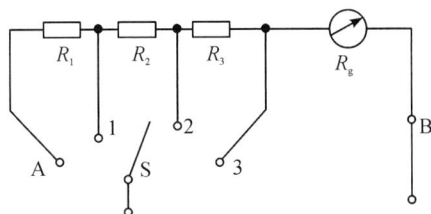

思考与练习

1. 在电阻分压电路中，电阻值越大，其两端分得的电压就_____。

2. 标识为"100 W、220 V"的灯泡，接在 20 V 的电路中，其实际功率为 P_1，接在 10 V 电路中，实际功率为 P_2，则 P_1 _____ P_2（选填"大于""小于"或"等于"）。

3. 已知两电阻 $R_1 = 3\ \Omega$，$R_2 = 12\ \Omega$，将它们串联接在 10 V 的电源上，则两电阻上电压分别为_____ V 和_____ V。

4. 标识"40 W、220 V"和"60 W、220 V"的两个灯泡串联接在 220 V 的电路上，_____亮些。

5. R_1 和 R_2 为两个串联电阻，已知 $R_1 = 4R_2$，若 R_1 上消耗的功率为 1 W，则 R_2 上消耗的功率为_____。

6. 某电压源的开路电压为 6 V，短路电流为 2 A，当外接 3 Ω 负载时，其端电压为_____V。

7. 图 2-11 中 R_1、R_2 的电阻值为多大可将量程扩大到 100 V、250 V？

8. 现有电压为 12 V 电源，一只灯泡的额定电压为 6 V，额定电流为 0.5 A，接入多大的电阻(包括功率和阻值)可使灯泡正常发光？

2.3　电阻的并联与混联

学习目标

(1) 掌握电阻并联电路的特点及应用。

(2) 能简化一般混联电路，能综合运用欧姆定律分析计算简单电路。

1. 电阻并联电路

1) 电阻并联电路的特点

家庭中使用的电灯、电视机、插座等都是并列地连接在电路中的，构成独立分支电路，每个分支电路安装一个开关，可以分别控制，互不影响，如图 2-12 所示。把多个元件或支路并列地连接起来，由同一电压供电，这就是并联电路。

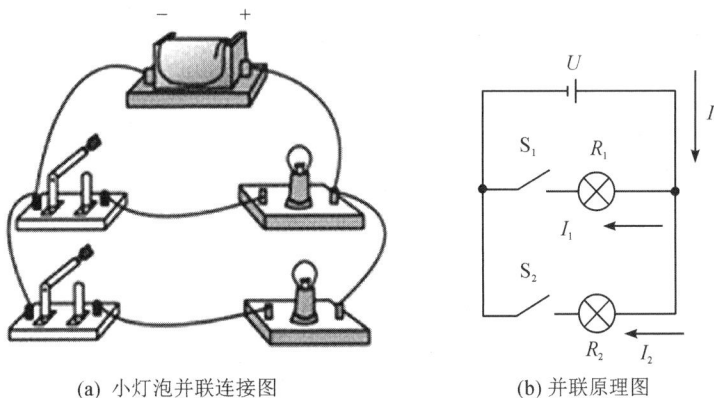

(a) 小灯泡并联连接图　　　　(b) 并联原理图

图 2-12　并联电路

电阻并联电路的特点如下：

(1) 并联电路中各电阻两端的电压相等，且等于电路两端的电压。

（2）并联电路的总电流等于流过各电阻的电流之和，即

$$I = I_1 + I_2 + I_3 + \cdots$$

并联电路具有分流特性。因并联电压相等，故有

$$\frac{I_1}{I_n} = \frac{R_n}{R_1}$$

此式说明并联电路中通过各支路的电流与其阻值成反比，阻值越大的电阻所分配到的电流越小，反之电流越大。若两个电阻并联，则

$$I_2 = \frac{R_1 I}{R_1 + R_2}, \quad I_1 = \frac{R_2 I}{R_1 + R_2}$$

（3）因为 $P = U^2/R$，所以，并联电路中各电阻消耗的功率与它的阻值成反比，即

$$\frac{P_1}{P_n} = \frac{R_n}{R_1}$$

（4）并联电路的总电阻（等效电阻）的倒数等于各并联电阻的倒数之和：

$$\frac{1}{R} = \frac{1}{R_1} + \frac{1}{R_2} + \cdots + \frac{1}{R_n}$$

两个电阻并联，总电阻为

$$R = \frac{R_1 R_2}{R_1 + R_2}$$

若几个（设为 n 个）阻值相同（均为 R_0）的电阻并联，则总阻值为

$$R = \frac{R_0}{n}$$

注意，并联电路的总电阻值小于其中任何一个电阻的阻值。

为了表达方便，通常将 R_1 与 R_2 并联表示为 $R_1 // R_2$。

2）电阻并联电路的应用

（1）在实际工作中，凡额定电压相同的负载均采用并联工作方式。这样每个负载都是一个可独立控制的回路，任一负载的正常开、关都不影响其他负载的正常工作。例如，照明线路中的各灯具、插座、电炉、工厂中的电机等均采用并联方式工作。

（2）电阻并联可获得较小电阻值，但可获得较大功率。

（3）扩大电流表的量程。应用并联电阻的分流特点可扩大电流表的量程，并联的电阻越小，其扩大的量程越大。并联的分级电阻越多，其量程等级越多。一般测量机构（表头）的满偏电流只在微安级，远远不能满足测量要求。图 2-13 所示为闭环式分流器扩大电流表的量程，开关 S 在不同的位置，$R_1 \sim R_5$ 与表头的连接关系不同，起到的扩大量程的作用不同。例如，S 在"A"位置，$R_1 \sim R_5$ 串联后再与测量机构并联，分流一部分电流，此量程扩大最小；S 在"1"位置，R_1 和测量机构串联后再与 $R_2 \sim R_5$ 的串联相并联，量程得到进一步扩大；以此类推，就构成了多量程的电流表。

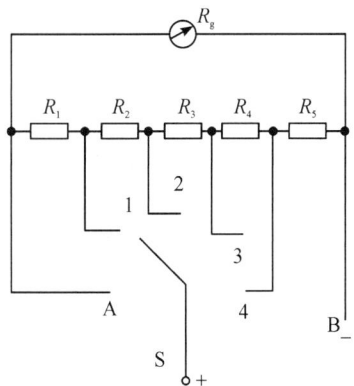

图 2-13　闭环式分流器扩大电流表的量程

2. 电阻混联电路

电路中的元件既有串联又有并联的连接方式称为混联。对于简单的电阻混联电路，可根据电阻的串、并联特点逐步分析求解；对于较为复杂的电阻混联电路，可化简为比较直观的串、并联关系电路图，再进行相关计算。

复杂的电阻混联电路常用电流分合法和节点合并法。

【例 2-4】　如图 2-14(a)所示，$R_1=R_6=R_3=R_4=R_5=2\ \Omega$，$R_2=3\ \Omega$。求 A、B 间的等效电阻 R_{AB}。

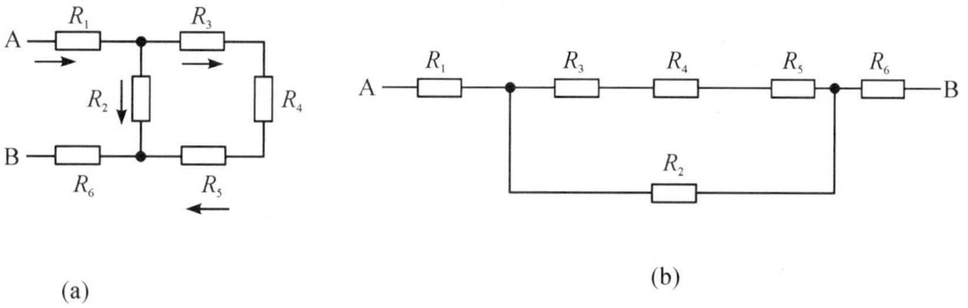

图 2-14　例 2-4 图

解　采用电流分合法化简图 2-14(a)所示电路。根据电流的流向，电流由分到合之间的元件是并联，无分支的元件是串联，化简成直观的串、并联关系如图 2-14(b)所示，则 R_3、R_4、R_5 串联后与 R_2 并联，再与 R_1、R_6 串联。

R_3、R_4、R_5 串联电阻：

$$R_{345}=R_3+R_4+R_5=2+2+2\ \Omega=6\ \Omega$$

由 $R=R_{345}/\!/R_2$，得

$$R=\frac{R_{345}R_2}{R_{345}+R_2}=\frac{6\times3}{6+3}\ \Omega=2\ \Omega$$

$$R_{AB}=R_1+R_6+R=2+2+2\ \Omega=6\ \Omega$$

【例 2-5】　如图 2-15(a)所示，电路中所有电阻均为 4 Ω，求 A、B 间的等效电阻 R_{AB}。

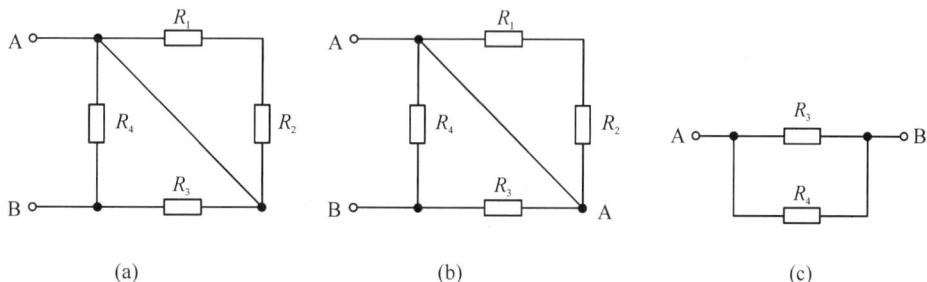

图 2-15　例 2-5 图

解　对于有短接线的电阻混联电路，一般采用节点合并法，即短接线的两端点相同，如图 2-15(b)所示，短接线的电位相同，将短接线连接的点合并，使节点减少，电路的串、并联关系会比较直观，如图 2-15(c)所示，则 A、B 之间只有 R_3、R_4 并联，R_1、R_2 被短路。

A、B 间的等效电阻：

$$R_{AB} = \frac{4}{2} = 2 \ \Omega$$

在电阻混联电路的化简中，理想电流表可认为短路，理想电压表可认为断路。

思考与练习

1. 2 个 10 Ω 电阻并联，再与 1 个 5 Ω 电阻串联，其总电阻值为_____ Ω。

2. 电路中负载大是指电路的等效电阻值_____（选填"大"或"小"）。

3. 多个电阻并联后，其总阻值_____。

4. 并联电阻在电路中可起到_____作用。

5. R_1 和 R_2 为两个并联电阻，已知 $R_1 = 4R_2$，若 R_1 上消耗的功率为 1 W，则 R_2 上消耗的功率为_____。

6. 现有 6 Ω、8 Ω、12 Ω 的电阻若干，获得 4 Ω 电阻的方法是_____；获得 14 Ω 电阻的方法是_____；获得 10 Ω 电阻的方法是_____。

7. 如图 2-16 所示，已知电源电压为 U，滑动变阻器滑动触点 C 在 AB 的中点，则电路中电阻 R 两端的电压是_____（选填"大于""小于"或"等于"）$U/2$。

8. 如图 2-17 所示，三只完全相同的白炽灯 A、B、C，当开关 S 闭合时，白炽灯 A、B 的亮度变化_____。

图 2-16　思考与练习 7 图　　　　图 2-17　思考与练习 8 图

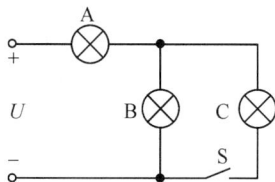

9. 已知某微安表的内阻 $R_C = 3750 \ \Omega$，允许通过的最大电流 $I_a = 40 \ \mu A$。现要将此电流表扩大成量程为 500 mA 的电流表，则需并联多大的分流电阻 R_X？

2.4　电阻的测量

学习目标

（1）掌握电阻测量的基本方法，会进行误差分析。

（2）掌握电桥平衡条件，能应用直流单臂电桥测量电阻值。

（3）了解直流电桥电路在工程实践中的应用。

　　电阻的测量方法很多，比较精确的测量方法有电桥法和伏安法，也可以用万用表电阻挡粗略测量，实践中根据不同测量要求选用不同的测量方法。

1. 伏安法测量电阻值

　　根据欧姆定律知 $R=U/I$，只要测出电阻两端电压和通过的电流就可求出电阻值，这就是伏安法测量电阻值。理想电压表的内阻为 ∞，理想电流表的内阻为 $0\ \Omega$。从前面学习扩大电压表、电流表量程的相关知识可知，实际使用的电压表的内阻一般为几十 kΩ 至几 MΩ，电压表量程不同，生产商不同，内阻也不相同。实际的电流表的内阻也不为 0。将它们接入电路后会影响测量数据，产生测量误差。

　　伏安法测电阻按照电流表接入测量电路与电压表的连接关系分为电流表内接法和电流表外接法两种，如图 2-18 所示。

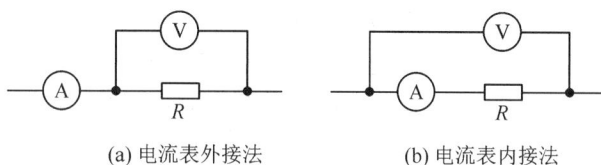

(a) 电流表外接法　　　　　(b) 电流表内接法

图 2-18　伏安法测电阻

　　电流表外接时如图 2-18(a) 所示，由于电压表的分流作用，电流表测出的电流比实际通过被测电阻的电流要大，这样计算出的电阻值比实际值要小。

　　电流表内接时如图 2-18(b) 所示，由于电流表的分压作用，电压表测出的电压比被测电阻两端的实际电压要大，这样计算出的电阻值比实际值要大。

　　测量误差分析：

　　外接法：$I_A=I_V+I_R$，$U_V=U_R$，$R=\dfrac{U_R}{I_R}\approx\dfrac{U_V（准确）}{I_A（偏大）}$，结果偏小。

　　内接法：$I_A=I_R$，$U_V=U_R+U_A$，$R=\dfrac{U_R}{I_R}\approx\dfrac{U_V（偏大）}{I_A（准确）}$，结果偏大。

　　如果被测电阻的阻值比电压表的内阻小得多，电压表分流引起的误差就小，可采用外接法。如果被测电阻的阻值比电流表的内阻大得多，由于电流表分压引起的误差小，可采用内接法。

2. 惠斯通电桥测电阻值

　　利用惠斯通电桥测量电阻值精确度高。惠斯通电桥测量电阻的电路如图 2-19 所示，R_1、R_2 组成一条路径，R_X、R 组成另一条路径，检流计 G 就像架在两条路径上的桥，这样的电路叫作电桥，四个电阻都称为桥臂，R_X 为被测电阻。调整 R_1、R_2、R 三个已知电阻值，直至检流计读数为零，这时称为电桥平衡。检流计读数为零，说明 A、B 两点电位相等，则 R_1 与 R_X 两端电压相等，R_2 与 R 两端电压相等，即

$$R_1 I_1=R_X I_2,\quad R_2 I_1=R I_2$$

可得

$$\frac{R_1}{R_2}=\frac{R_X}{R}$$

即

$$R_1 R=R_2 R_X$$

上式说明电桥的平衡条件是：电桥对臂电阻的乘积相等。利用电桥平衡条件可求出被测电阻 R_X 的值。

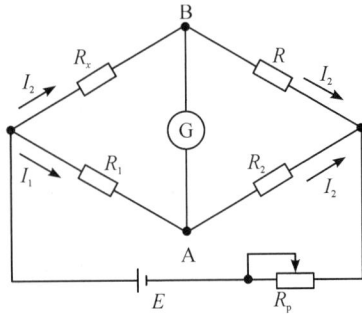

图 2-19　惠斯通电桥测量电阻电路

图 2-20 所示是 QJ23 型直流单臂电桥面板，R_1/R_2 构成比率臂，比值常设为整十倍数关系进行调节。R 为比较臂，选用多位十进制精度较高的标准电阻箱构成。这样使测量结果可以有多个有效数字，结果比较准确。QJ23 型直流单臂电桥测量电阻值为

$$R_X = 比率臂倍率 \times 比较臂总电阻$$

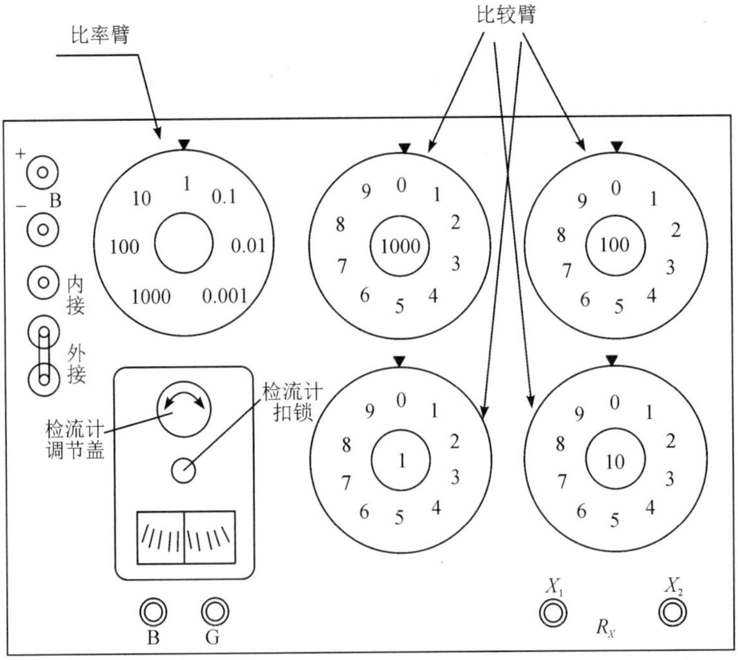

图 2-20　QJ23 型直流单臂电桥面板

实验室常用一种滑线式电桥如图 2-21 所示，比率臂 R_1、R_2 用均匀滑线式电阻代替，只要读出滑线指针所示长度，就可以确定被测电阻大小。

电桥平衡时，有

$$\frac{R_X}{R} = \frac{L_1}{L_2}$$

电桥测量电阻的准确程度只与检流计 G 的灵敏度和电阻的准确度有关，而与电源无关。

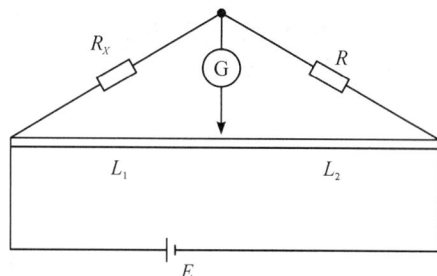

图 2-21 滑线式电桥

3. 直流电桥电路的应用

（1）应用电桥电路能较准确地测量电阻值。

（2）应用电桥电路检测电阻 R_X 的变化值，可做成温度传感器、压力传感器等。

当电阻 R_X 为某一定值时将电桥调至平衡，检流计指示为零。当 R_X 有微小变化时，电桥失去平衡，检流计的指示值能反映 R_X 的变化，将这一变化转换成电压的变化并放大，就可制成与 R_X 相关的传感器。

例如，用金属铂（或铜）制成热电阻置于被测点，如图 2-22 所示，R_t 为测温的热电阻，在某一温度（如 0℃）时调节 R_3 使电桥平衡，检流计指示为零。当温度变化时，电阻值也随之改变，电桥测出电阻值的变化量即可间接得知温度的变化量，经过转换、放大就可制成温度传感器。如果 R_X 的阻值能随压力变化，就能做成压力传感器。

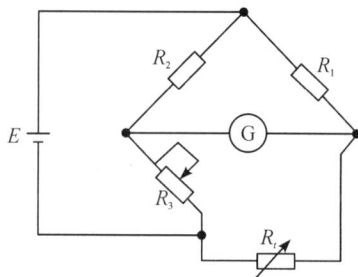

图 2-22 应用电桥电路测量温度

思考与练习

判断题

1. 直流单臂电桥应测量 1 Ω 以上电阻，电阻太小容易烧坏电源。　　　　　　　（　　）

2. 电桥检流计 G 灵敏度低不易判断电桥是否平衡。　　　　　　　　　　　　　（　　）

3. 伏安法测电阻，如电流表内接，测量值偏大。　　　　　　　　　　　　　　（　　）

4. 伏安法测电阻，如电流表外接，测量值偏小。　　　　　　　　　　　　　　（　　）

5. 滑线式电桥准确度与电源有关。　　　　　　　　　　　　　　　　　　　　（　　）

2.5 电路中电位的计算方法

📖 **学习目标**

（1）掌握电路中各点电位计算方法，理解电位与电压的关系。

（2）了解具有公共点的多个电源的习惯画法。

生产实践中常常需要测量电路中一些点位对公共端的电压（即电位）来分析判断电路的故障点或器件的工作状态。这需要我们分析计算电路在不同工作状态下的一些点位的电位。

计算电路中某点的电位，只需从这一点出发通过一定的路径绕行到零电位点，那么，该点的电位就等于此路径上全部电压降的代数和。计算时，要注意每一项电压的正、负值。如果元件（电源、电阻等）上电压的方向与绕行方向一致，则此电压为正，相反则为负。

电路中某点电位的计算步骤如下：

（1）根据要求选择好零电位点。

（2）确定各元件电压方向。电源电压方向由正极指向负极，电阻上电压的方向和电流的方向相同。

（3）从被求点开始通过一定的路径绕行到零电位点，则该点的电位即等于此路径上全部电压降的代数和。

【例 2-6】 如图 2-23 所示是某电路的一部分，如 b 点为零电位点，求 a 点电位 U_a。

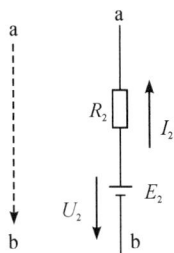

图 2-23 例 2-6 图

解 b 点为零电位点，绕行路径为从 a 点出发，由 a 点指向 b 点，经 R_2、电源 E 到达 b 点，其中，电阻上电压与绕行方向相反为"$-$"，即"$-I_2R_2$"；电源电压 U_2 方向与绕行方向相同为"$+$"。a 点电位 U_a 为

$$U_a = U_2 - I_2R_2$$

【例 2-7】 如图 2-24 所示的电路，已知 $E=10$ V，$R_1=4$ Ω，$R_2=6$ Ω。分别选定 a、b 为参考点，试求电路中 a、b、c 点的电位 U_a、U_b、U_c 和电压 U_{ab}、U_{bc}。

解 由欧姆定律得

$$I = \frac{E}{R_1+R_2} = \frac{10}{4+6} \text{ A} = 1 \text{ A}$$

设 a 点为参考点，电路如图 2-24（a）所示，此时

$$U_a = 0 \text{ V}$$

$$U_b = U_{ba} = -U_{ab} = -IR_1 = -4 \text{ V}$$

$$U_c = U_{ca} = -I(R_1+R_2) = -E = -10 \text{ V}$$

电压：

$$U_{ab} = IR_1 = 4 \text{ V}, \quad U_{bc} = IR_2 = 6 \text{ V}$$

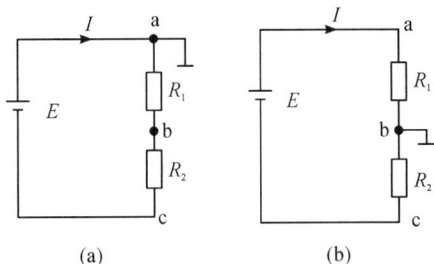

图 2-24 例 2-7 图

设 b 点为参考点，电路如图 2 - 24(b)所示，此时

$$U_b = 0 \text{ V}$$

$$U_a = U_{ab} = IR_1 = 4 \text{ V}$$

$$U_c = U_{cb} = -U_{bc} = -IR_2 = -6 \text{ V}$$

电压不变，即

$$U_{ab} = IR_1 = 4 \text{ V}, \quad U_{bc} = IR_2 = 6 \text{ V}$$

在画电路，尤其是画多个电源具有公共点(如电子电路)的电路时，为简便起见，习惯上常不画电源，这时各端标以电位值，如图 2 - 25(a)所示的电路可画成如图 2 - 25(b)所示的形式。因此，在这种电路图中，凡是标有具体电位值(或电源标号)的点，它与参考点之间存在着一个电源，当此点电位值为正时，则表示它与电源正极相连接，为负时，则表示它与电源的负极相连接。

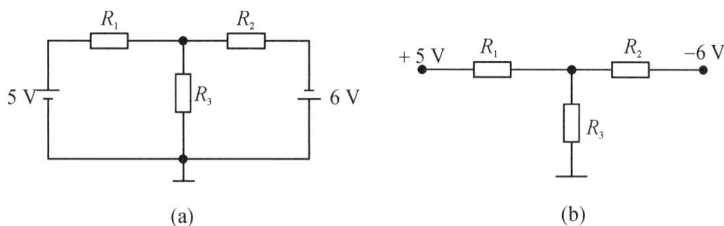

图 2 - 25　电路的简化画法

【例 2 - 8】　电路如图 2 - 26 所示，求开关 S 断开与闭合时 b 点和 c 点的电位。

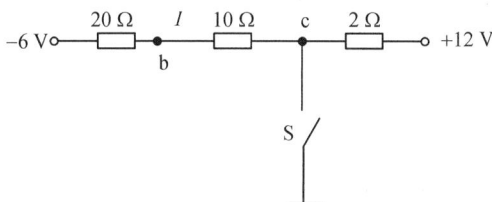

图 2 - 26　例 2 - 8 图

解　(1) 开关 S 断开时，两个电源与三个电阻构成一个回路，电流为

$$I = \frac{12 - (-6)}{2 + 10 + 20} \text{ A} = \frac{18}{32} \text{ A} = 0.56 \text{ A}$$

要求 b 点的电位，可以从 b 点经 20 Ω 电阻、−6 V 电源绕行到零电位点，这条线路元件最少。

$$U_b = (0.56 \times 20 - 6) \text{ V} = 5.2 \text{ V}$$

也可以从 b 点经 10 Ω 和 2 Ω 电阻、+12 V 电源绕行到零电位点，这条线路元件较多。

$$U_b = [-0.56 \times (2 + 10) + 12] \text{ V} = 5.2 \text{ V}$$

c 点的电位为

$$U_c = (-0.56 \times 2 + 12) \text{ V} = 10.9 \text{ V}$$

(2) 开关 S 闭合时，电路由两个独立的回路组成，流过 c 点左边支路电流为

$$I = \frac{6}{10 + 20} \text{ A} = 0.2 \text{ A}$$

b 点的电位：

$$U_b = (0 - 0.2 \times 10) \text{ V} = -2 \text{ V}$$

c 点的电位：

$$U_c = 0 \text{ V}$$

💡思考与练习

1. 在图 2-24 所示的电路（例 2-7）中，若选定 c 点为参考点，试求电路中 a、b、c 点的电位 U_a、U_b、U_c 和电压 U_{ab}、U_{bc}。

2. 在图 2-27 所示的电路中，已知 $R_1 = R_3 = 3 \ \Omega$，$R_2 = 2 \ \Omega$，求 A 点电位 U_A。

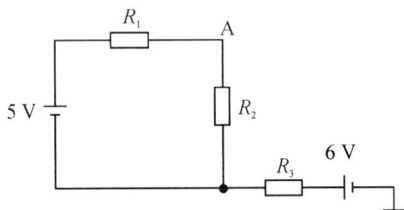

图 2-27   思考与练习 2

2.6   技能训练   万用表的使用

📖 实训目标

(1) 了解常用万用表的工作原理、功能。

(2) 能熟练使用万用表测量交、直流电压，直流电流和电阻。

(3) 能用万用表判断开关类器件的好坏。

💡 实训器材

常用型号的万用表（如 MF-47 型），5 Ω、10 Ω、50 Ω 的电阻器，开关，交、直流可调电源，380 V/220 V 交流电源等。

💡 相关知识

万用表是一种多功能、多量程的便携式测量仪表。一般的万用表可以测量交、直流电压、直流电流和电阻。目前，广泛使用的万用表有两大类别，一类是指针式，另一类是数字式。一般测试和电路检修时，使用指针式较方便，在需要精确测量数据和准确读数时用数字式较方便。图 2-28 所示是 MF-47 型指针式万用表的面板，由表笔插孔、欧姆调零器（标

记符号 Ω)、转换开关、示数系统和机械调零旋钮组成。红色测试棒应插入标有"＋"号的插孔内，黑色测试棒应插入标有"－"号或"※"号或"COM"标记的插孔内。面板上设有交、直流"5 A""2500 V"两个专用插孔，在测量这些特殊量时，红色测试棒应改插到相应的专用孔，黑色测试棒不变。指针式万用表在使用前，要检查指针是否处于机械零位(标尺左边零点)，若不在零位，应调零，否则影响测量结果。图 2－29 所示是 DT-830 型数字式万用表的面板。

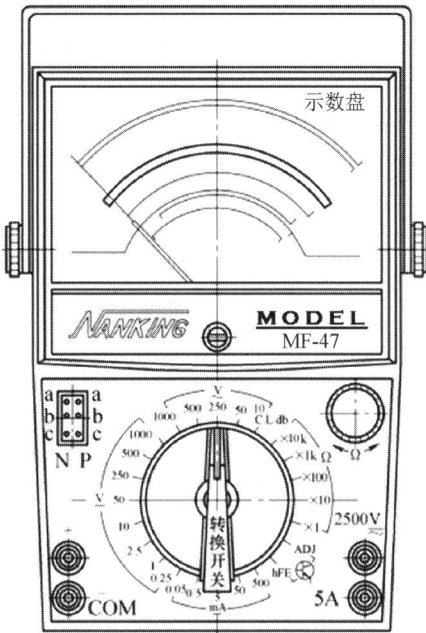

图 2－28　MF-47 型指针式万用表的面板　　图 2－29　DT-830 型数字式万用表的面板

MF-47 型万用表示数盘如图 2－30 所示，最上方是电阻示数标度尺，第二条是交、直流电压、直流电流示数标度尺，第三条是交、直流电压 10 V 及以下专用标度尺。关于示数盘上其他标度尺在后续课程中介绍、学习。

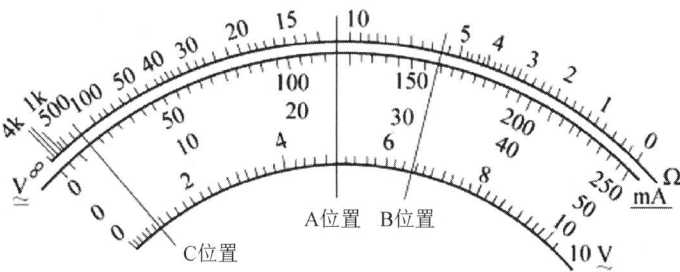

图 2－30　MF-47 型万用表示数盘

1. 交、直流电压测量

(1) 测量前，要根据被测电量的类别(交流或直流)和大小，将转换开关置于合适的位置。量程的选择，应尽量使仪表指针偏转到标度尺 2/3 以上位置。如果事先无法估计被测量的大小，可在测量中从最大量程逐渐减小到合适的挡位。

（2）测量时，必须将转换开关拨到对应的直流或交流电压量程挡。

（3）测量电压，表笔必须并联在被测电路或被测元器件两端。

2．交、直流电压测量注意事项

（1）测电压时切不可误用直流电流挡或电阻挡，否则会烧坏表头，损坏万用表。每当拿起表笔准备测量时，一定要核对一下测量类别，检查量程是否拨对、拨准。

（2）使用指针式万用表测量直流电压前，必须注意表笔的正、负极性，红表笔接被测电路或元器件的高电位端即正极性端，黑表笔接被测电路或元器件的低电位端即负极性端。若表笔接反了，表头指针会反方向偏转，容易撞弯指针。

如果事先不知道被测点电位的高低，可将两表笔快速地试触一下被测电路或元器件的两个端点，若表头指针反向偏转（向左），说明表笔连接反了，交换表笔即可。

数字万用表测量直流电压时，表笔极性接反了，在数值前显示"—"，可不用交换表笔。

（3）严禁在测量中拨动转换开关选择量程，在测量较高电压时更应注意这一点，以免电弧烧坏转换开关触点。

（4）不可用直流电压挡测量交流电压，也不可用交流电压挡测量直流电压。

3．读数方法

指针式万用表读数前要根据转换开关选定的测量项目和量程挡，明确在哪一条标度尺上读数，并应清楚标度尺上一个小格代表多大数值。读数时眼睛应位于指针正前方，对有弧形反射镜的表盘，当看到指针与镜中像重合时，读数最准确。一般情况下，除了读出整数值外，还要根据指针的位置估读一位数字。

例如，转换开关置于交流 250 V 挡，可从 250 V 标度尺直接读数，其一个小格代表 5 V，在 A 位置，电压为 $(100+5\times4)$ V＝120 V 或者为 $(125-5\times1)$ V＝120 V。如果欲在 50 V 标度尺读数，则将 50 V 标度尺的读数 $\times5$（即 250/50）即可，其读数为 $(20+4)\times5$ V＝120 V。

直流电流的读数与电压读数方法相同。如转换开关置于直流 50 mA，则在 B 位置的读数为 31.9 mA。

4．直流电流测量

测试棒插入"＋""—"插孔中，将转换开关置于直流电流适当的挡位，尽量使仪表指针偏转到标度尺 2/3 以上位置。对于正在运行的电路，先断开电路，再将万用表串联于被测电路中，且红表笔接电路的高电位端，黑表笔接电路的低电位端。若测量前不知电位的高、低端，可用表笔轻点一下测试点，如表的指针反偏，则将红、黑表笔对调即可。

注意：万用表只能测量较小的直流电流（指针式只能测量直流电流），较大的交流电流可用钳形电流表测量。

5．电阻测量

（1）测量电阻前，应先欧姆调零。将两表笔短接，同时转动欧姆调零旋钮，使指针准确停留在欧姆标度尺的零点上（标度尺右边），如图 2-31 所示。每次更换倍率挡时都应重新调零。

图 2-31　电阻挡调零

　　（2）挡位的选择。万用表电阻挡有×1、×10、×100、×1 k、×10 k 五个倍率挡位，选用时应使指针尽可能地接近标度尺的几何中心，这样可提高测量数据的准确性。由于电阻标度尺的刻度不是均匀的，如图 2-30 所示，愈往左端阻值的刻度愈密，读数误差就愈大，因此，选择倍率挡应尽量避免指针停在标度尺左端的情况。

　　（3）测量电阻时直接将表笔跨接在被测电阻或电路的两端，如图 2-32 所示。不允许用手同时触及被测电阻两端，避免并联上人体电阻，影响测量结果。绝对不允许测量带电电路或元件，否则会损坏仪表。

　　（4）读数，将示数盘的读数乘以所选倍率即为所测量电阻的阻值。图 2-32 所示测量的电阻值为 150 Ω。

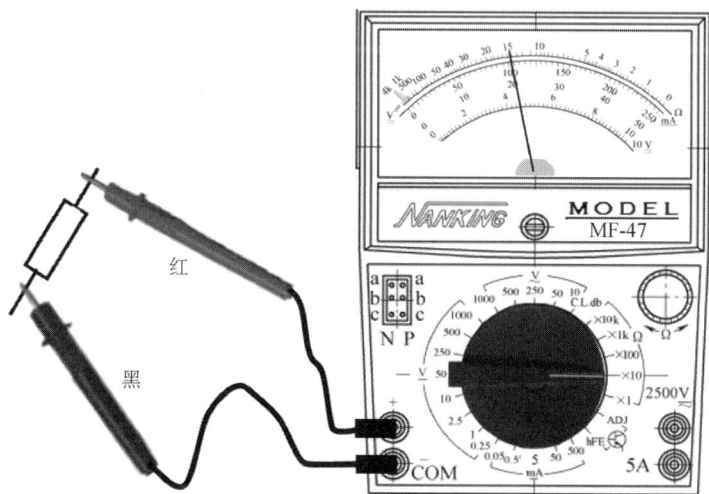

图 2-32　测量电阻

　　注意：万用表使用完毕后应将转换开关置于交流电压的最大量度挡位；在欧姆调零时，如果表的指针不能指到欧姆零点，说明表内电池电压太低，已不符合要求，应该更换。

万用表具有测量交、直流电压，直流电流和电阻的功能。指针式万用表总电路简化图如图2-33所示，转换开关置于电阻挡时，表壳"－"极黑表笔连接着内部干电池的"正"极，红表笔连接着内部干电池的"负"极。但数字万用表红表笔连接着内部干电池的"正"极。了解这一点，对于后续学习测试电子元件的相关参数是很重要的。

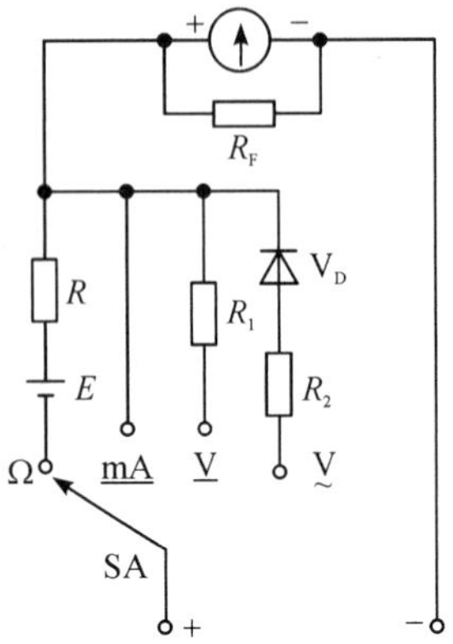

图2-33　指针式万用表总电路简化图

实训内容与步骤

1. 直流电压测量训练

闭合开关S，用万用表直流电压合适挡位测量图2-34中各点与B点及其他各点间的电压并填入表2-1中。

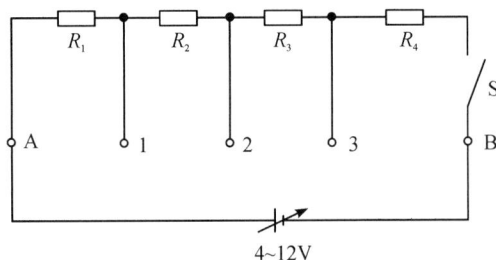

图2-34　直流电压的测量训练

表2-1　电压测量值

测试点	AB	1－B	2－B	3－B	A－1	1－2	2－3
电压值/V							

2. 交流电压测量训练

将万用表转换开关置于交流电压最大量程挡并逐渐减小到合适的挡位，测量如图2-35所示的三相四线电源插座两两插孔之间的电压并填入表2-2中。

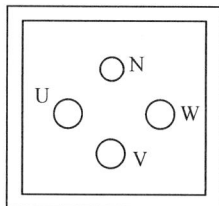

图 2-35　三相四线电源插座

表 2-2　三相四线电源测量值

测试点	U_{UV}	U_{VW}	U_{UW}	U_{UN}	U_{VN}	U_{WN}
电压值/V						

表 2-2 中的测量结果说明了什么?

3. 直流电流测量训练

测量两个小灯泡的电流和线路总电流,每个灯泡的电流不应超过 250 mA,例如,采用 3 V、0.5 W 的小灯泡。

(1) 按图 2-36 所示电路连接,检查无误后通电,若两个小灯泡都正常发光,可断开开关 S_2,将万用表转换开关置于电流最大挡 500 mA 处,两表笔与开关两端相连接,红表笔接正极侧,这样电流表就串联于开关断开点。如指针偏转不到标度尺的 1/3,再改用较小挡测量。将所测电流 I_2 填入表 2-3 中。

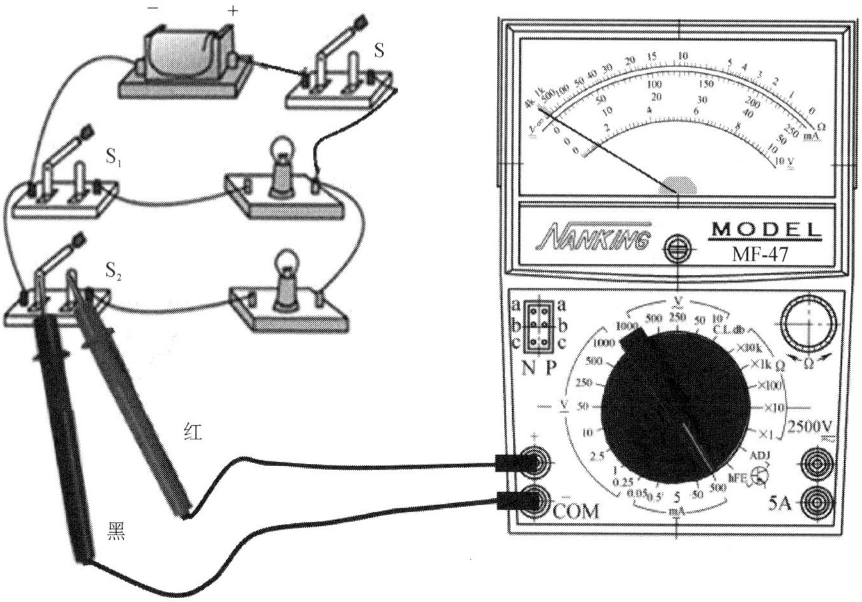

图 2-36　直流电流测量

(2) 按照上述方法断开 S_1,测量该支路电流 I_1。断开总开关 S,测量总电流 I。将所有电流分别填入表 2-3 中。观察 I 与 I_1、I_2 的关系。

表 2 - 3　直流电流测量值

测试支路	I_1	I_2	I
电流值/A			

4. 电阻测量训练

（1）测量一只约为 20 kΩ 的碳膜电阻。

（2）测量一只 40 W 灯泡或日光灯管的电阻。

（3）测量一只带开关的电位器（或可变电阻）的电阻，判断引脚间的相互关系并说明电位器质量。

小型带开关的电位器如图 2 - 37 所示，图（a）为实物图，图（b）为其结构简图。

(a) 实物

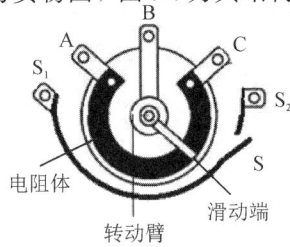

(b) 结构简图

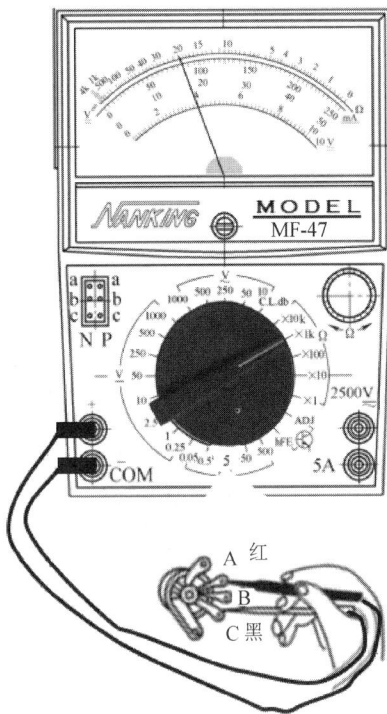

(c) 电位器标称值检测

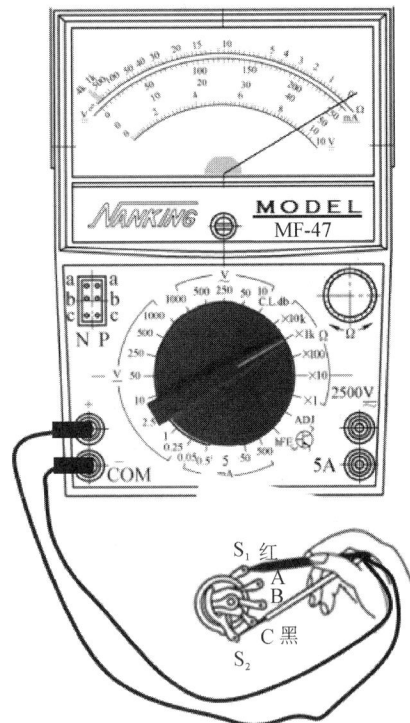

(d) 电位器开关可靠性检测

图 2 - 37　检测小型带开关的电位器

测量电位器的标称阻值如图 2 - 37(c)所示，根据电位器标称阻值的大小选择合适的欧姆挡量程如×1 kΩ，调零后将万用表的两表笔接电位器的 A、C 两端，测得 A、C 两端的阻值即为电位器的总阻值，它应符合标称阻值的规定范围。此时旋动转轴，其测量值应固定不变。

测量电位器滑动端与电阻体的接触情况，即两端与中心端之间的电阻值。将万用表的一支表笔接电位器的 B 端，另一支表笔接 A 或 C 两端中的任一端。慢慢转动电位器的转轴，观察万用表的读数，如随着转轴的转动，读数平稳地增加或减小，当中心端滑到首端或末端时，电阻值应为标称阻值或最小接触电阻，这说明滑动触点与电阻体接触良好。如万用表指针出现跳动或不通等现象，则说明活动触点与电阻体有接触不良的故障，不能再继续使用。根据电阻值的变化关系即可判断各引脚间的关系。

电位器开关可靠性检测如图 2 - 37(d)所示，在旋动电位器轴柄时，应能听到开关通、断时清脆的"咔嗒"声。如用万用表的表笔分别搭在电位器开关的两个外接点 S_1、S_2 上，旋转电位器轴柄，使开关接通，万用表上指示的电阻值应由无穷大(∞)变为 0 Ω。再闭合开关，万用表指针应从 0 Ω 返回∞处，这就说明开关工作的可靠性。

生产实践中常用万用表电阻挡检测开关、按钮、继电器等触点断开或闭合的工作状态。

思考与练习

1. 直流电压 10 V 及以下读数应用＿＿＿＿＿＿＿＿＿＿。
2. 量程的选择，应尽量使仪表指针偏转到标度尺＿＿＿＿＿以上位置。
3. 万用表测量电阻前，应先欧姆调零。每次更换倍率挡时＿＿＿＿＿＿＿＿。
4. 测量电阻时，绝对不允许＿＿＿＿＿＿＿＿＿，否则会损坏仪表。
5. 指针式万用表转换开关置于电阻挡时，黑表笔连接着内部干电池的＿＿＿＿极，红表笔连接着内部干电池的＿＿＿＿极。数字万用表红表笔连接着内部干电池的＿＿＿＿极。
6. 指针式万用表电阻标度尺的零刻线在＿＿＿＿（选填"左"或"右"）端。
7. 在图 2 - 30 中，转换开关置于交流 500 V 挡，B、C 位置的读数分别为＿＿＿＿ V 和＿＿＿＿ V。如果转换开关置于直流电压 2.5 V 挡，则在 A、B 位置的读数分别为＿＿＿＿ V 和＿＿＿＿ V。如果转换开关置于直流 50 mA，则在 A、B 位置的读数分别为＿＿＿＿ mA 和＿＿＿＿ mA。
8. 测得 40 W 白炽灯泡的电阻比它的工作电阻＿＿＿＿。

2.7　技能训练　QJ23 型直流单臂电桥的使用

实训目标

（1）了解 QJ23 型直流单臂电桥的基本结构。
（2）熟练使用直流单臂电桥测量 1 Ω 以上小电阻值。

实训器材

QJ23 型直流单臂电桥，1 Ω 以上绕线式小电阻，较粗导线一段，万用表。

相关知识

直流单臂电桥用来测量 1 Ω 以上直流电阻。QJ23 型直流单臂电桥的面板如图 2-20 所示，它的比率臂由八个标准电阻组成，共分为七挡，可按需要选用。比率臂由四个可调标准电阻箱组成，组成了从 0～9999 Ω 范围内的任意电阻值，最小步进值为 1 Ω。面板上标有"R_x"的两个端钮用来连接被测电阻。当使用外接电源时，可从面板左上角标有"B"的两个端钮接入。如需使用外附检流计时，应用连接片将内附检流计短路，再将外附检流计接在面板左下角标有"外接"的两个端钮上。

实训内容与步骤

测量 1 Ω 以上绕线式小电阻值。

1. 操作步骤

（1）调整检流计零位。测量前应将检流计开关拨向"内接"位置，即打开检流计的锁扣，然后调节调零器使指针指在零位。

（2）用万用表的欧姆挡估测被测电阻，得出估计值。

（3）接入被测电阻时应采用较粗较短的导线并将接头拧紧。

（4）根据被测电阻的估计值，选择适当的比率臂，使比较臂的四挡电阻都能被充分利用，以提高测量精确度。例如，被测电阻约为几十欧时应选用×0.01 的比率臂，被测电阻约为几百欧时应选用×0.1 的比率臂。

（5）电桥电路接通后，若检流计指针向"＋"方向偏转，应增大比较臂电阻，反之应减小比较臂电阻。

（6）检流计平衡时，读取被测电阻值（比率臂读数×比较臂读数）。

（7）测量结束，应先切断电源，然后拆除被测电阻，最后将检流计锁在扣锁上。

2. 电桥使用注意事项

（1）当测量电感线圈的直流电阻时，应先按下电源按钮，再按下检流计按钮；测量完毕后，应先松开检流计按钮，后松开电源按钮。这样可以避免被测线圈产生自感电动势损坏检流计。

（2）使用前应先检查内附电池，电池容量不足应更换电池。

（3）采用外接电源时，必须注意电源的极性，且不要使电源的电压值超过电桥的规定值。

（4）电桥长期不用，应取出内附电池，把电桥放在通风、干燥、阴凉的环境中保存。

思考与练习

1. 用万用表的欧姆挡估测的被测电阻约为 15 Ω，比率臂应选_____。若被测电阻约为 150 Ω，比率臂应选_____。

2. 电桥电路接通后，若检流计指针向"—"方向偏转，应_____比较臂电阻。

3. 检流计平衡时，比率臂挡×0.1，比较臂读数 12.5 Ω，则被测电阻值_____。

2.8　技能训练　电阻的识读

实训目标

（1）了解电阻的标注方法。

（2）能识读常用电阻的标称值。

实训器材

常用各类型电阻。

相关知识

电阻是一种最基本的电子元件，生产实践中应会识读其电阻值。电阻的标称值和允许误差一般直接标注在电阻的表面上，主要有直接标注法、文字符号法、数字标注法和色环标注法等。

1. 直接标注法

在电阻上直接标注其主要技术参数的方法，如图 2-38 所示。例如，14.7k Ⅱ 表示该电阻的阻值为 4.7 kΩ，误差为 Ⅱ（±10%）。

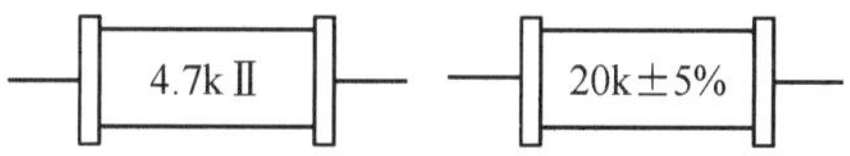

图 2-38　直接标注法

2. 文字符号法

如图 2-39 所示，用字母和数字符号按一定的规律组合起来在电阻上标注其主要技术参数的方

图 2-39　文字符号法

法。阻值的整数部分写在其单位符号的前面，阻值的小数部分写在单位符号的后面。例如，R33F 表示其阻值为 0.33 Ω，误差为 ±1%；4R7F 表示其阻值为 4.7 Ω，误差为 ±1%。

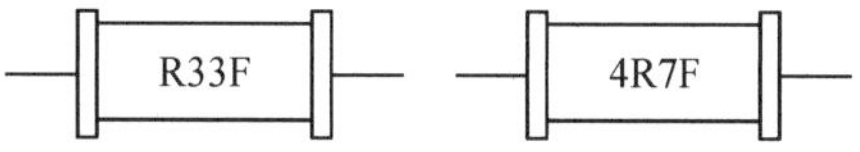

3. 数字标注法

用一组数字标注在电阻上表示电阻的标称阻值，如电位器、敏感电阻等。前两位数字表示电阻的标称阻值的十位和个位数字，第三位数表示倍乘数，即 $\times 10^n$，n 是第三位数。

例如，202 表示 20×10^2 Ω，53 表示 5×10^3 Ω，512 表示 51×10^2 Ω。

4. 色环标注法

用不同颜色的色环，按照它们的颜色和排列顺序在电阻上标注标称阻值和允许误差的方法。常用于小功率电阻，特别是 0.5 W 及以下的碳膜电阻和金属膜电阻。色码代表数值见表 2 - 4。

表 2 - 4　色码代表数值

色　别	黑	棕	红	橙	黄	绿	蓝	紫	灰	白	金	银
代表数字	0	1	2	3	4	5	6	7	8	9	−1	−2
代表误差/%	—	±1	±2	—	—	±0.5	±0.25	±0.1	—	—	±5	±10

电阻的色环表示法如图 2 - 40 所示。为避免混淆，表示误差的色环距其他色环较远，距端部较其他色环也远些。与误差色环相邻的是"倍率"色环，它表示 $\times 10^n$，n 由对应色环所代表的数字决定，单位是 Ω，图 2 - 40(a) 的电阻值是 27×10^3 Ω＝27 kΩ，误差为 ±5%。图 2 - 40(b) 的电阻值是 $175 \times 10^{-2} \times (1 \pm 1\%)$ Ω＝1.75±1% Ω。

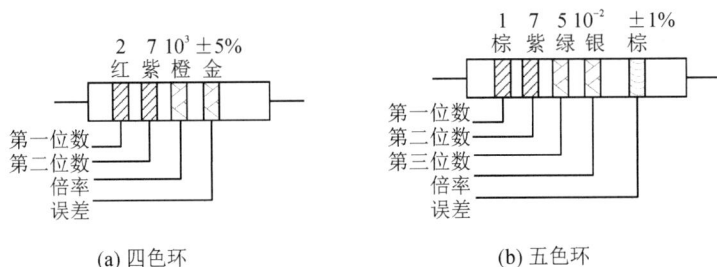

图 2 - 40　电阻的色环表示法

💡 实训内容与步骤

(1) 识读四色环和五色环电阻的阻值。

(2) 识读数字标注法电阻的阻值。

(3) 识读直接标注法和文字符号法电阻的阻值。

💡 思考与练习

1. 一个四色环电阻前三环的颜色是棕黑红，则其阻值是_____ Ω，等于_____ kΩ；如其前三位的颜色是红绿黄，则其阻值是_____ kΩ；如前三位的颜色是棕绿金，则其阻值是_____ Ω。如一个五色环电阻前四环的颜色是橙紫黑蓝，则其阻值是_____ MΩ。

2. 一个电阻上标注 222，其阻值是_____ kΩ，如电阻上标注 123，其阻值是_____ kΩ。

3. 如一个电阻上标注 RJ4.7kⅡ，其阻值是_____ kΩ，误差为_____。

本 章 小 结

1. 全电路欧姆定律表达式：

$$I = \frac{E}{R+r}$$

（1）通路状态（电路闭合）时，内电阻电压降 $U_内 = Ir$，端电压 $U = E - Ir$，电源输出功率 $P_E = IE$，负载消耗功率 $P = UI$，内电阻消耗功率 $P_内 = I^2 r$，则 $IE = UI + I^2 r$。

电源端电压 U 随负载电阻增大（电流 I 减小）而增大。

（2）开路状态时，端电压 $U = E$，$I = 0$。

（3）短路状态时，短路电流 $I_短 = E/r$，端电压 $U = 0$，电源输出功率被内电阻消耗 $PE = I^2 r$。

2. 串联与并联电路的特点见表 2-5。

表 2-5 串联与并联电路的特点

物理量	串联	并联
电压 U	$U = U_1 + U_2 + U_3 + \cdots$	各电阻上电压相等
等效电阻 R	$R = R_1 + R_2 + R_3 + \cdots$	$\frac{1}{R} = \frac{1}{R_1} + \frac{1}{R_2} + \cdots + \frac{1}{R_n}$
电流 I	各电阻中电流相等	$I = I_1 + I_2 + I_3 + \cdots$
功率 P	$P = I^2 R$，P 与 R 成正比 $\dfrac{P_1}{P_n} = \dfrac{R_1}{R_n}$	$P = U^2/R$，P 与 R 成反比 $\dfrac{P_1}{P_n} = \dfrac{R_n}{R_1}$

3. 两个电阻 R_1、R_2 串联，分压式为

$$U_1 = \frac{R_1}{R_1 + R_2} U, \quad U_2 = \frac{R_2}{R_1 + R_2} U$$

4. 两个电阻 R_1、R_2 并联，分流式为

$$I_1 = \frac{R_2}{R_1 + R_2} I, \quad I_2 = \frac{R_1}{R_1 + R_2} I$$

5. 若 n 个阻值相同（设为 R_0）的电阻并联，则总阻值为 $R = R_0/n$。并联电路的总电阻值小于其中任何一个电阻的阻值。

6. 常用电阻测量方法比较准确的有电桥法和伏安法，也可以用万用表电阻挡粗略测量，实践中根据不同测量要求选用不同的测量方法。电流表外接时电阻值比实际值要小，电流表内接时电阻值比实际值要大。

7. 计算电路中某点的电位，只需从这一点出发，通过一定的路径绕行到零电位点，该点电位等于此路径上全部电压降的代数和。如果元件上电压的方向与绕行方向一致则为正，相反则为负。

8. 直流电桥平衡条件：对臂电阻乘积相等。

第 3 章

复杂直流电路分析

3.1 基尔霍夫定律

(1) 理解复杂电路的基本术语。

(2) 掌握基尔霍夫定律并能应用基尔霍夫定律求解复杂电路。

生产实践中，有些电路往往不能用串并联关系简化为无分支的简单电路，也无法用欧姆定律直接求解，这种电路称为复杂电路，如图 3-1 所示。

分析复杂电路经常会用到基尔霍夫定律，它既适用于直流电路，也适用于交流电路。为了阐明该定律的含义，先介绍几个有关的基本术语。

1. 基本名词术语

(1) 支路：电路中的每个分支叫支路。它由一个或几个相互串联的电路元件所构成。在图 3-1 所示的电路中有 3 条支路，即支路 acb、支路 ab、支路 adb。支路 acb 和支路 adb 含有电源，称为有源支路；支路 ab 中没有电源，称为无源支路。

(2) 节点：三条或三条以上支路汇成的交点叫节点。图 3-1 所示电路中有 2 个节点 a、b。

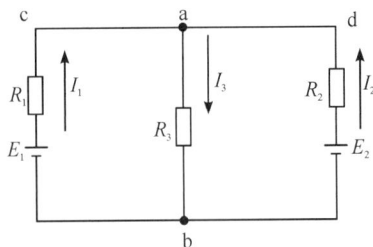

图 3-1 复杂电路

(3) 回路：电路中任一闭合路径叫回路。一个回路可能只含一条支路，也可能包含几条支路。在图 3-1 所示电路中有 cabc、adba、cadbc 三个回路。

（4）网孔：电路内部不包含任何分支支路的回路称为网孔，网孔是最小的回路。回路 cabc、adba 就是网孔。

2. 基尔霍夫第一定律

基尔霍夫第一定律又称节点电流定律，简称 KCL 方程。它指出：在任一瞬间，流进某一节点的电流之和恒等于流出该节点的电流之和，即

$$\sum I_{进} = \sum I_{出}$$

如图 3-2 所示，对于节点 o：

$$I_1 + I_2 = I_3 + I_4 + I_5$$

可将上式改写成：

$$I_1 + I_2 - I_3 - I_4 - I_5 = 0$$

即得

$$\sum I = 0$$

因此，对任一节点来说，流入（或流出）该节点电流的代数和恒等于零。

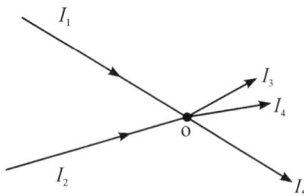

图 3-2　电流流进与流出

在图 3-1 所示的电路中，对于节点 a：

$$I_1 + I_2 = I_3$$

即

$$I_1 + I_2 - I_3 = 0$$

在分析未知电流时，可先任意假设支路电流的参考方向，列出节点的电流方程。通常可将流进节点的电流取为正值，流出节点的电流取为负值，再根据计算值的正负来确定未知电流的实际方向。如果计算得出的电流值是负值，则说明假设的电流方向与实际方向相反。

基尔霍夫第一定律可以推广应用于任一假设的闭合面（广义节点）。后续将学习到晶体三极管，其平面如图 3-3 所示，则有

$$I_b + I_c = I_e$$

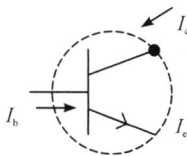

图 3-3　晶体三极管

【例 3-1】 图 3-4 所示为某电路的一部分，已知 $I_1 = 4$ A，$I_2 = 7$ A，$I_4 = 10$ A，$I_5 = -2$ A，求电流 I_3、I_6。

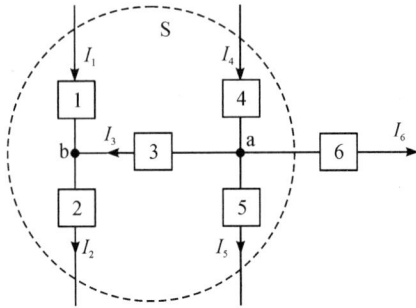

图 3-4 例 3-1 图

解 选流入节点的电流为正值，列节点电流方程。

对节点 b：

$$I_1 - I_2 + I_3 = 0$$

则

$$I_3 = I_2 - I_1 = 7 \text{ A} - 4 \text{ A} = 3 \text{ A}$$

对节点 a：

$$-I_3 + I_4 - I_5 - I_6 = 0$$

则

$$I_6 = I_4 - I_3 - I_5 = 10 \text{ A} - 3 \text{ A} - (-2 \text{ A}) = 9 \text{ A}$$

也可作闭曲面 s（广义节点），列节点电流方程，求出 I_6。对图 3-4 中虚线所围的广义节点，有

$$I_1 - I_2 + I_4 - I_5 - I_6 = 0$$

代入数据得

$$I_6 = 9 \text{ A}$$

3. 基尔霍夫第二定律

基尔霍夫第二定律也称为回路电压定律，简称 KVL 方程。它是确定电路的某一回路中各个电压之间关系的定律，内容为：在任意瞬间，沿电路中任一回路，各段电路电压降的代数和恒等于零。表达式为

$$\sum U = 0$$

在列写回路电压方程式时，必须先规定一个回路的循环方向，如图 3-5(a)电路中的虚线所示。循环方向可顺时针，也可逆时针。若支路中的电压降的参考方向与回路循环方向一致，则此电压降取正值，相反则取负值。图 3-5(a)所示电路回路电压方程式：

$$U_1 + U_2 + U_3 - U_4 = 0$$

在图 3-5(b)所示回路 1 中：

$$U_{R_1} + U_{R_3} - U_1 = 0$$

即

图 3-5　回路电压

$$I_1R_1 + I_3R_3 - U_1 = 0$$
$$I_1R_1 + I_3R_3 - E_1 = 0$$

或

$$I_1R_1 + I_3R_3 = E_1$$

在图 3-5(b)虚线所示回路中：

$$U_{R_1} - U_1 - U_{R_2} + U_2 = 0$$
$$I_1R_1 - E_1 - I_2R_2 + E_2 = 0$$

或

$$I_1R_1 - I_2R_2 = E_1 - E_2$$

由此可得，基尔霍夫第二定律另一种表达形式

$$\sum IR = \sum E$$

在任一回路内，电阻上电压降的代数和等于电动势的代数和。若电阻上的电流参考方向与回路循环方向一致，则其电压降取正值；若电动势 E 的方向与回路循环方向一致，则取正值，相反则取负值。注意，电动势 E 的方向由"－"极指向"＋"极。

基尔霍夫第二定律不仅可以用于闭合电路，而且还可以推广应用到不闭合的假想回路。如图 3-6 所示电路中的开口端 a、b，可假想两端间有一支路，其电压为 U_{ab}，并与其他支路形成一虚回路，根据回路电压定律有

$$U_{ab} - U + IR = 0$$

即

$$U_{ab} = U - IR$$

或

图 3-6　假想回路

$$U_{ab} = E - IR$$

由此可得 KVL 的推广：电路中 a、b 两点间的电压 U_{ab} 等于从 a 点到 b 点所经过的，任一路径上的全部电压的代数和，元件上电压方向与 U_{ab} 方向相同则为正，相反则为负。

【例 3-2】图 3-7 所示的直流电路中，已知 $E_1 = 9$ V，$E_2 = 6$ V，$E_3 = 3$ V，$R_1 = 1$ Ω，$R_2 = 2$ Ω，$R_3 = 3$ Ω，试求：

(1) 电路中的电流 I；

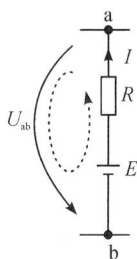

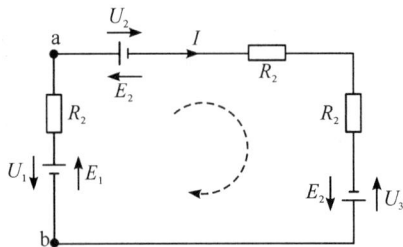

图 3-7　例 3-2 图

（2）a、b 两点间的电压 U_{ab}。

解法 1　（1）设定回路循环方向和电流参考方向如图 3-7 所示，并标出电源电压方向和电动势方向，根据 KVL 的第一种表达式

$$\sum U = 0$$

得

$$IR_1 + IR_2 + IR_3 - U_1 + U_2 - U_3 = 0$$

即

$$I = \frac{U_1 - U_2 + U_3}{R_1 + R_2 + R_3} = \frac{E_1 - E_2 + E_3}{R_1 + R_2 + R_3} = \frac{9-6+3}{1+2+3}\ A = 1\ A$$

（2）　　　$U_{ab} = U_1 - IR_1 = E_1 - IR_1 = (9 - 1 \times 1)\ V = 8\ V$

解法 2　（1）根据 KVL 的第二种表达式

$$\sum IR = \sum E$$

得

$$IR_1 + IR_2 + IR_3 = E_1 - E_2 + E_3$$

代入数据得

$$I = 1A$$

（2）　　　$U_{ab} = E_1 - IR_1 = (9 - 1 \times 1)\ V = 8\ V$

💡 **思考与练习**

1. 基尔霍夫第一定律又称＿＿＿＿＿＿＿＿，简称＿＿＿＿＿方程。它的基本内容是在任一瞬间，＿＿＿＿＿＿＿＿＿＿＿＿＿＿，它的表达式＿＿＿＿＿＿＿＿或＿＿＿＿＿＿＿＿＿＿＿。基尔霍夫第一定律可以推广应用于＿＿＿＿＿＿＿＿＿＿＿＿＿。

2. 在分析未知电流时，可先＿＿＿＿＿支路电流的参考方向，列出节点电流方程。通常可将流进节点的电流取为＿＿＿＿值，流出节点的电流取为＿＿＿＿值，根据计算值的正负来确定未知电流的实际方向。如计算电流值是＿＿＿＿值，这说明假设的电流方向与实际方向相＿＿＿＿。

3. 基尔霍夫第二定律也称＿＿＿＿＿定律，简称＿＿＿＿＿方程。它的内容是在任意瞬间，＿＿＿＿＿＿＿＿＿＿＿＿＿＿＿＿。它的表达式

有两种形式＿＿＿＿＿＿＿＿＿＿＿＿＿＿　或＿＿＿＿＿＿＿＿＿＿＿＿＿＿＿。

4. KVL 推广：电路中 a、b 两点间的电压 U_{ab} 等于＿＿＿＿＿＿＿＿＿＿＿＿＿代数和，元件上电压方向与 U_{ab} 方向相同为＿＿＿＿，相反为＿＿＿＿。

5. 如图 3-8 所示电路，已知 $U=10$ V，$R=2$ Ω，$I_1=-1$ A，$I_2=2$ A，$I_4=3$ A，求 I_3 的大小并说明它的实际方向。

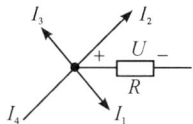

图 3-8　思考与练习 5 图

6. 如图 3-9 所示的电路中，$R_2=R_1=2$ Ω，$I_1=-1$ A，$I_2=4$ A，$E=5$ V，求 U_{ab}。

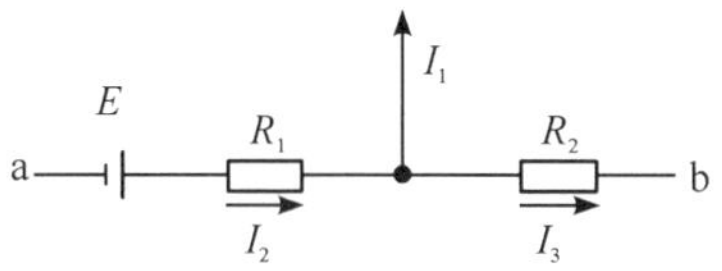

图 3-9　思考与练习 6 图

7. 在图 3-5(b)所示电路中，如 $R_2=R_3=2$ Ω，$I_3=4$ A，$I_2=-1$ A，求 E_2 的大小。

3.2　支路电流法

📖 学习目标

(1) 掌握支路电流法解题方法和步骤。

(2) 能应用支路电流法分析计算两个网孔电路的支路电流。

支路电流法是以电路中的各支路电流为未知量，应用基尔霍夫第一定律和基尔霍夫第二定律分别对节点和回路列出所需要的方程组，然后解出各未知支路电流。它是计算复杂电路最基本最直接的方法，步骤如下：

(1) 假设各未知支路电流的参考方向和回路方向。回路方向一般取与电动势方向一致，对于具有两个以上电势的回路，通常取较大的电动势的方向为回路方向，电流方向也可参照此法来假设。

(2) 应用基尔霍夫第一定律列出节点电流方程。n 个节点只能列 $n-1$ 个独立方程式。如果有 m 条支路，则还需列出 $m-(n-1)$ 个独立回路电压方程来联立求解。

(3) 应用基尔霍夫第二定律列出回路电压方程。

(4) 代入已知数据，解联立方程组，求出各支路的电流。如果计算的支路电流为正值，则其方向和假设方向相同；如计算的支路电流为负值，则其方向和假设方向相反。

【例 3-3】　在图 3-10 所示电路中，已知电源电动势 $E_1=18$ V，$E_2=9$ V，电阻 $R_1=R_2=1$ Ω，$R_3=4$ Ω，求各支路的电流。

解　该电路有三条支路，需要列出三个方程。电路有两个节点，可列出一个节点电流方程，再列出两个回路电压方程即可。

各支路电流 I_1、I_2、I_3 和回路循环方向如图 3-10 所示，则列出 KCL 和 KVL 方程为

$$I_1 + I_2 = I_3$$
$$I_1 R_1 + I_3 R_3 = E_1$$
$$I_2 R_2 + I_3 R_3 = E_2$$

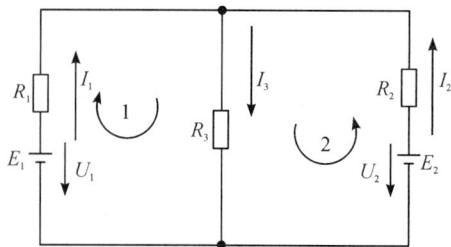

图 3-10　例 3-3 图

代入已知数据得

$$I_1 + I_2 = I_3 \qquad\qquad ①$$
$$I_1 + 4I_3 = 18 \qquad\qquad ②$$
$$I_2 + 4I_3 = 9 \qquad\qquad ③$$

式②-③，得

$$I_1 - I_2 = 9 \qquad\qquad ④$$

式①+④，整理得

$$2I_1 - 9 = I_3 \qquad\qquad ⑤$$

将式⑤代入式②，化简得

$$I_1 = 6 \text{ A}$$

将 $I_1 = 6$ A 分别代入式⑤、式④，可得

$$I_3 = 3\text{A}$$
$$I_2 = -3\text{A}$$

其中，I_2 为负值，说明 I_2 的实际方向与假设方向相反。

💡思考与练习

1. 节点是＿＿＿＿＿＿＿＿＿＿＿＿＿＿＿＿＿支路汇成的交点。

2. 应用基尔霍夫定律求解支路电流时，n 个节点只能列＿＿＿＿＿＿个独立方程，如有 m 条支路，则还需列出＿＿＿＿＿＿＿＿＿＿个独立回路电压方程来联立求解。

3. 在图 3-10 所示电路中，如电源电动势 $E_1 = 20$ V，$E_2 = 10$ V，电阻 $R_1 = R_2 = 2$ Ω，$R_3 = 6$ Ω，求各支路的电流。

3.3　两种电源模型

📖学习目标

（1）理解电压源和电流源的特点。

（2）能应用电压源和电流源的等效变换分析计算两个网孔组成的电路的相关问题。

1. 电压源

有内电阻 r 的电源接上负载 R 后输出电压（端电压）$U=E-Ir$。如果输出电流保持不变，则电源内阻 r 越小，输出电压越大。如果电源内阻 $r=0$，则输出电压 $U=E$。

通常把内阻 $r=0$ 的电源称为理想电压源，又称恒压源，其符号如图 3-11 所示。理想电压源的特点是电压 U_s 恒定不变，输出电流的大小随负载 R 变化。

理想电压源在实际中并不存在，电源都有一定的内阻 r，在分析电路时，实际电源用恒压源和内阻 r 串联表示，称为电压源模型，简称电压源，如图 3-12 所示。

图 3-11　理想电压源（恒压源）　　　　图 3-12　电压源模型

实际中，发电机、大型电网、实验室的直流稳压电源等可认为是理想电压源。

2. 电流源

如果电源内阻 r 很大，负载电阻 R 较小，则当负载电阻 R 在一定范围内变化时，电源输出电流变化很小，接近于恒定。例如，电源电压为 24 V，内阻为 24 kΩ，接上在 0～100 Ω 范围内变化的负载电阻 R，输出电流为

$$I=\frac{24\ \text{V}}{24\ 000\ \Omega+R}$$

电流 I 的变化范围为 0.995～1.000 mA。这个计算结果说明，高内阻的电源接上在一定范围内变化的低电阻负载时，输出的电流变化很小，电源内阻越大，输出电流越趋近于无穷大，越接近于恒定。

通常把内阻为无穷大并能提供恒定电流的电源称为理想电流源，又称恒流源，其符号如图 3-13 所示。实际中的理想电流源并不存在。在分析电路时，把实际电源用恒流源和内阻 r 并联表示，称为电流源模型，如图 3-14 所示，简称电流源。图 3-14 中，输出电流 I_s 在内阻上的分流为 I_0，在负载 R 上的分流为 I。

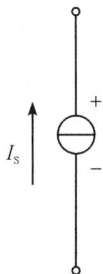

图 3-13　理想电流源（恒流源）　　　　图 3-14　电流源模型

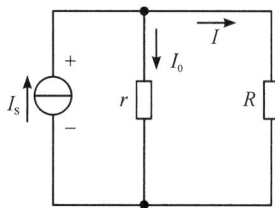

电子技术中的晶体三极管就具有恒流特性，故其比较接近理想电流源。

3．电压源与电流源的等效变换

电源工作时既为电路提供电压，也提供电流。因此，实际电源既可以用电压源表示，也可以用电流源表示，分析电路时电压源和电流源可按一定的规则进行等效变换。

如图 3-15 所示，同一电源的两种电源模型（图中虚线）对外电路的作用效果应相同，也就是它们给负载电阻 R 应提供相同的电压 U 和电流 I，并且电源的内阻 r 也应相等。

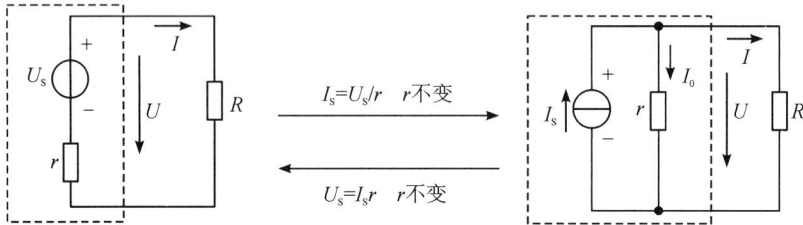

图 3-15　电压源与电流源的等效变换

在电压源模型中：

$$U_s = U + Ir \qquad ①$$

在电流源模型中：

$$I_s = I + \frac{U}{r}$$

即

$$I_s r = Ir + U \qquad ②$$

比较式①、式②得两种模型间的参数关系为

$$U_s = I_s r$$

$$I_s = \frac{U_s}{r}$$

电压源与电流源等效变换时，应注意以下几点：

（1）变换前后电源极性应保持不变。

（2）两种实际电源的等效变换是指对外部电路等效，也就是对外部电路各部分计算是等效的，但对电源内部的计算是不等效的。

（3）理想电压源与理想电流源不能进行等效变换。

【例 3-4】　将图 3-16 所示的电压源转换为电流源，电流源转换为电压源。

解　（1）将电压源转换为电流源，内阻不变，如图 3-16(a)所示，此时有

$$I_s = \frac{U_s}{r} = \frac{16}{4} \text{ A} = 4 \text{ A}$$

（2）将电流源转换为电压源，内阻不变，如图 3-16(b)所示，此时有

$$U_s = I_s r = 4 \times 8 \text{ V} = 32 \text{ V}$$

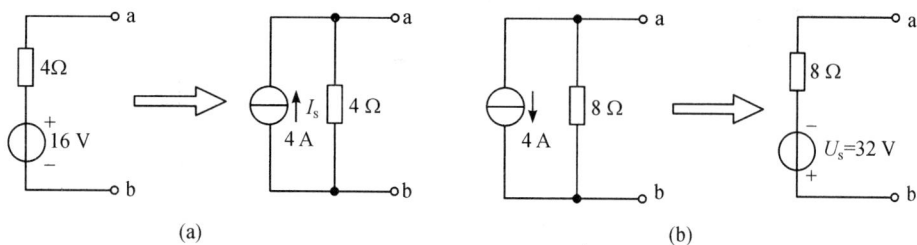

图 3-16 例 3-4 图

【例 3-5】 如图 3-17(a)所示的电路中,已知 $E_1 = 9$ V, $E_2 = 18$ V, $R_1 = 3$ Ω, $R_2 = 6$ Ω, $R_3 = 2$ Ω,求 R_3 支路的电流。

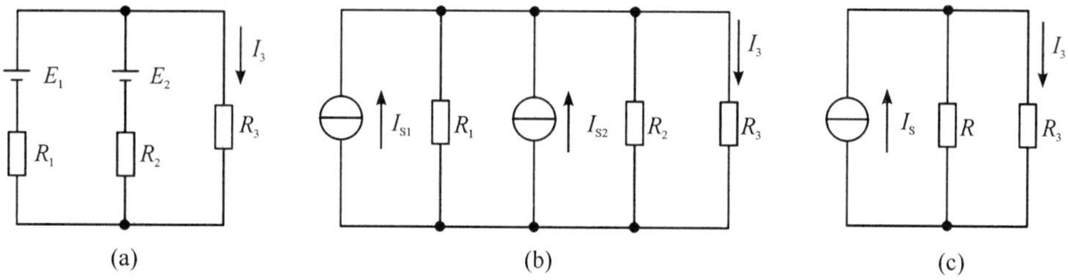

图 3-17 例 3-5 图

解 (1) 将两个电压源分别等效变换成电流源,如图 3-17(b)所示,两个电流源的内阻仍为 R_1、R_2,其等效电流分别为

$$I_{S1} = \frac{E_1}{R_1} = \frac{9}{3} \text{ A} = 3 \text{ A}$$

$$I_{S2} = \frac{E_2}{R_2} = \frac{18}{6} \text{ A} = 3 \text{ A}$$

(2) 将两个电流源合并成一个电流源,如图 3-17(c)所示,其等效电流和内阻分别为

$$I_S = I_{S1} + I_{S2} = 6 \text{ A}$$

$$R = R_1 /\!/ R_2 = \frac{3 \times 6}{3 + 6} \text{ Ω} = 2 \text{ Ω}$$

(3) R_3 上电流为

$$I_3 = \frac{6}{2} \text{ A} = 3 \text{ A}$$

思考与练习

1. 理想电压源又称_____,实际电源可用_____表示。

2. 通常把内阻_____并能提供恒定_____的电源称为理想电流源,又称恒流源,实际电源可用_____并联表示。

3. 电压源与电流源等效变换是指_____等效,对电源内部的计算_____。

4. 恒流源与恒压源_____等效变换。

5. 将图 3-18 所示的电压源转换为电流源，电流源转换为电压源。

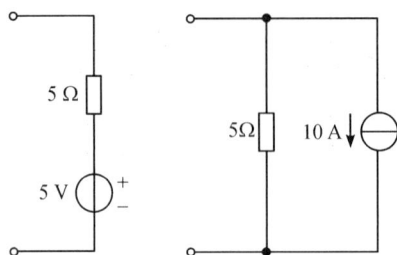

图 3-18　思考与练习 5 图

6. 将图 3-19 所示的电压源转换为电流源。

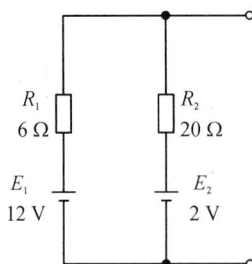

图 3-19　思考与练习 6 图

7. 将图 3-20 所示的电流源转换为电压源。

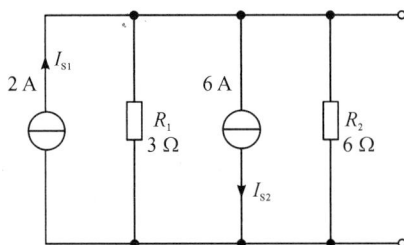

图 3-20　思考与练习 7 图

3.4　叠加定理

📖 学习目标

（1）理解叠加定理的内容和适用范围。

（2）能应用叠加定理分析计算由两个网孔组成的复杂电路的电压、电流。

甲、乙两水泵各单独工作数小时都能将蓄水池注满水。若甲、乙两水泵同时向蓄水池注水，经过数小时后同样也能注满水池。这就是生活中的叠加原理。电源向负载供电类似于水泵向蓄水池注水。

叠加定理又称叠加原理，它是解复杂电路的重要方法。叠加定理的内容是：由线性电阻和几个独立电源组成的线性电路中，任何一个支路中的电流、电压等于各电源单独作用时在此支路中所产生的电流、电压的代数和。

叠加定理适用于线性电路。线性电路指全部由线性元件组成，不含有非线性元件的电路。

叠加定理中所说的独立电源单独作用是指某一独立电源作用时其他独立电源都不起作用。独立恒压源用短路代替，独立恒流源用开路代替。

【例 3 - 6】　如图 3 - 21(a)所示，已知 $U_S = 30$ V，$I_S = 3$ A，$R = 6$ Ω，求电阻 R 上电压与电流。

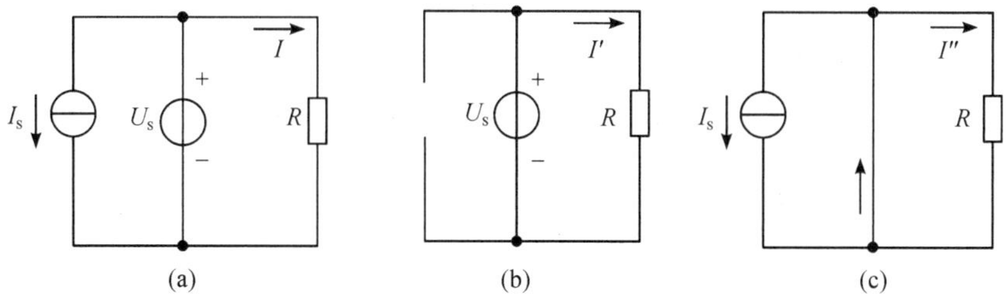

图 3 - 21　例 3 - 6 图

解　(1) 将原电路分解为 U_S、I_S 单独作用的分图，并标出电流的参考方向，如图 3 - 21(b)、(c)所示。

(2) 分别计算出各电源单独作用时，R 支路的电流或电压分量。

在图 3 - 21(b)中，U_S 单独作用，有

$$I' = \frac{U_S}{R} = \frac{30}{6} \text{ A} = 5 \text{ A}$$

$$U' = U_S = 30 \text{ V}$$

在图 3 - 21(c)中，I_S 单独作用，由于 U_S 短路，因此 R 被短路，电流和电压均为 0，即

$$I'' = 0, \quad U'' = 0$$

(3) 计算 R 支路电流、电压分量的代数和：

$$I = I' + I'' = 5 \text{ A}, \quad U' = U' + U'' = 30 \text{ V}$$

通过这个例题，总结应用叠加定理解题的步骤如下：

(1) 分别作出一个电源单独作用的分图，去除其余电源(独立恒压源短路，独立恒流源开路)，保留其内阻。

(2) 分别求出每个电源单独作用时各支路的电流或电压分量。

(3) 求出各支路电流或电压分量的代数和，这就是各个电源共同作用时各支路的电流或电压。

需要指出，叠加定理只能用来求解电路中的电流、电压，不能用于求功率，因为电路中的功率不是电流或电压的一次函数。电路功率 $P = I^2 R$，从数学的角度我们不难理解：

$$I'^2 R + I''^2 R \neq (I' + I'')^2 R$$

【例 3 - 7】　图 3 - 22(a)所示的电路中，已知 $E_1 = 9$ V，$E_2 = 18$ V，$R_1 = 3$ Ω，$R_2 =$

$6\ \Omega$，$R_3 = 2\ \Omega$，求 R_3 支路的电流及功率。

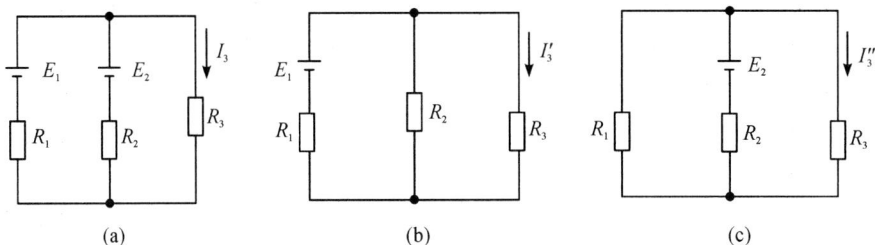

图 3-22　例 3-7 图

解　（1）将原电路分解为 E_1、E_2 单独作用的分图，如图 3-22(b)、(c)所示。

（2）分别计算出各电源单独作用时 R_3 支路的电流。

在图 3-22(b)中，有

$$R'_{23} = R_3 \mathbin{/\!/} R_2 = \frac{2 \times 6}{2 + 6}\ \Omega = 1.5\ \Omega$$

$$I'_3 = \frac{E_1}{R_1 + R'_{23}} \times \frac{R_2}{R_3 + R_2} = \frac{9}{3 + 1.5} \times \frac{6}{6 + 2}\ A = 1.5\ A$$

在图 3-22(c)中，有

$$R''_{13} = R_3 \mathbin{/\!/} R_1 = 2 \times \frac{3}{2 + 3}\ \Omega = \frac{6}{5}\ \Omega = 1.2\ \Omega$$

$$I''_3 = \frac{E_2}{R_2 + R''_{13}} \times \frac{R_1}{R_3 + R_1} = \frac{18}{6 + 1.2} \times \frac{3}{3 + 2}\ A = 1.5\ A$$

（3）计算 R_3 支路电流分量的代数和及 R_3 的功率：

$$I_3 = I'_3 + I''_3 = 3\ A$$

$$P = I_3{}^2 R_3 = 3^2 \times 2\ W = 18\ W$$

思考与练习

1. 应用叠加定理分析电路中的电流，当各独立电源单独作用，其他独立电源不起作用时，独立恒压源应作_____处理，独立恒流源应作_____处理，其内阻应_____。

2. 叠加定理能对_____和_____求代数和，不能对_____求代数和。

3. 用叠加定理求图 3-23 中的电流 I。

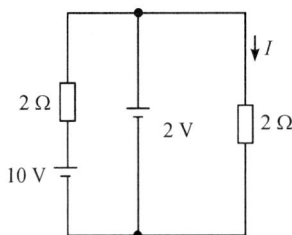

图 3-23　思考与练习 3 图

3.5　戴维南定理

(1) 了解二端网络的基本概念。

(2) 理解戴维南定理并能应用戴维南定理分析计算一般性复杂电路。

在生产实践中，对于有的复杂电路，往往并不需要求出所有支路的电流，而只需求出某一支路的电流。在这种情况下，如果能先把待求支路移开，把其余部分等效为一个电压源，这样复杂问题就简单化了。

戴维南定理给出了这种复杂电路的解决方法，因此，戴维南定理又称为等效电压源定理。

1. 二端网络

任何具有两个引出端的电路(也称网络)都可称为二端网络。这部分电路中若含有电源，就称为有源二端网络，如图 3 - 24(a)所示，不含有电源就称为无源二端网络，如图 3 - 24(b)所示。

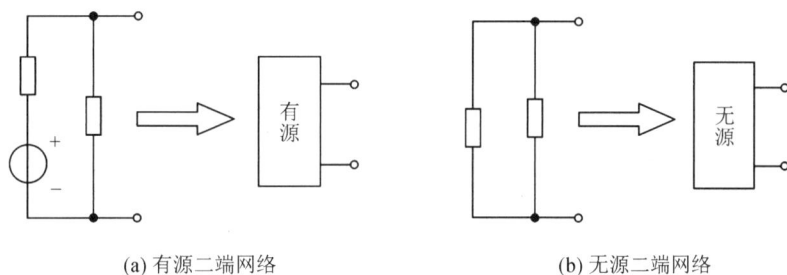

(a) 有源二端网络　　　　　　　(b) 无源二端网络

图 3 - 24　二端网络

2. 戴维南定理

戴维南定理指出：任何线性有源二端网络都可以用一个等效电压源来代替，电压源的电动势等于有源二端网络的开路电压，其内阻等于有源二端网络内所有电源不起作用时网络两端的等效电阻。所有电源不起作用是指独立恒压源用短路代替，独立恒流源用开路代替。

根据戴维南定理的内容可概括出利用其解题的方法与步骤：

(1) 将待求解支路移开，形成有源二端网络。

(2) 求出有源二端网络的开路电压 U_{AB}，并令 $E_0 = U_{AB}$。

(3) 所有电源都不起作用时，求此时无源二端网络的等效电阻 R_{AB}，并令 $R_0 = R_{AB}$。

(4) 画出戴维南等效电路，并与待求解支路相接，然后根据全电路的欧姆定律，求出待求解支路中的电流。

【例 3 - 8】 图 3 - 25(a)所示电路中，电源电动势 $E = 10$ V，内阻 $r = 2$ Ω，电阻 $R_1 = 8$ Ω，要使 R_2 获得最大功率，R_2 的阻值应为多大？这时 R_2 获得的最大功率是多少？

解　(1) 移开 R_2 支路，将左边电路看成有源二端网络，如图 3 - 25(b)所示。

（2）将有源二端网络等效变换成电压源，如图 3-25(c)所示，则

$$E_0 = U_{AB} = \frac{ER_1}{r+R_1} = 8 \text{ V}$$

（3）求二端网络的等效电阻 R_0。如果图 3-25(b)所示电路中的电源不起作用，则如图 3-25(d)所示，有

$$R_0 = R_1 /\!/ r = 1.6 \ \Omega$$

（4）将 R_2 与戴维南等效电路相接，如图 3-25(e)所示，求出 R_2 获得的最大功率。

由负载获得最大功率的条件知，$R_2 = R_0 = 1.6 \ \Omega$ 时，R_2 获得最大功率，此时有

$$P_m = \frac{E_0^2}{4R_0} = \frac{8^2}{4 \times 1.6} \text{ W} = 10 \text{ W}$$

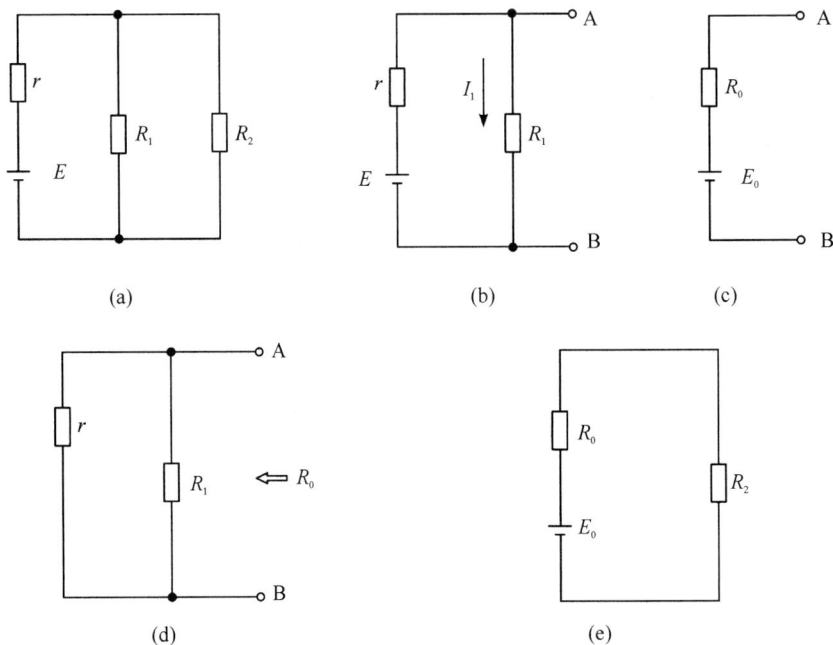

图 3-25　例 3-8 图

【例 3-9】 图 3-26(a)所示电路中，已知 $E_1 = 9$ V，$E_2 = 18$ V，$R_1 = 3 \ \Omega$，$R_2 = 6 \ \Omega$，$R_3 = 2 \ \Omega$，用戴维南定理求 R_3 支路的电流及功率。

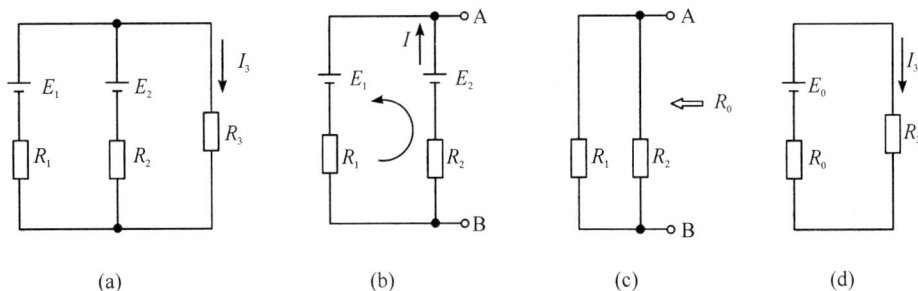

图 3-26　例 3-9 图

解　（1）移开 R_3 支路后，有源二端网络如图 3-26(b)所示。

（2）求有源二端网络的开路电压 U_{AB}。回路循环方向和电流方向如图 3-26(b)所示，U_{AB} 为等效电压源的电动势 E_0，则

$$E_0 = U_{AB} = E_2 - IR_2 = E_2 - \frac{(E_2 - E_1)R_2}{R_2 + R_1} = 12 \text{ V}$$

（3）求二端网络的等效电阻 R_0。如果图 3-26(b)所示电路中的电源不起作用，则如图 3-26(c)所示，有

$$R_0 = R_l // R_2 = 2 \ \Omega$$

（4）将 R_3 与戴维南等效电路相接，如图 3-26(d)所示，R_3 支路的电流及功率为

$$I_3 = \frac{E_0}{R_3 + R_0} = 3 \text{A}$$

$$P_3 = I_3{}^2 R_3 = 18 \text{ W}$$

思考与练习

1. 戴维南定理主要用于求＿＿＿＿＿＿＿＿＿＿＿，它只适用于＿＿＿＿＿电路。

2. 任何一个有源二端线性网络可以用＿＿＿＿＿和一个电阻＿＿＿＿＿来等效代替。

3. 一个有源二端线性网络的开路电压为 6 V，短路电流为 2 A，接入 $R = 3 \ \Omega$ 的负载电阻后，其电流为多少？负载获得的功率是多少？

4. 图 3-27 所示的电桥电路中，已知 $R_1 = 8 \ \Omega$，$R_2 = 2 \ \Omega$，$R_3 = 5 \ \Omega$，$R_4 = 20 \ \Omega$，$E = 10$ V（内阻不计），$R_5 = 14.4 \ \Omega$，应用戴维南定理求电阻 R_5 上通过的电流。

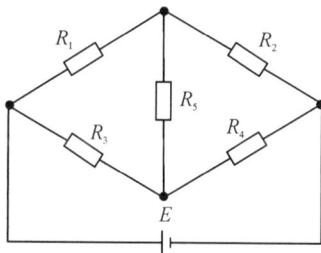

图 3-27　思考与练习 4 图

3.6　技能训练　电路故障检测与分析

实训目标

（1）能用万用表正确测量电路中的电位、电压和有关器件的电阻。

（2）能通过测量数据分析、判断电路的故障点或故障元件。

实训器材

直流稳压电源 1 台，万用表 1 个，开关 1 个，3 V 小灯泡及灯泡座 2 个，6 V 小灯泡 1 个，导线若干。

相关知识

电路及用电器(设备)经过一段时间的运行，会产生各种各样的故障，导致用电设备停止运行，影响生活生产，严重的甚至会造成人身、设备事故。电路及用电器的故障主要表现为直观性的外特征故障，如电器明显发热，冒烟，散发焦臭味，接触点产生火花或异常，自动控制开关跳闸等。另一类是没有外特征的故障，如触点及压接线接触不良，器件损坏等故障，这是主要故障，也是检修的难点。故障检修常用方法有电压测量法和电阻测量法。

1. 电压(或电位)测量法

用万用表测量电气线路上某两点间的电压(或电位)值，并且用其来分析、判断故障点或故障元件。

如图 3-28 所示，将两个规格相同的小灯泡串联连接起来(de 间灯泡为 L_1、gh 间灯泡为 L_2)，接通 6 V 电源，固定黑表笔，测量图中 b 点到 g 点的电位，数据记录到表 3-1 中并分析故障点。

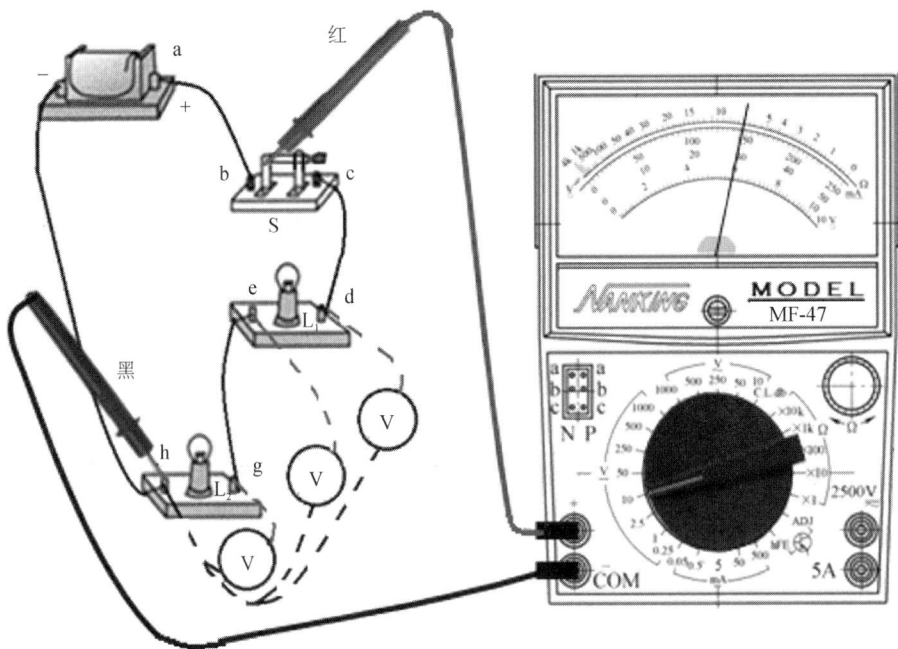

图 3-28　小灯泡串联电路的检测

表 3 - 1　电压测量法—查找故障点　　　　单位：V

电路状态	U_{bh}	U_{ch}	U_{dh}	U_{eh}	U_{gh}	故　障　点
正常	6	6	6	3	3	无
小灯泡不亮	6	0	0	0	0	开关 S 闭合不良
	6	6	0	0	0	c、d 接点接触不良或其间导线线芯拉、折断开（较少见）
	6	6	6	0	0	L_1 损坏或灯座接触不良
	6	6	6	6	0	e、g 接点接触不良或其间导线线芯拉、折断开
	6	6	6	6	6	L_2 损坏或灯座接触不良

这种测量方法像上(下)台阶一样依次测量电压，因此又称为电压分阶测量法，实质是测量电位。

2. 电阻分阶测量法

断开电源，闭合开关 S，如图 3 - 29 所示。选用万用表合适电阻挡测量电气线路上某两点间的电阻值来分析、判断故障点或故障元件。将测量数据记录到表 3 - 2 中并分析故障点。

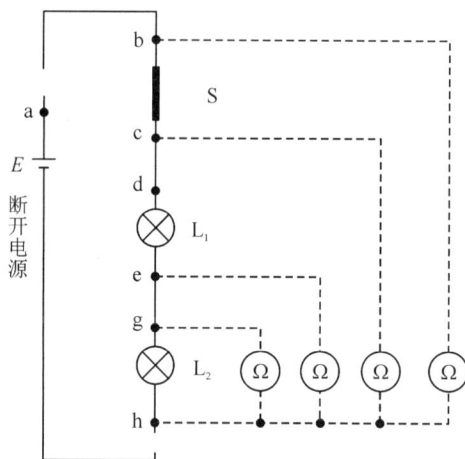

图 3 - 29　电阻分阶测量

表 3 - 2　电阻分阶测量法查找故障点(R 表示一个灯泡的电阻值)

电路状态	R_{bh}	R_{ch}	R_{eh}	R_{gh}	故　障　点
正常	$2R$	$2R$	R	R	无
故障状态	∞	$2R$	R	R	开关 S 闭合不良
	∞	∞	R	R	L_1 损坏或灯座接触不良
	∞	∞	∞	R	e、g 接点接触不良或其间导线线芯拉、折断开
	∞	∞	∞	∞	L_2 损坏或灯座接触不良

实训内容与步骤

1. 电压(或电位)测量

（1）按图 3-28 所示将电路连接起来，检查无误后断开电源开关，红表笔固定于 b 点如图 3-30 所示，测量图中 c 点到 h 点的电位，数据记录到表 3-3 中。

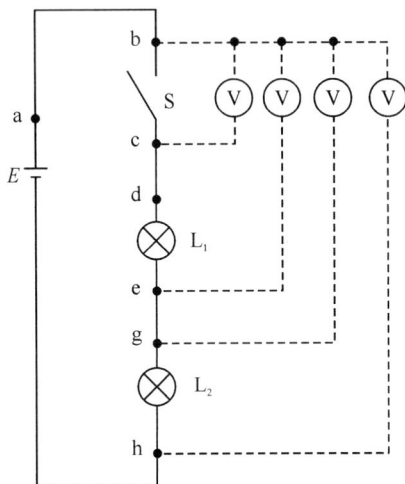

图 3-30　电位(电压分阶)测量

表 3-3　电压测量法二查找故障点　　　　　　　　　　　　　　单位：V

电路状态	以 b 点为参考点的电压值				分段电压值		
	U_{cb}	U_{eb}	U_{gb}	U_{hb}	U_{cb}	U_{ed}	U_{gb}
正常							
卸下灯泡 L_1							
短接灯泡 L_1							

在图 3-28 所示的电路检测电位查找故障点时，电路处于通电状态。220 V 照明电路在通电状态下测量时，如果操作失误很容易造成事故，因此，采用图 3-30 所示测量方法较为安全。

（2）合上电源开关，重复上述测量，电压分段测量如图 3-31 所示，将数据记录到表3-3中。

（3）卸下小灯泡 L_1，合上电源开关，重复上述测量，将数据记录到表3-3中。

（4）将电源电压下降到原电压的一半或将 L_2 更换成额定电压是原电压一倍的灯泡，将 L_1 短接，合上电源开关，重复上述测量，数据记录到表3-3中。

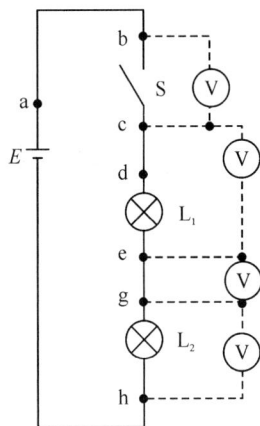

图 3-31　电压分段测量

2. 电阻测量

断开电源，闭合开关 S，选用万用表合适的电阻挡测量 b 至 h 间的电阻值，如图 3-29 所示，电阻分段测量如图 3-32 所示。测量数据记录入表 3-4 中。

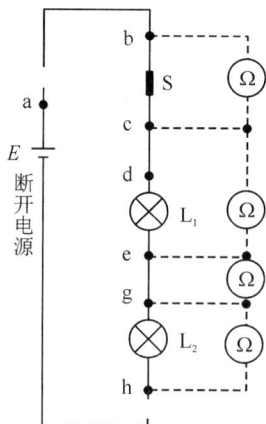

图 3-32　电阻分段测量

表 3-4　电阻测量　　　　　　　　　单位：Ω

电路状态	电阻分阶测量值				电阻分段测量值			
	R_{bh}	R_{ch}	R_{eh}	R_{gh}	R_{cb}	R_{ed}	R_{eg}	R_{gb}
正常								
卸下灯泡 L_1								
短接灯泡 L_1								

在实际维修工作中，由于电路故障千变万化，即使同一种故障现象，发生的故障部位也不一定相同。因此，故障排除应灵活运用不同的检测方法，准确地找出故障点，查明故障原因，排除故障。

💡思考与练习

1. 在图 3-28 所示电路中，闭合开关 S，测得开关两端电压接近电源电压值，说明电路从 c 点至电源负极电路＿＿＿＿＿＿＿＿，开关 S＿＿＿＿＿＿＿＿。

2. 在图 3-28 所示电路中，闭合开关 S，两灯均不亮，测得 L_1 两端电压等于电源电压值，说明电路故障是＿＿＿＿＿＿＿＿＿＿＿＿＿＿＿＿＿＿＿＿＿＿＿。

3. 在做 L_1、L_2 两灯泡的串联电路实验中，接通电源时，L_1 特别亮，L_2 不亮。老师发现后立即断开电源开关，这个现象的故障原因是＿＿＿＿＿＿＿＿＿＿＿＿＿＿＿＿＿。通电前用万用表合适电阻挡测量电路的电阻值发现其阻值＿＿＿＿＿＿＿＿＿＿＿＿＿＿＿。

4. 图 3-33 所示电路中，已知 $E_1 = 12$ V，$E_2 = 6$ V，$R_1 = 3$ Ω，$R_2 = 9$ Ω，$R_3 = 5$ Ω，求 U_{AB}。

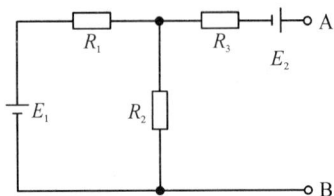

图 3-33 思考与练习 4 图

本 章 小 结

1. 基尔霍夫定律是电路的基本定律，复杂电路常用基尔霍夫定律和欧姆定律联合求解。

基尔霍夫定律包括：

(1) 基尔霍夫第一定律——节点电流定律(KCL)，反映了节点上各支路电流之间的关系，即 $\sum I = 0$，它可以推广应用于任意封闭面，是电荷守恒的逻辑推论。

(2) 基尔霍夫第二定律——回路电压定律(KVL)，反映了回路中各元件电压之间的关系，即 $\sum U = 0$ 或 $\sum E = \sum IR$，它可以推广应用到不闭合的假想回路，是能量守恒的逻辑推论。

2. 支路电流法是以支路电流为未知量，应用基尔霍夫定律列出节点电流方程和回路电压方程，联立方程求解各支路电流。如果电路有 n 个节点、m 条支路，可列出 $n-1$ 个独立节点电流方程和 $m-(n-1)$ 个独立回路电压方程来联立求解。

3. 内阻为零的电压源称为理想电压源，它能提供恒定不变电压。内阻为无穷大且能提供恒定电流的电源称为理想电流源。实际电源有电压源和电流源两种模型。理想电压源与电阻串联构成电压源，理想电流源与电阻并联构成电流源。

4. 电压源与电流源的外特性相同时，对外电路来说，这两个电源是等效的。

电压源变换为电流源：$I_S = U_S/r$，内阻 r 阻值不变，理想电流源 I_S 与 r 并联。

电流源变换为电压源：$U_S = rI_S$，内阻 r 阻值不变，理想电压源 U_S 与电阻 r 串联。

5. 戴维南定理：任何线性有源二端网络都可以用一个等效电压源代替，该等效电压源的电动势等于该二端网络的开路电压，它的内阻等于该二端网络内所有电源不起作用时的输入端电阻。它适用于求解复杂电路中某一支路的电流。

6. 叠加定理适用于线性电路，其内容：电路中任一支路的电流(或电压)等于每个电源单独作用时产生的电流(或电压)的代数和。

第 4 章

电　容

4.1　电容器与电容

📖 **学习目标**

（1）了解电容器的结构和类型，懂得电容器常用参数的意义，熟记电容器的图形符号。

（2）掌握影响平行板电容器容量大小的因素和计算公式。

1. 电容器

电容器是一种能够储存电荷的器件。它由两个相互靠近的导体在中间夹着一层绝缘材料构成的，如图 4-1 所示，这两个导体称为电容器的两个极板，从极板上可引出电极引线，中间的绝缘材料称为电容器的介质。图 4-2 所示是纸介电容器，它是在两块铝箔之间插入纸介质，卷绕成圆柱形构成圆柱形电容器的。电容器通常简称电容，广泛应用于电工和电子技术中。常见电容器的外形和图形符号如图 4-3 所示。

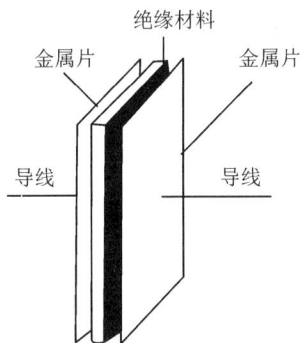

图 4-1　电容器的基本结构

图 4-2　纸介电容器的结构

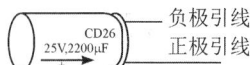
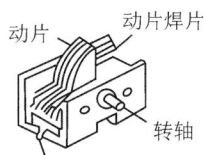

油浸纸介电容器

负极引线
正极引线

电解电容器

云母电容器

动片　动片焊片

转轴

定片焊片

单联可变容器

瓷片电容

涤纶电容

电力电容器

(a) 常见电容器的外形

一般电容器　　　　有极性电容器　　　　可变电容器　　　　微调电容器

(b) 电容器的图形符号

图 4-3　常见电容器的外形和图形符号

2. 电容器的主要参数

1）电容量

电源与电容器的两电极相连，电容器就会带电，这个过程就是电容器充电。电容器充电后，一个极板带正电荷，另一个极板就会带等量的负电荷，并在极板间产生电压 U，如图 4-4 所示。电容器的一个极板所带电荷量的绝对值称为电容器所带的电荷量 Q。

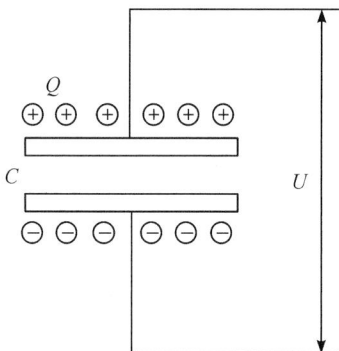

图 4-4　电容器所带电荷产生的电压

电容器所带的电荷量 Q 与它两极板间所产生的电压 U 的比值称为电容器的电容量,简称电容,用符号 C 表示,即

$$C = \frac{Q}{U}$$

电容量是描述电容器储存电荷的能力。电容量的国际单位是法拉(F)。如果给一个电容器两端加上 1 V 的电压时,电容器中储存的电荷就是 1 C,那么,这个电容器的电容量就是 1 F,即 1 F=1 C/1 V。常用的较小单位有微法(μF)和皮法(pF),它们的换算关系如下:

$$1 \text{ F} = 10^6 \ \mu\text{F} = 10^{12} \text{ pF}$$

根据电容量是否变化,还可将电容器分为固定电容器和可变电容器。

2)额定电压

电容器的额定电压,也称耐压,它表示在规定温度范围内允许加在电容器两端长期工作而不损坏电容器的最高直流电压值。常用的固定电容器的耐压有 10 V、16 V、25 V、35 V、50 V、63 V、100 V、250 V、500 V 等。在实际应用中加在电容两端的电压不能超过额定电压,否则会导致电容器介质被击穿而损坏电容器。在交流电路中应保证峰值(最大值)电压不得超过电容器的额定电压。

3. 平行板电容器

图 4-2 所示的纸介电容器展开,可以看出它就是平行板电容器,它是最基本、最常见的电容器。这种纸介平行板电容器卷绕成圆柱形是为了增大两块极板的面积。

理论推导和实践证明,平行板电容器的电容量 C 与电容器的两极板正对面积 S 和极板间介质的介电常数 ε 成正比,与极板间距离 d 成反比,即

$$C = \frac{\varepsilon S}{d}$$

式中,S、d、C 的单位分别是 m^2、m、F;ε 是介质自身的特性参数,单位是 F/m。真空中的介电常数 $\varepsilon_0 \approx 8.86 \times 10^{-12}$ F/m,某种介质的介电常数 ε 与 ε_0 之比称为该介质的相对介电常数,用 ε_r 表示,即 $\varepsilon_r = \varepsilon/\varepsilon_0$,或 $\varepsilon = \varepsilon_r \varepsilon_0$。气体的相对介电常数约为 1。石蜡、油、云母等相对介电常数 ε_r 较大,用它们作电容器的电介质可增大电容量,而且极板间距能做成很小,故广泛应用于电容器中。通常把纸浸入石蜡或油中使用,做成纸浸电容器、云母电容器等。几种常用介质的相对介电常数见表 4-1。

表 4-1 几种常用介质的相对介电常数

介质名称	相对介电常数 ε_r	介质名称	相对介电常数 ε_r
石英	4.2	云母	7
空气	1	聚苯乙烯	2.2
硬橡胶	3.5	氧化铝	8.5
酒精	35	无线电瓷	6～6.5
纯水	80	五氧化二钽	11.6

电容是电容器的固有属性,它的大小与两极板正对面积、极板间的介质、极板间的距离有关,与外加电压的大小、电容器带电多少等外部条件无关。

事实上，任何两个导线之间、导线与大地之间都是被绝缘材料或空气介质隔开的，它们之间都存在电容，这些电容的电容值一般很小，它们的作用可忽略不计。但如果传输线很长或所传输的信号频率很高，则必须考虑这些电容的作用。在电子仪器中，导线和仪器的金属外壳之间存在着很小的电容，其数值虽然很小，但有时会给传输线路或仪器设备的正常运行带来干扰。上述这些电容通常称为分布电容。

思考与练习

1. 电容器是一种＿＿＿＿＿＿＿＿＿＿＿＿＿＿＿＿＿的器件，它由两个相互靠近的导体在中间＿＿＿＿＿＿＿＿＿＿构成，＿＿＿＿＿是描述电容器存储电荷本领的物理量。

2. 电容器的电容量由＿＿＿＿＿＿＿＿＿＿＿＿＿＿＿决定，与外加＿＿＿＿无关。

3. 电容器的额定电压是指在规定＿＿＿＿内允许加在电容器两端长期工作而不损坏电容器的＿＿＿＿＿＿＿＿，交流电压的＿＿＿＿＿＿不得超过电容器的额定电压。

4. 以空气为介质的平行板电容器，如果两极板正对面积增大一倍，则电容量＿＿＿＿；如果两极板间距离增大一倍，则电容量＿＿＿＿＿＿；如果插入介质，则电容量＿＿＿＿。

5. 某电容器两端电压为 20 V 时，它所带电荷量为 0.6 C；当它两端电压降为 10 V 时，它所带电荷量为＿＿＿＿，它的电容量为＿＿＿＿。

6. 有两个平行板电容器 C_1、C_2，如果两极板正对面积之比为 2∶3，两极板间距离之比为 2∶1，则它们的电容量之比为＿＿＿＿；如果 $C_1 = 2\ \mu F$，则 $C_2 = $＿＿＿＿。

4.2　电容器的连接

学习目标

（1）掌握电容器串、并联的特点及等效电容的计算。
（2）能计算电容器串、并联的安全电压。

1. 电容器的串联

电容器的极板首尾依次相接而形成的无分支的连接方式称为电容器的串联。图 4-5 所示是三个电容器的串联，直流电压 U 给电容器充电，两极板分别带电，电荷为 $+Q$ 和 $-Q$。由于存在静电感应，因此中间各极板所带的电荷也等于 $+Q$ 和 $-Q$，达到稳定状态后每个电容器所带电荷量均为 Q。综上，串联时每个电容器的电荷量均相等。

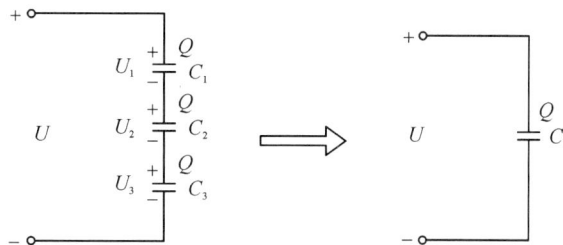

图 4-5 电容器串联

各个电容器的电压分别为

$$U_1 = \frac{Q}{C_1}, \quad U_2 = \frac{Q}{C_2}, \quad U_3 = \frac{Q}{C_3}$$

由此可知：当电容器串联时，各电容器上分配的电压和它的电容成反比，即电容大的电容器分配的电压小，电容小的电容器分配的电压大。电容器串联总电压 U 等于各电容器上的电压之和，即

$$U = U_1 + U_2 + U_3 = Q\left(\frac{1}{C_1} + \frac{1}{C_2} + \frac{1}{C_3}\right)$$

设串联电容器的总电容为 C，因为

$$U = \frac{Q}{C}$$

所以

$$\frac{1}{C} = \frac{1}{C_1} + \frac{1}{C_2} + \frac{1}{C_3}$$

串联电容器总电容的倒数等于各电容器的电容倒数之和。电容器串联之后，相当于增大了两极板间的距离，所以总电容小于每个电容器的电容。

两个电容器 C_1、C_2 串联，加上直流电压 U，则总电容为

$$C = \frac{C_1 C_2}{C_1 + C_2}$$

这与电阻并联时的公式相似。

C_1、C_2 的电压分别为

$$U_1 = U\frac{C_2}{C_1 + C_2}, \quad U_2 = U\frac{C_1}{C_1 + C_2}$$

与并联电阻电路的分流公式相似。

【例 4-1】 已知 4 个容量相同的电容器的电容 $C = 200\ \mu F$，额定工作电压为 63 V，将它们串联起来接入 200 V 的电源。

（1）求串联电容器的等效电容。

（2）每个电容器承受的电压多大？它们在此电压下工作是否安全？

解 三个电容器串联后的等效电容为

$$C_0 = \frac{C}{4} = \frac{200}{4}\ \mu F = 50\ \mu F$$

电容器串联时，各电容器上所带的电荷相等，并等于等效电容器所带的电荷，即

$$Q = Q_1 = Q_2 = Q_3 = Q_4 = C_0 U = 50 \times 10^{-6} \times 200 \text{ C} = 1 \times 10^{-2} \text{ C}$$

每个电容器两端的电压为

$$U_1 = U_2 = U_3 = U_4 = \frac{Q}{C} = \frac{1 \times 10^{-2}}{200 \times 10^{-6}} \text{ V} = 50 \text{ V}$$

实际上 4 个电容器的容量相同，每个电容器承受的电压也应相同，所以可直接得到每个电容器承受的电压为 200 V/4＝50 V。

每个电容器的额定工作电压为 63 V，其实际工作电压为 50 V，电容器能安全工作。

电容器串联能获得较高的总的额定工作电压，但总容量减小了。

【例 4 - 2】 两个电容器的额定值分别为 $C_1 = 2 \ \mu\text{F}$，$U_1 = 160$ V，$C_2 = 10 \ \mu\text{F}$，$U_2 = 250$ V，将这两个电容器串联起来，接在 300 V 的直流电源上。

（1）每个电容器上的电压是多少？

（2）这两个电容器能否安全工作？

解 两个电容器串联后的等效电容为

$$C = \frac{C_1 C_2}{C_1 + C_2} = \frac{2 \times 10}{2 + 10} \ \mu\text{F} = \frac{5}{3} \ \mu\text{F}$$

各电容器的电荷相等，并等于等效电容器所带的电荷，即

$$Q = Q_1 = Q_2 = CU = 5/3 \times 10^{-6} \times 300 \text{ C} = 5 \times 10^{-4} \text{ C}$$

则

$$U_1 = \frac{Q}{C_1} = \frac{5 \times 10^{-4}}{2 \times 10^{-6}} \text{ V} = 250 \text{ V}$$

$$U_2 = U - U_1 = 300 \text{ V} - 250 \text{ V} = 50 \text{ V}$$

U_1、U_2 也可用反比分压公式来求：

$$U_1 = U \frac{C_2}{C_1 + C_2} = \frac{10}{2 + 10} \times 300 \text{ V} = 250 \text{ V}$$

$$U_2 = U - U_1 = 300 \text{ V} - 250 \text{ V} = 50 \text{ V}$$

电容器 C_1 的额定电压是 160 V，串联后实际承受的电压是 250 V，大大超过了它的额定工作电压，所以，电容器 C_1 会被击穿。之后，300 V 电压全部加到电容器 C_2 上，C_2 也会被击穿，所以这两个电容器不能安全工作。

从这个例子中可以看出，电容不相等的电容器串联时，分配到每个电容器上的电压是不相等的。分配到各电容器上的电压和它的电容成反比，电容小的电容器比电容大的电容器分配的电压要高。因此，电容不相等的电容器串联时，必须考虑它们分配到的电压是否会超过它们的额定工作电压，以免损坏电容器。

本例中每个电容器允许充入的电荷分别是

$$Q_1 = 2 \times 10^{-6} \times 160 \text{ C} = 3.2 \times 10^{-4} \text{ C}$$

$$Q_2 = 10 \times 10^{-6} \times 250 \text{ C} = 2.5 \times 10^{-3} \text{ C}$$

为了使电容器上的电荷不超载，应取电荷较小值作为等效电容器所带的电荷来求外加总电压。故本例外加总电压不能超过

$$U = \frac{Q_1}{C} = \frac{3.2 \times 10^{-4}}{5/3 \times 10^{-6}} \text{ V} = 192 \text{ V}$$

2. 电容器的并联

图 4 - 6 所示是三个电容器的并联，加上电压 U 后，每个电容器的电压都是相等的，都

是 U，如果三个电容器所带电荷量分别为 Q_1、Q_2、Q_3，则

$$Q_1 = C_1 U, \quad Q_2 = C_2 U, \quad Q_3 = C_3 U$$

电容器所带的总电荷量等于各电容器所带电荷量之和，即

$$Q = Q_1 + Q_2 + Q_3 = (C_1 + C_2 + C_3)U$$

设并联电容器的总电容为 C，因为 $Q = CU$，所以

$$C = C_1 + C_2 + C_3$$

并联电容器的总电容等于各电容器的电容之和。电容器并联相当于增大了两极板的面积，所以总电容大于每个电容器的电容。

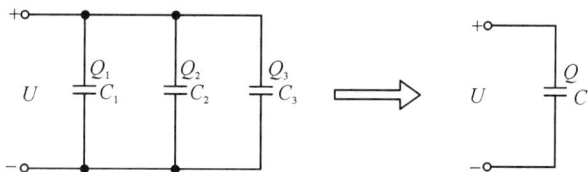

图 4-6 电容器并联

【例 4-3】 有两个电容器，$C_1 = 10\ \mu F$，充电后电压 $U_1 = 30\ V$，$C_2 = 20\ \mu F$，充电后电压为 $U_2 = 15\ V$，把它们并联在一起后，其电压是多少？

解 电容器 C_1 的电荷为

$$Q_1 = C_1 U_1 = 10 \times 10^{-6} \times 30\ C = 3 \times 10^{-4}\ C$$

电容器 C_2 的电荷为

$$Q_2 = C_2 U_2 = 20 \times 10^{-6} \times 15\ C = 3 \times 10^{-4}\ C$$

并联的总电荷为

$$Q = Q_1 + Q_2 = 6 \times 10^{-4}\ C$$

并联的总电容为

$$C = C_1 + C_2 = 3 \times 10^{-5}\ F$$

并联后总电荷并不会因为连接方式改变而改变，因此，连接后的共同电压为

$$U = \frac{Q}{C} = \frac{6 \times 10^{-4}}{3 \times 10^{-5}}\ V = 20\ V$$

思考与练习

1. 几个电容串联，其等效电容量的倒数等于_____。

2. 电容串联时，电容量较大的电容分压较_____，电容量较小的电容分压较_____。

3. 电容器串联后，其等效电容量总是_____其中任一电容器的电容量。

4. 电容器并联，并联前后电容器所带的总电荷量_____。

5. 电容器串联，各电容器上所带的电荷_____，并_____等效电容器所带的电荷。

6. 4 个"10 V、20 μF"的电容器串联，其等效电容_____，耐压是_____；将它们并联，等效电容_____，耐压是_____。

7. 电容器 C_1、C_2 串联后接入直流电压为 U 的电源能正常工作，$C_1 = 3C_2$，电容器 C_1 两端电压 $U_1 =$_____，电容器 C_2 两端电压 $U_2 =$_____。

8. 将"50 V、20 μF"和"50 V、10 μF"的两个电容器串联，这个电容器组的安全工作电压是多少？

4.3　电容器的充电与放电

学习目标

（1）了解电容器充、放电的特点及影响充、放电快慢的因素。

（2）理解电容器的储能特性。

1. 电容器的充电

如图 4-7 所示，C 是一个未带电的大容量电容器。当开关 S 置于 1 端，电源通过电阻 R 对电容器 C 开始充电。初始阶段，充电电流 i_C 较大，$i_C = E/R$（不考虑电源内阻），随着电容器两端电荷的不断积累，形成的电压 u_C 越来越高，阻碍电源对电容器的充电，使充电电流越来越小，直至为零，表明充电结束，电路达到稳定状态，这时电容器两端的电压达到了最大值，$u_C = E$。充电过程中电压、电流的变化可通过电压表、电流表观察，充电电压曲线和充电电流曲线如图 4-7(b)、(c)所示。充电结束后，切断电源，电容器两端电压仍能保持充电电压。

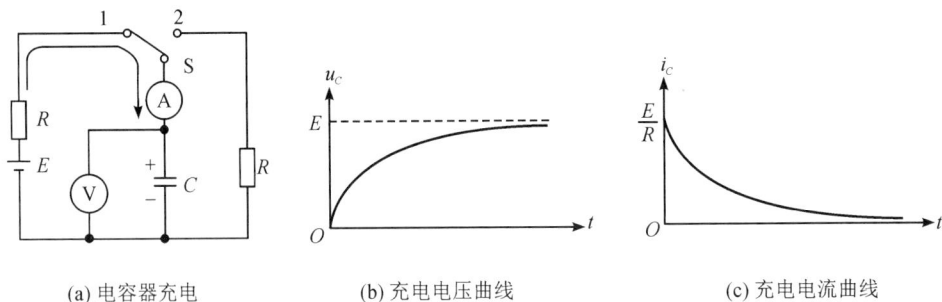

(a) 电容器充电　　　(b) 充电电压曲线　　　(c) 充电电流曲线

图 4-7　电容器的充电过程

2. 电容器的放电

电容器的放电过程如图 4-8 所示，当电容器充足电后，将开关 S 置于 2 端，电容器通过电阻 R 开始放电。初始阶段，放电电流 i_C 很大，$i_C = E/R$，随着电容器两端电荷的不断减少，电压 u_C 越来越低，放电电流越来越小，直至为零，放电结束，电路处于新的稳定状态，这时电容器两端的电压也为零。放电电压曲线和放电电流曲线如图 4-8(b)、(c)所示。

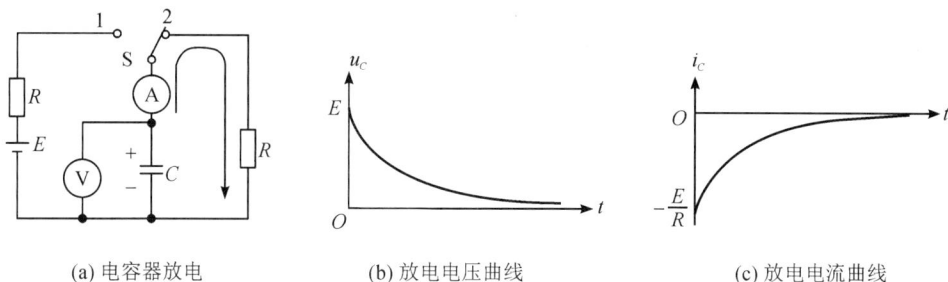

(a) 电容器放电　　　　　　(b) 放电电压曲线　　　　　　(c) 放电电流曲线

图 4 - 8　电容器的放电过程

电容器充放电过程中形成的电流并非电荷直接穿过电容器中的绝缘介质而产生的。当电容器中的电荷发生变化时,电路中就能形成电流;如果电容器中的电荷保持不变,则电路中的电流为零,这说明电容器具有"隔直流"作用。

电容器充放电达到稳定状态所需要的时间与 R、C 的大小有关。这个时间通常用 R、C 的乘积来表达,称为 RC 电路的时间常数,用 τ 表示,$\tau = RC$。时间常数的单位为 s。τ 越大,充、放电越慢。

3. 带电电容器中的能量

电容器从电源吸取能量并以电荷的形式储存到电容器中。两极板上的电荷产生电场,其电场能量为

$$W_C = \frac{1}{2}CU^2$$

式中,W_C、C、U 的单位分别是 J、F、V。

电容器中储存的电场能量与电容器的电容成正比,与电容器两端的电压的平方成正比。

电容器和电阻器是电路中常用的基本元件,它们在电路中的作用是不相同的。电容器两端的电压增加时,电容器从电源吸取能量并储存起来;当电容器两端电压降低时,它把储存的电场能量释放出来。这说明电容器只与电源进行能量交换,并不消耗能量,因此,电容器是一种储能元件。电阻器在电路中把电能转换为热能后辐射至空间或传递给其他物体。电阻器消耗电能转换为热能后,所消耗的能量是不可逆的,因此,电阻器是耗能元件。实际上,电容器由于电介质漏电及其他原因,在与电源交换能量时也要消耗一些能量,使电容器发热,这种能量消耗称为电容器的损耗。

💡思考与练习

1. 电容器充、放电初始阶段,电流 i_C _____,说明电容器上电流能突然变化,称为突变。电容器充电过程中,电压从 0 开始_____,最大值 $U_C =$ _____;电容器放电过程中,电压从最大值开始_____,直至为零,说明电容器电压不能突变。

2. 电容器充放电快慢可用时间常数 τ 来表示,$\tau =$ _____,它的单位_____。

3. 电容器是一种储能元件，它只与电源＿＿＿＿＿＿＿，并不消耗能量。

4. 如图 4-9 所示，已知 $E=6$ V，$R_1=4$ Ω，$R_2=R_3=2$ Ω，$C_1=C_2=20$ μF，求 C_1、C_2 所带电荷和 R_3 上的电压。

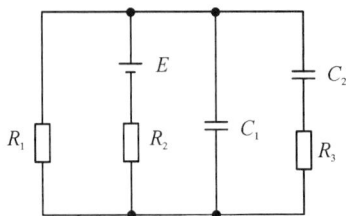

图 4-9　思考与练习 4 图

4.4　技能训练　电容器的认识与检测

实训目标

（1）认识各种类型的电容器。

（2）能使用万用表对电容器进行简易检测。

实训器材

万用表，常用的不同型号的电容器。

相关知识

1. 认识电容器

1）电容器的分类

电容器按结构分为固定电容器和可调电容器（包括微调），按电极间填充的绝缘材料可分为云母电容器、陶瓷电容器、有机薄膜电容器、金属氧化膜电容器、空气电容器和玻璃釉电容器等。电容器的外形及参数标注参见图 4-3。

2）电容量的标注方法

电容量的标注方法与电阻的相似。

（1）直标法。对于体积较小的电容器，为节省标注空间，省略了单位，但遵循以下规则：

① 不带小数点的整数，且无单位标志，单位是 pF。例如：560 表示 560 pF。

② 带小数点的数，且无单位标志，单位是 μF。例如：0.47 表示 0.47 μF。

③ 许多小型固定电容器，如瓷片电容器等，其耐压在 100 V 以上，比一般电子器件的工作电压要高得多，常省略不标注。但对于高电压瓷片电容器，其耐压必须标注，如 260 pF/1600 V。

（2）文字符号法。例如：n33 表示 0.33 nF，2P2 表示 2.2 pF，6n8 表示 6.8nF，即 6800 pF。电容量的允许误差：B 表示 ± 0.1 pF，C 表示 ± 0.25 pF，D 表示 ± 0.5 pF，F 表示 ± 1 pF。

（3）数字标注法。例如：104 表示 10×10^4 pF，222 表示 22×10^2 pF。

2. 用万用表检测电容器

万用表的电阻挡内部有干电池，指针式万用表的黑表笔与内部干电池的"＋"极相连。万用表的表笔与电容器的电极相连接时，对电容器充电。根据电容器充、放电的特性可以大致判断大容量电容器的质量好坏。

当检测较大容量的有极性电容器时，将万用表置于 $R \times 1$ k 电阻挡，将黑表笔接电容器正极，红表笔接电容器负极；如果检测的是无极性电容器，则两支表笔可以不分。每次检测前都必须将电容器的两电极短路放电。

如果在线检测大容量电容器，则应在电路断电后，先用导线将被测电容器的两个引脚相碰一下，放掉可能存在的电荷。对于容量很大的电容器，则要用 100 Ω 左右的电阻来放电。

由于小容量电容器的漏电阻很大，因此测量时应用 $R \times 10$ k 挡，这样测量结果较为准确。

💡 实训内容与步骤

（1）用万用表 $R \times 1$k 电阻挡检测有极性电容器，如电解电容器，方法如图 4-10 所示，测量现象与结果见表 4-2。

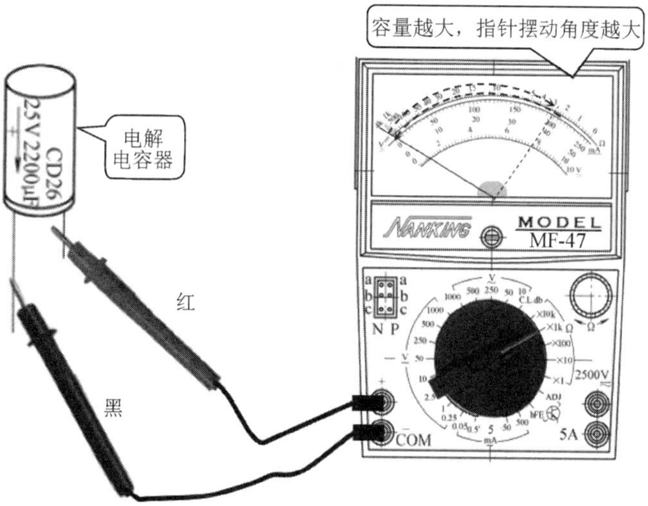

图 4-10 万用表检测电解电容器

表 4-2　测量现象与结果

表针偏转情况	结果	表针偏转情况	结果
	表针先向右偏转，再向左回摆到底（∞处），说明电容器正常		表针向右偏转到零欧姆位后不再回摆，说明电容器内部短路
	表针向右偏转后向左回摆不到底，停在某一刻度上，该阻值为电容器的漏电阻值，此值越小，说明漏电越严重		表针无偏转，说明电容器内部可能已断路，或电容量很小，不足以使表针偏转

（2）认识不同型号的常用电容器，了解其主要参数并记入表 4-3 中。

（3）用万用表检测不同型号的常用电容器，大致判断电容器的质量好坏并记入表 4-3 中。

表 4-3　检测记录

序　号	类　型	主要参数	检测结果

思考与练习

1. 检测电解电容器时，万用表红表笔应连接电容器_____电极，指针摆动角度大，说明该电容器电容_____；如指针向右偏转后停到某位置上，说明_____。

2. 每次检测电容器前都必须_____后再进行。

3. 检测小容量电容器时应用 $R\times$_____挡，否则，表针_____。

4. 电容量标注：0.27 表示_____；n22 表示_____；222 表示

_____。

本　章　小　结

1. 两个相互靠近又彼此绝缘的导体，可构成一个电容器。

2. 电容器的电容量的定义式为 $C=Q/U$。

平行板电容器的电容量的决定式为 $C=\varepsilon S/d$。

电容量是电容器的固有特性，电容器是否带电或加电压都不会改变电容量。

3. 电容器是一种储能元件。充电时把能量储存起来，放电时把储存的能量释放出来，储存在电容器中的电场能量为 $W_C = CU^2/2$。

4. 电容器的额定电压表示：在规定温度范围内，允许加在电容器两端长期工作而不损坏电容器的最高直流电压值或交流电的峰值（最大值），电容器的额定电压也称耐压。

5. 电容器串、并联特点见表 4-4。

表 4-4 电容器串、并联特点

名 称	串 联	并 联
等效电容	等效电容的倒数等于各电容器的电容倒数之和：$$\frac{1}{C} = \frac{1}{C_1} + \frac{1}{C_2} + \frac{1}{C_3}$$ 两个电容器 C_1、C_2 串联：$$C = \frac{C_1 C_2}{C_1 + C_2}$$ n 个容量均为 C 的电容器串联：$$C_0 = C/n$$	等效电容等于各并联电容之和：$$C = C_1 + C_2 + C_3 + \cdots + C_n$$ n 个容量均为 C 的电容器并联：$$C_0 = nC$$
电荷量	各电容器上所带的电荷量相等，并等于等效电容器，所带的电荷量：$$Q = Q_1 = Q_2 = Q_3 = \cdots = Q_n$$	总电荷量为各电容器上电荷量之和：$$Q = Q_1 + Q_2 + Q_3 + \cdots + Q_n$$
电压	总电压等于各电容器上电压之和：$$U = U_1 + U_2 + U_3 + \cdots + U_n$$ 电压分配与电容成反比，C_1、C_2 串联：$$U_1 = U\frac{C_2}{C_1 + C_2}, \quad U_2 = U\frac{C_1}{C_1 + C_2}$$	各电容器上的电压相等

第 5 章

磁场与磁路

5.1 磁 场

学习目标

(1) 能应用右手螺旋定则正确判断通电直导线和通电螺线管的磁场方向。

(2) 理解磁感应强度、磁通、磁导率等物理量，了解磁场强度的概念。

1. 磁场与磁感线

初中我们学习了有关磁场的知识，大家知道：同名磁极相互排斥，异名磁极相互吸引。两个磁极互不接触，却存在相互作用力，这是因为磁体周围存在着磁场。我们画出一些互不交叉的闭合曲线来描述磁场，这样的曲线称为磁感线。磁感线上每一点的切线方向就是该点的磁场方向，也就是放在该点的小磁针 N 极所指的方向。磁感线在磁体外部由 N 极指向 S 极，在磁体内部由 S 极指向 N 极。磁感线的疏密程度形象地描述了各处磁场的强弱。图 5 - 1 所示是常见磁铁的磁感线。在磁场的某一区域，如果磁感线是方向相同、分布均匀的平行直线，则称这一区域为匀强磁场。距离很近的两个异名磁极之间的磁场，除边缘部分外，可认为是匀强磁场，如图 5 - 1(c)所示。

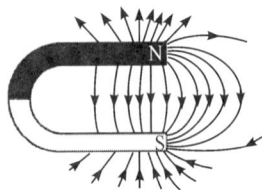

(a) 蹄形磁铁的磁感线　　　　(b) 条形磁铁的磁感线　　　　(c) 匀强磁场

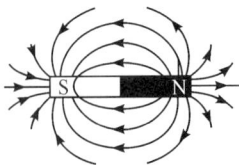

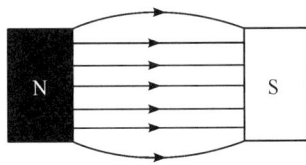

图 5 - 1　常见磁铁的磁感线

磁感线是人们假想的方便描述磁场强弱和方向的曲线。

2. 电流的磁场

磁体周围存在着磁场，电流周围也存在着磁场。1820 年丹麦物理学家奥斯特发表了他的实验研究结果：如图 5 - 2 所示，把一根水平放置的通电导线平行地靠近小磁针上方时，小磁针立即发生偏转。这个实验现象说明电流周围存在着磁场。电流产生磁场的现象称为电流的磁效应。

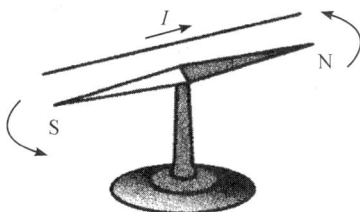

图 5 - 2　通电直导线使小磁针发生偏转

通电直导线和通电螺线管（也称线圈，用漆包线或纱包线绕制而成）周围的磁场方向可用右手螺旋定则（也称安培定则）来确定，方法见表 5 - 1。

表 5 - 1　右手螺旋定则

通电导线形式	通电直导线	通电螺线管
右手螺旋定则内容	右手握住导线，伸直的大拇指所指的方向与电流的方向一致，则弯曲的四指所环绕的方向就是磁感线的环绕方向	右手握住通电螺线管，弯曲的四指所环绕的方向与电流的方向一致，则大拇指所指的方向就是螺线管内部磁感线的方向，也就是通电螺线管的磁场 N 极的方向
右手螺旋握法		
磁感线分布		

通电螺线管的磁性与条形磁体相似，一端为 N 极，另一端为 S 极，改变电流方向，它的两极跟着改变。在通电螺线管的外部，磁感线从 N 极出，S 极入；在通电螺线管的内部，磁感线与螺线管的轴线平行（匀强磁场），方向由 S 极指向 N 极，并和外部磁感线形成闭合曲线。

3. 磁场的主要物理量

1）磁感应强度

磁感应强度用来描述磁场强弱，用符号 B 表示，单位是特斯拉（T），简称特。磁场越强，磁感应强度越大；磁场越弱，磁感应强度越小。磁感应强度也可以用磁感线的疏密程度形象地表示，磁感线密的地方磁感应强度大，磁感线疏的地方磁感应强度小。磁感应强度可用专门的仪器来测量，如特斯拉计。磁感应强度可用实验方法测定。

如图 5-3 所示，将通电直导体垂直于磁场方向放置于磁场中，它所受的磁场力 F 与电流 I 和通电直导体长度 L 乘积的比值称为通电直导体所在处的磁感应强度，可表示为

$$B = \frac{F}{IL}$$

式中，B、F、I、L 的单位分别是 T、N、A、m。

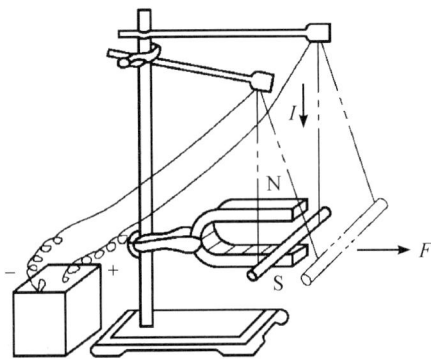

图 5-3 磁场对通电导体的作用

将 1 m 长的导体垂直于磁场方向放入磁场中，当通以 1 A 的电流时，如果受到的力为 1 N，则导体所处的磁感应强度为 1 T。磁感应强度是矢量，某点处的磁感应强度的方向就是该点的磁场方向。磁感应强度是磁场的固有特性，与实验通电电流无关。

实践中，普通永磁体磁极附近的磁感应强度一般为 0.4～0.7 T，电机和变压器铁芯中心的磁感应强度为 0.8～1.4 T，地面附近地磁场的磁感应强度只有 0.000 05 T。

2）磁通

为了定量地描述磁场在某一范围内的分布及变化情况，引入磁通这一物理量。

设在磁感应强度为 B 的匀强磁场中有一个与磁场方向垂直的平面，其面积为 S，把 B 与 S 的乘积定义为穿过这个面积的磁通量，如图 5-4（a）所示，简称磁通。用 Φ 表示磁通，则

$$\Phi = BS$$

磁通的单位是韦伯（Wb），简称韦。

如果磁场与所讨论的平面不垂直，如图 5-4（b）所示，则以这个平面在垂直于磁场 B 的方向的投影面积 S' 与 B 的乘积来表示磁通。

由 $\Phi = BS$ 可得 $B = \Phi/S$，表示磁感应强度等于穿过单位面积的磁通，因此，磁感应强度又称磁通密度，其单位可表示为 Wb/m^2。

当面积一定时，该面积上的磁通越大，磁感应强度越大，磁场越强。

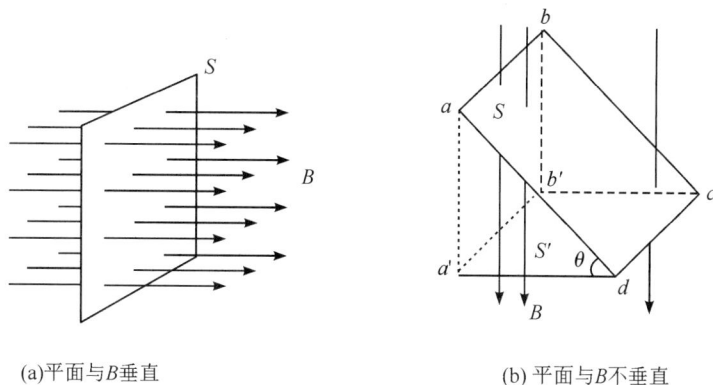

(a)平面与B垂直　　　　　　　　　　(b) 平面与B不垂直

图 5-4　磁通

　　在电气工程中，人们将通电线圈产生的磁感线封闭在由铁磁材料(如铁、钢、钴、镍)及某些金属合金等组成的回路中，如图 5-5 所示，以尽可能地减少漏磁通，增强回路中的主磁通，提高电磁设备的工作效率。

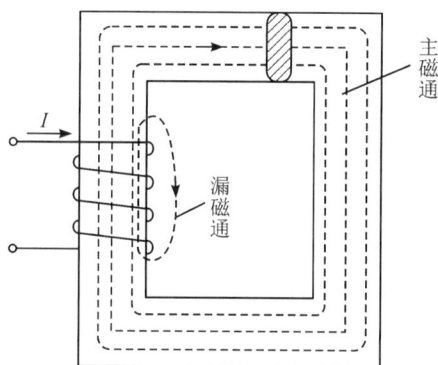

图 5-5　通电线圈磁感线回路

　　在图 5-5 所示的回路中，磁通 Φ 太大，会形成饱和，增加铁磁材料的发热量，因此，在设计变压器、继电器、电动机的磁回路时，人们更注重磁通 Φ 这一物理量。

　　3) 磁导率

　　如果用一个插有铁棒的通电线圈去吸引铁屑和把通电线圈中的铁棒抽掉(空芯线圈)后再去吸引铁屑，比较后发现这两种情况下通电线圈的吸力大小不同，前者比后者大得多。这表明不同的介质对磁场的影响不同，影响程度与介质的导磁性能有关。

　　磁导率是用来表示介质导磁性能的物理量，用 μ 表示，其单位为 H/m(亨/米)。实验测得真空中的磁导率 $\mu_0 = 4\pi \times 10^{-7}$ H/m。

　　自然界中大多数物质对磁场的影响很小，只有少数物质对磁场有明显的影响。为了比较介质对磁场的影响，把任一物质的磁导率与真空中的磁导率的比值称作相对磁导率，用 μ_r 表示，$\mu_r = \mu/\mu_0$。

　　相对磁导率是一个比值，没有单位。它表明在其他条件相同的情况下介质中的磁感应强度是真空中的磁感应强度的多少倍。

铁、钢、钴、镍及某些金属合金的 $\mu_r \gg 1$，这类物质称为铁磁性物质，它们的 μ_r 不是常数，在其他条件相同的情况下，铁磁性物质所产生的磁场比真空中的磁场强几千倍甚至几万倍。

4）磁场强度

图 5-5 中的通电线圈产生磁通 Φ，电流越大，线圈匝数越多，产生的磁效应越强。如果磁回路由同一种磁性材料组成且各处截面积均相同，那么磁回路中单位长度所占的磁回路的磁动势（IN）称为磁场强度，用 H 表示，即

$$H = \frac{IN}{l}$$

式中，l 为整个磁回路的长度，单位是米（m）；H 的单位是安/米（A/m）。

磁场中各点的磁感应强度 B 与介质的特性有关，因此，磁感应强度 B 的第二种定义形式为介质磁导率 μ 与磁场强度 H 的乘积，即

$$B = \mu H$$

磁感应强度 B 体现了磁性材料的性质对整体磁场的影响。

磁场强度是矢量，在均匀的介质中，它的方向和磁感应强度 B 的方向一致。

思考与练习

1. 判断题

（1）磁场的方向就是磁感线的方向。　　　　　　　　　　　　　　　（　　）

（2）将一根条形磁铁截去一段仍为条形磁铁，它仍然具有两个磁极。（　　）

（3）在均匀磁场中，B 与垂直于它的截面积 S 的乘积，叫作该截面的磁通密度。
　　　　　　　　　　　　　　　　　　　　　　　　　　　　　　　（　　）

（4）如果通过某一截面的磁通为零，则该截面处的磁感应强度一定为零。（　　）

（5）磁通密度在国际单位制 SI 中的单位为 T。　　　　　　　　　　（　　）

（6）铁磁材料的磁导率 μ 与真空中的磁导率 μ_0 的关系是 $\mu \gg \mu_0$。（　　）

（7）磁感线形象地描述了各处磁场的强弱，所以它存在于磁体周围空间中。（　　）

（8）磁感线的方向总是由 N 极指向 S 极。　　　　　　　　　　　　（　　）

（9）磁感线密处磁感应强度大。　　　　　　　　　　　　　　　　　（　　）

（10）磁场强度是描述磁场强弱的物理量。　　　　　　　　　　　　（　　）

（11）条形磁铁中，磁性最强的部位在中间。　　　　　　　　　　　（　　）

（12）如果通过某一截面的磁通为零，则该截面处的磁感应强度一定为零。（　　）

2. 按要求作出标注

（1）判断图 5-6 所示通电线圈的 N 极、S 极。

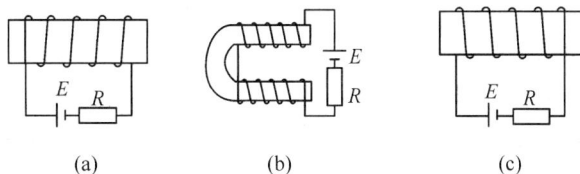

图 5 - 6 通电线圈

（2）如图 5 - 7 所示，根据已标明的磁场方向判断电流方向，或根据线圈中的电流方向判断小磁针的转动方向。

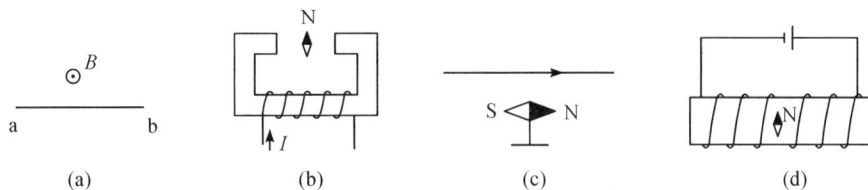

图 5 - 7 判断方向

5.2 磁场对电流的作用

学习目标

（1）掌握左手定则和磁场对电流的作用力的公式。

（2）了解磁场对通电线圈的作用及其应用。

1. 磁场对通电直导体的作用力

从 5.1 节磁感应强度的测定实验中我们了解了磁场对通电直导体的作用力。将磁感应强度定义式 $B = F/(Il)$ 变形，就得到磁场对通电导体的作用力的公式：

$$F = BIl$$

式中，l 为处于匀强磁场中与磁场垂直的一段导体，如图 5 - 8 所示。在这种情况下，通电导体受到的力最大。通常把通电导体在磁场中受到的力称为电磁力，也称安培力。

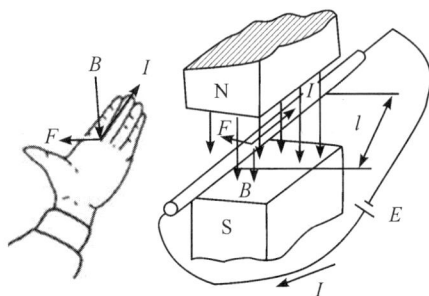

图 5 - 8 磁场对通电直导体的作用力

通电直导体在磁场中受到的电磁力的方向可用左手定则来判定。如图 5 - 8 所示，平伸左手，使大拇指与其余四个手指垂直，并与手掌在一个平面内，让磁感线垂直穿入手心，使四指指向电流方向，则大拇指所指的方向就是通电导线在磁场中受到的电磁力的方向。

电磁力的方向、磁场的方向、电流的方向均是互相垂直的，手掌所在平面与磁感线垂直。

如果电流方向与磁场方向不垂直，而是有一个夹角 θ，如图 5 - 9 所示，这时可以把通电导体的长度 l 投影到与磁场垂直的方向上，即通电导体的有效长度为 $l\sin\theta$，这样电磁力的计算公式变为

$$F = BIl\sin\theta$$

上式说明，当 $\theta = 90°$ 时，电磁力 F 最大；当 $\theta = 0°$，即通电导体与磁场平行时，电磁力 F 最小，等于零；当通电导体与磁场斜交时，电磁力 F 介于最大与最小之间。

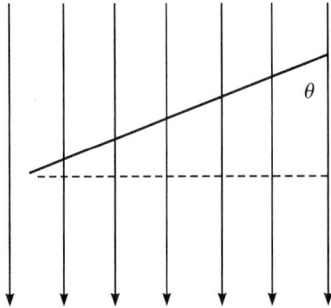

图 5 - 9　通电导体与磁场的夹角 θ

2. 磁场对通电线圈的作用力

电动机的工作原理是磁场对通电矩形线圈产生的电磁力使线圈旋转。

图 5 - 10 所示是直流电动机的工作原理简图，磁铁 N、S 极间的磁场接近匀强磁场，线圈两端分别焊接着 1、2 两个换向片，电刷 A、B 与换向片紧密接触并与电源相连接。当线圈与直流电源接通时，在图 5 - 10(a)所示位置处，根据左手定则可判断线圈 ab 边、cd 边（S 极一侧）受到电磁力分别向上、向下形成最大转矩，线圈以顺时针方向转动起来。当线圈平面与磁感线垂直时，如图 5 - 10(b)所示位置处，转矩为零，但由于惯性，线圈仍继续转动，到达图 5 - 10(c)所示位置。通过换向器的作用，与电源正极相连的电刷 A 始终与转到 S 极一侧的导线相连，保持了在 S 极一侧导线的电流方向（流入线圈）始终不变。这样线圈始终能按顺时针方向连续旋转。这就是直流电动机的工作原理。外加电源虽然是直流电，但由于电刷和换向片的作用，在线圈中流过的电流是交变的，这使其产生的转矩方向不变。

测量直流电压、电流的磁电式仪表也是利用通电线圈在永久磁铁中受到电磁力而发生转动的原理制成的，如图 5 - 11 所示。通电线圈转动使游丝产生反作用力矩，当二者相等时，指针所在的位置即为被测物理量。

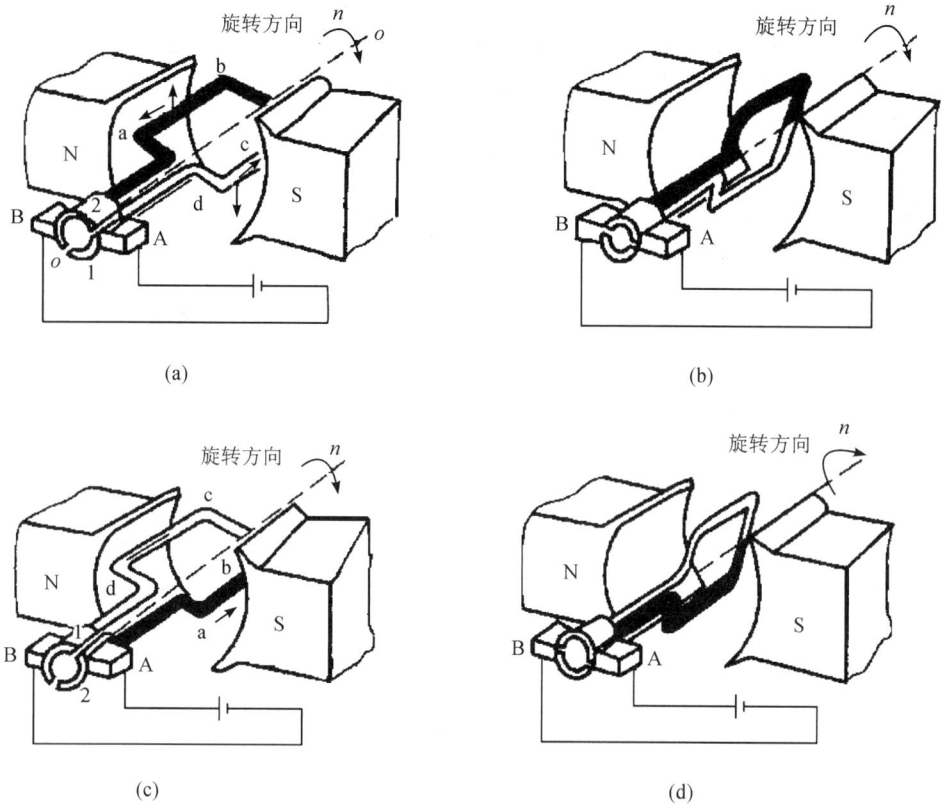

图 5-10　直流电动机的工作原理

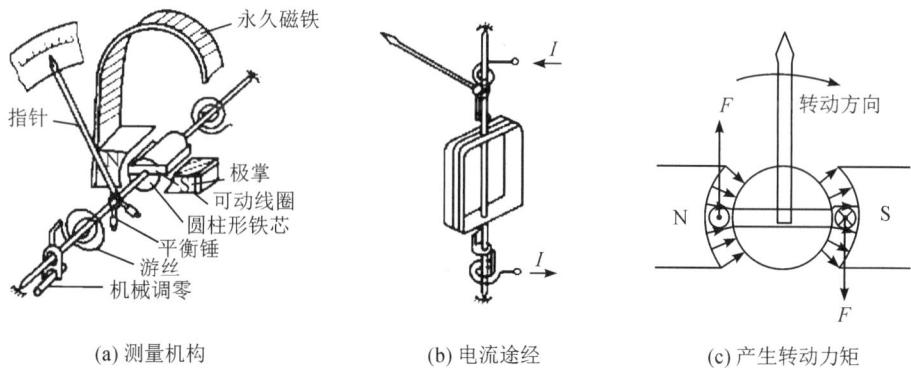

图 5-11　磁电式仪表的测量结构简图

💡思考与练习

1. 判断题

（1）通电导线在磁场中受力为零，磁感应强度一定为零。　　　　　（　　）

（2）通电导线在磁场中某处受到的力大，表明该处的磁感应强度就大。　　　　　（　　）

（3）线圈平面与磁感线垂直时，转矩为零，线圈受到电磁力也为零。　　　（　　）

（4）左手定则用于判定电动机的旋转方向。　　　　　　　　　　　　　　（　　）

（5）右手螺旋定则用于判别线圈的磁场方向。　　　　　　　　　　　　　（　　）

2. 选择题

（1）如图 5 - 12 所示，导线环和条形磁铁在同一平面内且磁铁轴线和线圈中心处于同一直线上，导线环中通以图示方向电流，当条形磁铁慢慢靠近导线环时，环将（　　）。

A. 不发生转动，只远离磁铁

B. 发生转动，同时靠近磁铁

C. 静止不动

D. 发生转动，同时远离磁铁

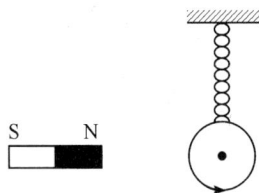

图 5 - 12　思考与练习 2 -(1)图

（2）如图 5 - 13 所示，在电磁铁的左侧放置一根条形磁铁，当合上开关 S 以后，电磁铁与条形磁铁之间（　　）。

A. 互相排斥　　　　B. 互相吸引

C. 静止不动　　　　D. 无法判断

（3）如图 5 - 14 所示，磁极中间通电直导体 A 的受力方向为（　　）

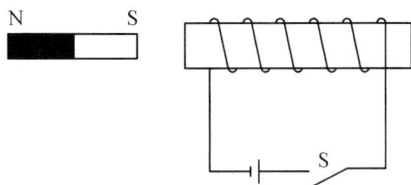

图 5 - 13　思考与练习 2 -(2)图

A. 垂直向上　　　B. 垂直向下　　　C. 水平向左　　　D. 水平向右

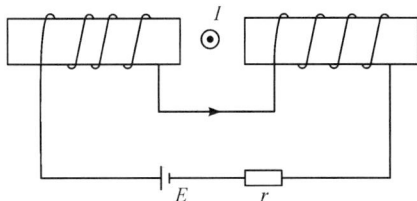

图 5 - 14　思考与练习 2 -(3)图

3. 标注出图 5 - 15 中通电导线在磁场中的受力方向，所示箭头方向为电流方向。

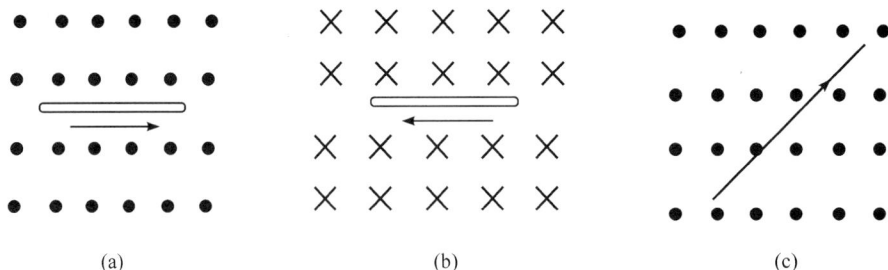

(a)　　　　　　　　　　(b)　　　　　　　　　　(c)

图 5 - 15　思考与练习 3 图

4. 在图 5 - 11 所示的磁电式仪表的测量结构简图中，如被测直流电流与图示电流方向相向，则简要说明其后果。

5. 简要分析两根平行通电直导体间的作用力。

（1）两根平行通电导体电流方向相同。

（2）两根平行通电导体电流方向相反。

5.3　铁磁物质的磁化

📖 **学习目标**

（1）理解铁磁材料的磁化及磁化曲线、磁滞回线与铁磁材料性能的关系。

（2）了解铁磁材料的分类与应用。

1. 铁磁物质的磁化

使原来没有磁性的物质具有磁性的过程称为磁化。只有铁磁材料才能被磁化，非铁磁性材料不能被磁化。

铁磁物质能够被磁化是因为它的内部有许多类似小磁铁的磁畴。在无外磁场作用时，磁畴排列杂乱无章，磁性相互抵消，对外不显磁性，如图 5-16(a) 所示；在有外磁场作用时，磁畴就会沿着外磁场方向变成整齐有序的排列，整体就有了磁性，如图 5-16(b) 所示。有些铁磁物质在撤去外磁场后磁性仍保持一致的取向，对外仍显示磁性，如永久磁铁。

铁磁物质被磁化后磁场会增强，这一特点被广泛应用于电子和电气设备中，如变压器、继电器、电动机等绕组的铁芯中，这样通电线圈就可采用较小的电流产生较大的磁通，大大缩小这些电气设备的体积，减轻重量；半导体收音机的天线线圈绕在铁氧体磁棒上，以提高收音机的灵敏度。

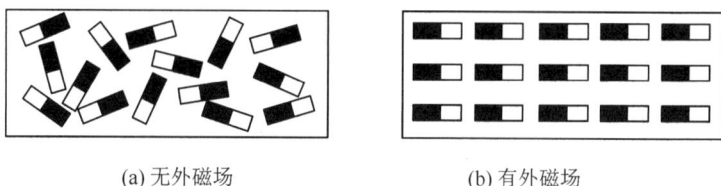

(a) 无外磁场　　　　　　　　(b) 有外磁场

图 5-16　磁畴的排列

如图 5-17(a) 所示，在通电线圈中放入铁磁材料即铁芯，铁芯就会被磁化。当一个线圈的结构、形状、匝数都已确定时，线圈中的磁通 Φ 随电流 I 的变化规律用 $\Phi\text{-}I$ 曲线表示，称为磁化曲线，如图 5-17(b) 所示。它反映了铁磁材料在不同电流下的磁化过程。

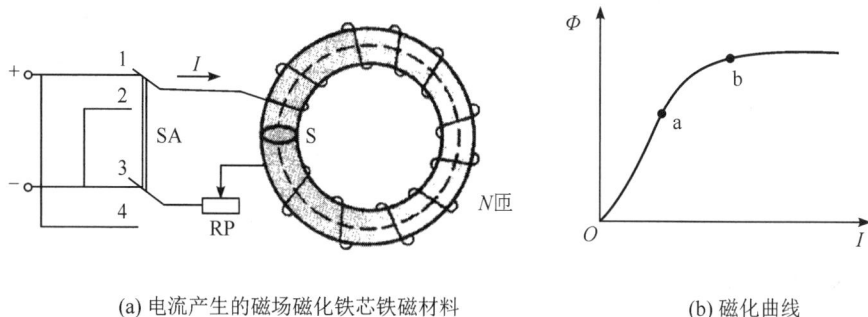

(a) 电流产生的磁场磁化铁芯铁磁材料　　　　　　　(b) 磁化曲线

图 5-17　磁化实验与磁化曲线

当 $I=0$ 时，$\Phi=0$；当 I 增加时，Φ 随着增加。但 Φ 与 I 不是线性关系。因此，磁导率 $\mu=B/H$ 不是常数。

在 oa 段较为陡峭，Φ 与 I 近似线性关系，成正比增加。

b 点以后的部分近似平坦的直线，它表明增大线圈中的电流 I，Φ 基本上保持不变，铁芯磁化到这种程度称为磁饱和。

a 点到 b 点是一段弯曲的部分，称为曲线的膝部，它是未饱和到饱和的过〔 〕分。

电气设备的线圈中，一般都装有铁芯来增强磁场强度。在设计时，常常将其工作磁通取在磁化曲线的膝部，使铁芯在未饱和的前提下，充分利用它的增磁作用。

不同的铁磁材料，如硅钢片、铸铁、铸钢及钴、镍及其合金等，它们的磁化曲线是不相同的，因此，生产实践中人们根据它们的磁化曲线进行计算或选用。

线圈通入交变电流，产生交变磁场，线圈中的铁芯就会被反复磁化。电流变化循环一周，Φ 随 I 变化的关系如图 5-18 所示。由图 5-18 可见，当电流 I 由零上升至某一最大值 I_m 时，Φ 沿着起始磁化曲线 oa 上升至 Φ_m，减小 I 时，Φ 也随着减小，但 Φ 值并不沿 ao 曲线下降，而是沿 ab 曲线变化。当 $I=0$ 时，由于磁畴的惯性作用，$\Phi\neq0$，铁芯中仍保留一定的剩磁，如图 5-18 中 b、e 两点。为了去掉剩磁，必须改变外磁场的方向，即改变电流的方向。当反向电流达到一定数值如图 5-18 中 c、f 两点时，才能消除剩磁。上述现象称为磁滞，图 5-18 中的封闭曲线称为磁滞回线。铁芯在反复磁化过程中要不断克服磁畴惯性，这将损耗一定的能量，该能量损耗称为磁滞损耗，它将使铁芯发热。这个能量损耗是由电源供给。

平面磨床的电磁工作台在工件加工完毕后，需要在励磁线圈中通入短暂的反向电流来消除剩磁，然后才能取下工件。图 5-19 所示是平面磨床电磁吸盘工作原理简图。

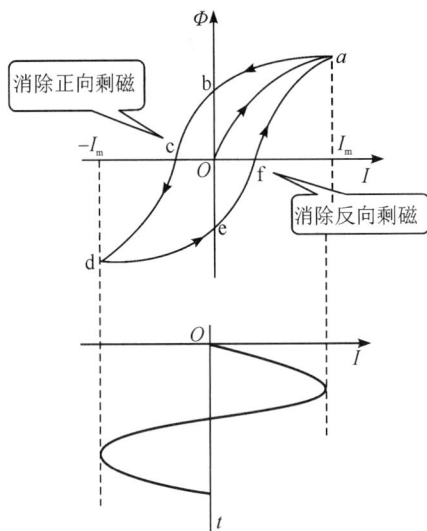

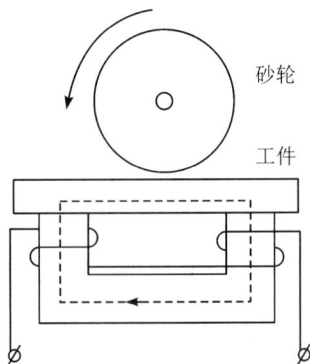

图 5-18　磁滞回线　　　　　图 5-19　平面磨床电磁吸盘工作原理简图

2. 铁磁材料的分类

不同的铁磁材料磁性能不同，磁滞回线也不同，它们的用途也不相同，一般可分为硬磁材料、软磁材料、矩磁材料三大类，见表 5-2。

表 5－2　铁磁材料的分类与特点

名　称	磁滞回线	特　点	典型材料与用途
软磁材料	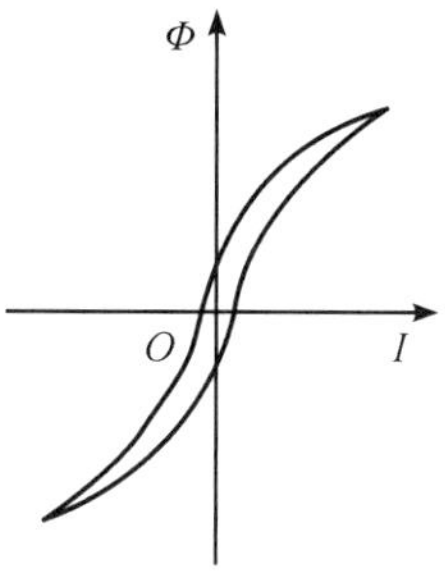	易磁化 易退磁	硅钢、铸钢、铁镍合金、铁铝合金、铁氧体材料等，适合制作仪表、电机、变压器、继电器等设备的铁芯
硬磁材料	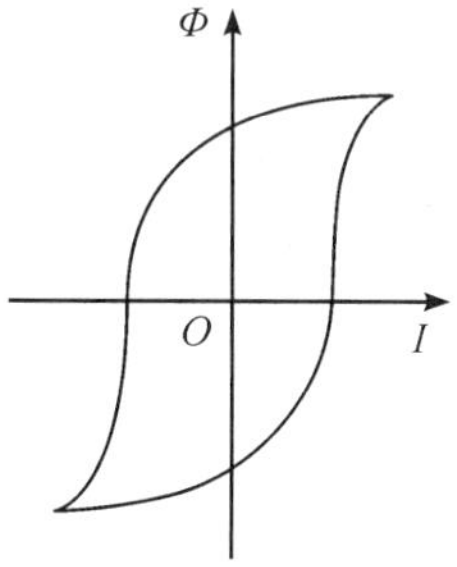	不易磁化 不易退磁	碳钢、钴钢、铝镍钴合金等，适合制作永久磁铁，如扬声器的磁钢、磁电系仪表的磁钢
矩磁材料	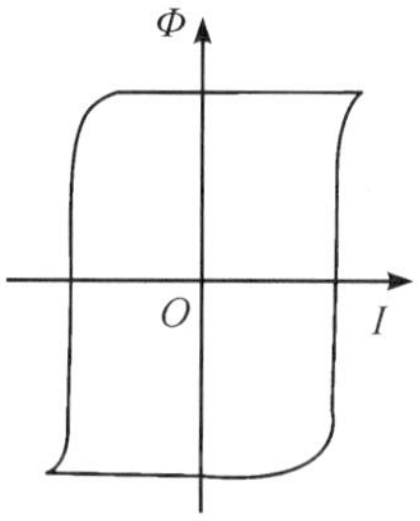	很易磁化 很难退磁	锰镁铁氧体、锂锰铁氧体等适合制作磁带、计算机的磁盘

思考与练习

判断题

1. 铁磁材料的磁导率不是常数。　　　　　　　　　　　　　　　（　　）
2. 在通电线圈中插入铁磁材料可增强磁感应强度。　　　　　　　（　　）
3. 因为硬磁材料有剩磁，所以用来制作电动机的铁芯。　　　　　（　　）
4. 磁滞回线面积越大，能量损失就越大。　　　　　　　　　　　（　　）
5. 铁磁材料反复磁化就一定有磁滞损耗。　　　　　　　　　　　（　　）
6. 在通入直流电的线圈中，插入铁磁材料也会产生磁滞损耗。　　（　　）

5.4 磁路与磁路欧姆定律

学习目标

（1）理解磁动势和磁阻的概念。

（2）懂得磁路欧姆定律。

1. 磁路

磁路就是由磁性材料组成的，使磁通能集中通过的路径。因为磁性材料具有优良的导磁性能，所以它们被广泛地制成各种电工设备的铁芯，能更好地发挥电工设备的电磁性能。图 5-20 所示是几种电气设备的磁路。

图 5-20(a)所示为电磁铁的磁路，励磁绕组通入励磁电流，产生磁通。磁通通过铁芯、空气隙和衔铁形成闭合路径，图 5-20 所示的磁路由这三部分串联而成（变压器的空气隙很小，图中没有画出来）。磁感线是连续的，串联磁路各横截面处的磁通是相等的。

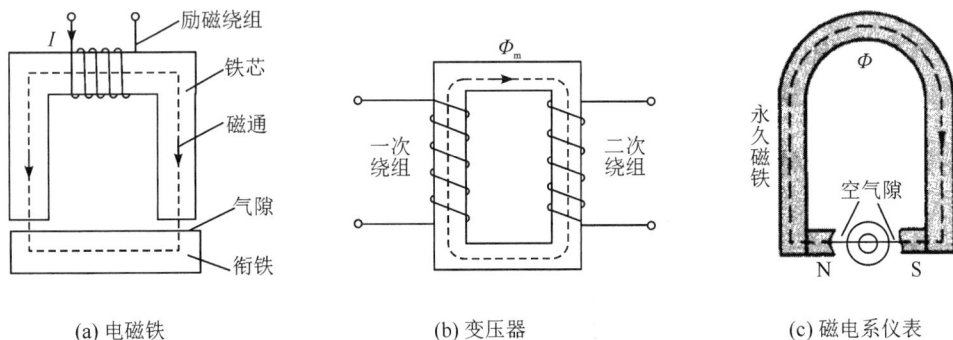

(a) 电磁铁　　　　　　　　(b) 变压器　　　　　　　　(c) 磁电系仪表

图 5-20 几种电气设备的磁路

通电线圈的匝数越多，电流越大，磁场越强，磁通也就越大。通过线圈的电流 I 和线圈匝数 N 的乘积称为磁动势，用 F_m 表示，即

$$F_m = IN$$

磁动势的单位是安培（A）。

电流通过导线会有电阻。与导体的电阻相似，磁通在通过磁路时，受到磁路材料的阻碍作用称为磁阻，用符号 R_m 表示。磁路中磁阻的大小与磁路的长度 l 成正比，与磁路的横截面积 S 成反比，并与组成磁路材料的磁导率有关，其公式为

$$R_m = \frac{l}{\mu S}$$

式中，μ、l、S 的单位分别为 H/m、m、m^2，磁阻 R_m 的单位为 1/亨（H^{-1}）。

由于铁磁材料的磁导率 μ 远大于空气的磁导率 μ_0（真空中的磁导率与空气中的磁导率基本相同），因此，空气隙的磁阻远大于铁磁材料的磁阻。

2. 磁路欧姆定律

磁路中磁通与磁动势成正比，而与磁阻成反比，即

$$\Phi = \frac{F_{\mathrm{m}}}{R_{\mathrm{m}}}$$

式中，磁阻 R_{m} 是整个磁路的磁阻。图 5-20(a) 电磁铁的磁阻为铁芯、空气隙和衔铁的磁阻之和。

上式与电路的欧姆定律表达式相似，故称磁路欧姆定律。

由于铁磁材料的磁导率是非线性的，故磁阻 R_{m} 不是常数，所以磁路欧姆定律只能对磁路作定性分析。

磁路中的某些物理量与电路中的某些物理量有对应关系，磁路和电路的比较见表5-3。

表 5-3　磁路和电路的比较

磁　路	电　路
磁动势 $F_{\mathrm{m}} = IN$	电动势 E
磁通 Φ	电流 I
磁导率 μ	电阻率 ρ
磁阻 $R_{\mathrm{m}} = \dfrac{l}{\mu S}$	电阻 $R = \rho\,\dfrac{l}{S}$
磁路欧姆定律 $\Phi = \dfrac{F_{\mathrm{m}}}{R_{\mathrm{m}}}$	电路欧姆定律 $I = \dfrac{E}{R}$

3. 磁屏蔽

生产实践中，人们为了防止通电线圈产生的漏磁通影响某些器件的正常工作，如漏磁通会破坏示波管或显像管中电子的聚焦。为此，需要将这些器件屏蔽起来，免受外界磁场的影响，这种措施称为磁屏蔽。

最常用的屏蔽措施就是利用铁磁性材料制成屏蔽罩(或网)，将需要屏蔽的器件放在罩(或网)内。由于铁磁材料的磁导率是空气的许多倍，因此，屏蔽罩(或网)的磁阻比空气磁阻小得多，外界磁场的磁通在磁阻小的屏蔽罩(或网)中通过，进入屏蔽罩(或网)内的磁通很少，从而起到磁屏蔽的作用。有时为了更好地达到磁屏蔽的作用，常采用多层屏蔽罩的办法进行屏蔽，把漏进罩内的磁通一次一次地屏蔽掉。

4. 电磁铁

电磁铁是利用装有铁芯的通电线圈对铁磁性物质产生电磁吸力的装置，常见结构形式如图 5-21 所示。它们由线圈、铁芯和衔铁三个部分组成。工作时线圈通入励磁电流，在铁芯气隙中产生磁场，吸引衔铁；断电时磁场消失，衔铁就被释放。

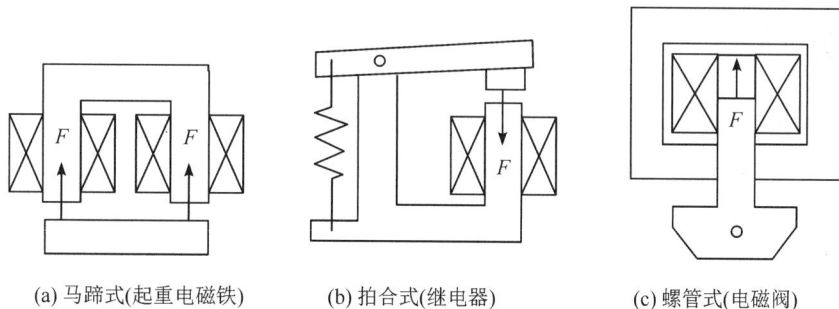

(a) 马蹄式(起重电磁铁)　　　(b) 拍合式(继电器)　　　(c) 螺管式(电磁阀)

图 5-21　电磁铁的几种结构形式

　　电磁铁如继电器、电磁阀等广泛应用于电气自动控制中。图5-22(a)所示为利用电磁铁制成的电磁继电器控制电动机的控制电路。当开关S闭合时，低压控制电路中的电磁铁线圈通电，常开触点闭合，也就是图中动触点向下运动与下方触点接触，220 V工作电路闭合，电动机转动。当开关S断开时，电磁铁磁性消失，在弹簧的反作用力下，动、静触点分开，电动机停止转动。利用电磁继电器可以实现用低电压、小电流的控制电路来控制高电压、大电流的工作电路，以此实现生产自动化。

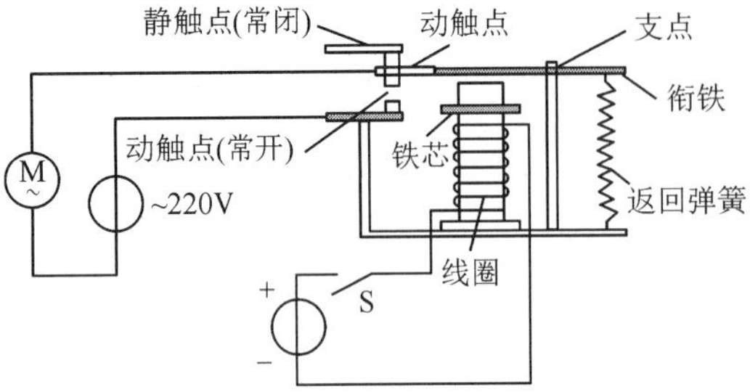

(a) 电磁继电器控制电路 　　　　　　　　(b) 电磁继电器

图5-22　电磁继电器的应用

思考与练习

　　1. 磁路就是由磁性材料组成的，使＿＿＿＿＿＿＿＿＿的路径。

　　2. 磁通在通过磁路时，受到磁路材料的阻碍作用称为＿＿＿＿＿＿＿＿，它的单位是＿＿＿＿。空气隙的磁阻远＿＿＿＿铁磁材料的磁阻，磁阻R_m＿＿＿＿常数。

　　3. 利用＿＿＿＿材料制成屏蔽罩（或网），可将被保护的器件屏蔽起来，免受外界磁场的影响，这种措施称为＿＿＿＿。

　　4. 平面磨床在加工完工件后，为什么要给电磁工作台的励磁线圈通入短暂的反向电流？

5.5　技能训练　用万用表检测电声器件

实训目标

　　(1) 认识动圈式扬声器与话筒，能理解它们的工作原理。

　　(2) 能用万用表检测动圈式扬声器与话筒的好坏。

实训器材

　　万用表，动圈式扬声器，动圈式话筒。

相关知识

1. 扬声器的结构与工作原理

扬声器又称喇叭，它是一种将电能转换成声能的器件，有舌簧式、晶体式、动圈式等几种，常用的是动圈式扬声器。

动圈式扬声器主要由永久磁铁、导磁柱、盆架、音圈及支架、弹波、纸盆、防尘帽等部件组成，如图 5 - 23 所示，在圆环形永久磁铁与导磁柱的磁场缝隙间套着能自由移动的用漆包线绕制而成的线圈，称为音圈。音圈一端与弹波、纸盆黏结在一起，另一端可沿导磁柱自由移动，纸盆固定在盆架上。

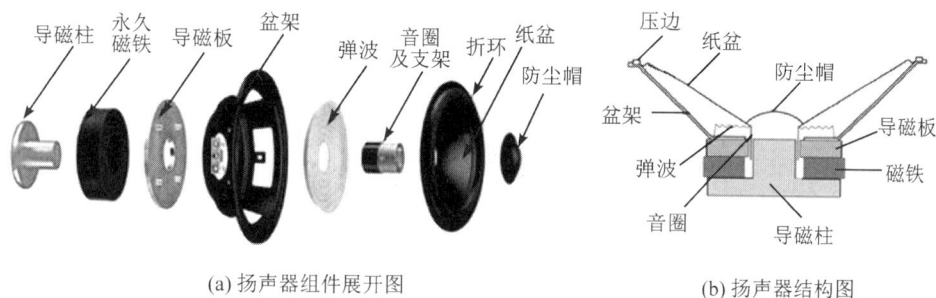

(a) 扬声器组件展开图　　　　(b) 扬声器结构图

图 5 - 23　动圈式扬声器

当音频电流通过扬声器音圈时，音圈在磁场中受到电磁力的作用发生振动（沿导磁柱上下移动），音圈的振动带动纸盆振动发出声音。音频电流越大，作用在音圈上的电磁力也就越大，音圈和纸盆的幅度振动也越大，产生的声音就越响。由于音频电流的大小和方向是不断变化的，就使扬声器产生随音频变化的声音。

2. 动圈式话筒的结构与工作原理

话筒是把声音转变为电信号的器件，动圈式话筒的结构与动圈式扬声器很相似，但工作过程相反。动圈式话筒广泛应用于大功率扩音器中，它又称为电动式话筒。

动圈式话筒主要由导磁片、永久磁铁、音圈、膜片、护罩等部分组成，如图 5 - 24 所示，膜片多采用铝合金或聚苯乙烯材料压制成表面折纹的弹波薄片。音圈置于永久磁铁所形成的强磁场空隙中。

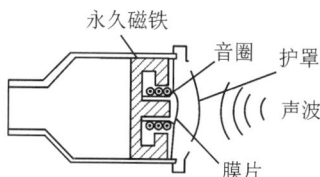

图 5 - 24　动圈式话筒的结构

当声波传到膜片上时，膜片按声波的频率和强弱振动，这种振动带着音圈沿垂直磁场方向运动，也就是音圈在磁场中做切割磁感线运动，产生感应电流，感应电流的大小按声波的频率和强弱变化，把它输入到扩音器中进行放大。最后，由扬声器还原成声音。

由于膜片和音圈都具有惯性等原因，当声波频率较高时，动圈式话筒会产生失真。

实训内容与步骤

动圈式扬声器与动圈式话筒的结构很相似，音圈都处于永久磁铁形成的强磁场空隙中，通电音圈能带动纸盆或膜片振动发声。

（1）检查音圈是否正常。

将指针式万用表挡位调至 $R \times 1$ 挡，两表笔分别连接扬声器或话筒（见图 5-25）的音圈引出线，此时能听到它们发出"咔咔"声，表笔每次与音圈引出线接触一下，扬声器或话筒就会发出"咔咔"声，声音越清脆它们的质量越好。如果声音太尖可能有擦圈问题。

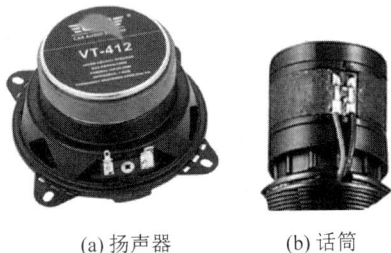

(a) 扬声器   (b) 话筒

图 5-25　动圈式扬声器与话筒

（2）检查音圈直流电阻是否正常。

在上述检测中两表笔连接在扬声器或话筒的音圈引出线上时，观察它们的直流电阻，应与铭牌标称阻值相同，如扬声器音圈直流电阻铭牌标称值有 4 Ω、8 Ω、16 Ω 等，如果测量值的 1.1 倍等于铭牌标称值，说明音圈很好，过小说明音圈可能损坏。

思考与练习

1. 扬声器是将_____器件，它的音圈作用是_____，你观察的扬声器直流电阻是_____。

2. 话筒是把_____器件，它的音圈作用是_____。

3. 扬声器的纸盆作用是_____，话筒膜片的作用是_____。

4. 用万用表电阻挡检查话筒音圈电阻时显示无穷大，说明它的故障是_____。

本 章 小 结

1. 电流和磁铁周围都存在着磁场。电流产生的磁场称为电流的磁效应，其磁场方向可用右手螺旋定则（安培定则）判断。

2. 磁感线是假想的能形象地描述磁场分布、互不交叉的闭合曲线，在磁体外部由 N 极指向 S 极，在磁体内部由 S 极指向 N 极。磁感线上一点的切线方向表示该点的磁场方向。

3. 磁感应强度 B 是描述磁场中某点处磁场强弱的物理量，单位 T；磁通 Φ 是描述磁场在某一范围内的分布及变化情况的物理量，单位 Wb，$\varPhi = BS$。

4．磁场对处在其中的载流直导体有作用力——电磁力，其方向用左手定则判断，电磁力的大小为 $F = BIl\sin\theta$，式中 θ 为载流直导体与磁感应强度方向的夹角。

5．磁导率 μ 表示物质的导磁能力，同时也说明该物质对磁场影响程度，$B = \mu H$。铁磁物质的 μ 不是常数，非铁磁物质的 μ 是常数。

6．磁阻 R_{m} 描述磁路材料对磁通的阻力，$R_{\mathrm{m}} = \dfrac{l}{\mu S}$，单位 H^{-1}，它不是常数。

7．磁路欧姆定律 $\varPhi = \dfrac{IN}{R_{\mathrm{m}}}$，磁动势 IN 是描述磁路产生磁通的条件和能力的物理量，单位是 A。

8．铁磁材料在磁场中被反复磁化形成的封闭曲线称为磁滞回线，它说明铁磁材料在磁场中被反复磁化就会有磁滞损耗。铁磁材料可分为硬磁材料、软磁材料、矩磁材料三大类。

第6章

电磁感应

6.1 电磁感应

📖 **学习目标**

(1) 理解电磁感应的概念，能用右手定则正确判定感应电动势的方向。

(2) 掌握楞次定律及其应用，理解法拉第电磁感应定律。

自奥斯特发表了他的研究结果——通电导体周围存在着磁场之后，英国物理学家法拉第对电与磁关系历经十余年的不懈研究，于 1831 年发现了"动磁生电"现象，揭示了电与磁的内在联系，为现代电工学奠定了基础。

"动磁生电"就是变化的磁场能在导体中产生电动势，这种现象称为电磁感应现象，由电磁感应产生的电动势（或电压）称为感应电动势（或感应电压），其闭合回路产生的电流称为感应电流。

1. 直导体切割磁感线产生感应电动势

如图 6-1 所示，在磁场中放置一直导体 AB，导线与检流计相连。当导体 AB 在磁场中作切割磁感线的运动时，检流计指针发生偏转。这个实验表明，闭合电路的一部分导体在磁场中作切割磁感线运动时，回路中产生了感应电动势和感应电流。这就是电磁感应现象。

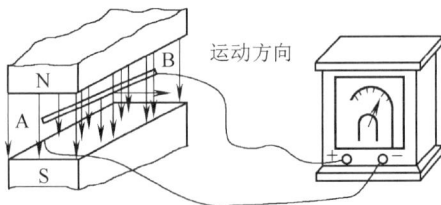

图 6-1　直导体切割磁感线产生感应电动势

感应电动势（感应电流）的方向可用右手定则判断：伸开右手，让拇指与其余四指垂直且位于同一平面，使磁感线穿入手心，大拇指指向导体运动方向，则其余四指所指的方向就是感应电动势（感应电流）的方向，如图 6-2 所示。

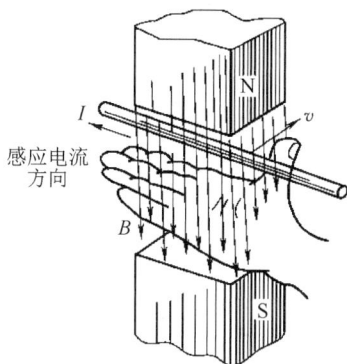

图 6-2　右手定则

产生感应电动势的导体就是电源,在电源内部,感应电动势的方向和感应电流的方向相同。如果导体没有形成闭合回路,导体中只有电动势产生,没有感应电流。

当导体、导体运动方向和磁感线方向三者互相垂直时,导体中的感应电动势为

$$e = Blv$$

如果导体运动方向与磁感线方向成夹角 θ,如图 6-3 所示,则导体中的感应电动势为

$$e = Blv\sin\theta$$

由上式可知,当导体的运动方向与磁感线垂直时,$\theta = 90°$,导体中的感应电动势最大;当导体的运动方向与磁感线平行时,$\theta = 0°$,导体没有切割磁感线,导体中的感应电动势为零。

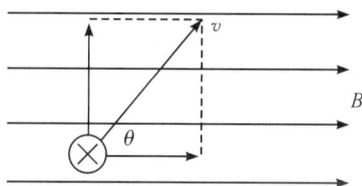

图 6-3　导体运动方向与磁感线方向成夹角 θ

图 6-3 中,$\otimes$ 表示电流垂直纸面流向纸面内。注:$\odot$ 表示电流垂直纸面由内流向纸面外。

同样地,表示磁感线的方向时,$\otimes$ 表示磁感线方向垂直于纸面向里,$\odot$ 表示磁感线方向垂直纸面向外。

2. 线圈中磁场的变化产生感应电动势

如图 6-4 所示,当条形磁铁插入和拔出线圈时,检流计指针均发生偏转,这说明:闭合回路中磁场(或磁感线总数)发生变化时,回路中有感应电动势和感应电流产生。感应电流的方向与哪些因素有关?楞次定律给出了判定感应电流方向的普遍规律。楞次定律的内容是:感应电流产生的磁通总要阻碍引起感应电流的磁通的变化。

在图 6-4 中,当磁铁插入线圈时,线圈中的磁通或磁场(称为原磁场)增加,根据楞次定律,感应电流产生磁通或磁场(图中虚线)要阻碍它的增加,也就是感应电流产生的磁场(称为感应磁场)方向与原磁场方向相反,以阻碍原磁场的增加;同样,当磁铁拔出线圈时,

线圈中的磁场减弱，感应电流产生磁场的方向与原磁场方向相同，以阻碍原磁场的减少。上述感应电流方向的判断可归纳为"增反减同"，也就是，原磁场增加，感应磁场的方向与原磁场的方向相反；原磁场减弱，感应磁场的方向与原磁场的方向相同。因此，应用楞次定律判定感应电流和感应电动势的方向时，可按下述步骤进行。

（1）确定原磁场的方向。

（2）确定原磁场的变化趋势，看它是增加还是减少。

（3）根据楞次定律，判断感应磁场的方向。

（4）应用右手螺旋定则判断感应电流的方向：拇指指向感应磁场方向，四指所指的方向即为感应电流和感应电动势的方向。

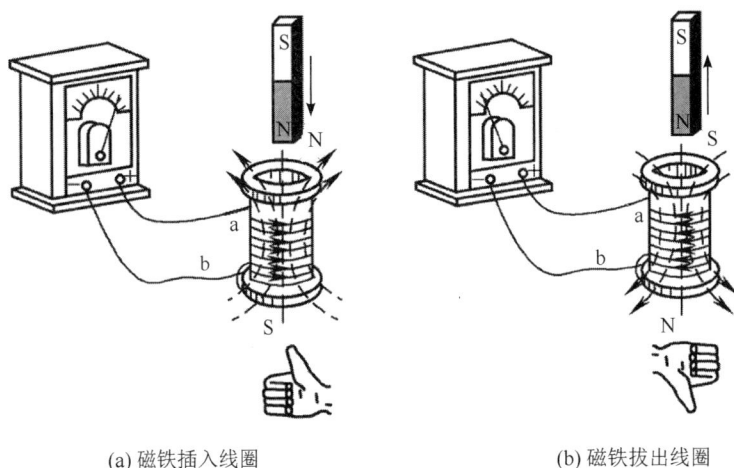

(a) 磁铁插入线圈　　　　　　　　　　(b) 磁铁拔出线圈

图 6-4　电磁感应现象

【例 6-1】　试判断图 6-4 中感应电流的方向并说明 a、b 间电位关系。

解　（1）在图 6-4(a)中，条形磁铁（原磁场）N 极向下插入线圈，线圈磁场增加，根据楞次定律，感应磁场的方向应向上如图中虚线所示，根据右手螺旋定则（图中手势）可判断感应电流的方向为逆时针方向从 a 点流出，线圈是电源，a 点是电源正极，b 点是电源负极，故 $U_a > U_b$。

（2）在图 6-4(b)中，步骤与（1）相同，条形磁铁拔出线圈，线圈磁场减弱，感应磁场的方向应向下，根据楞次定律可判断感应电流的方向为顺时针方向从 b 点流出，故 $U_b > U_a$。

在图 6-4(b)中，磁铁插入和拔出线圈的速度越快，检流计指针的偏转角度就越大，反之则越小。磁铁插入和拔出线圈的速度反映了线圈中磁通变化速度。法拉第总结了线圈中感应电动势与线圈中磁通变化关系——法拉第电磁感应定律：线圈中感应电动势的大小与线圈中磁通的变化率成正比。

如果线圈有 N 匝，则感应电动势的大小为

$$e = N \frac{\Delta \Phi}{\Delta t}$$

式中，e、$\Delta \Phi$、Δt 的单位分别为 V、Wb、s。

线圈中的磁通变化越快，感应电动势越大；线圈匝数越多，感应电动势越大。

【例 6-2】　如图 6-5 所示，软铁环上绕有 A、B 两个线圈，B 线圈连接着光滑导轨

abcd，铜导体 MN 置于图示的匀强磁场中，并与导轨接触良好。当 A 线圈电路中的开关 S 闭合瞬间，试判断线圈 B 中的感应电流方向，并说明导体 MN 如何运动。

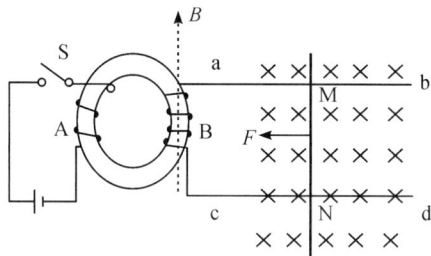

图 6-5　例 6-2 图

解　（1）A 线圈开关 S 闭合瞬间产生的磁场穿过线圈 B，方向向下，这是线圈 B 的原磁场（或磁通），这个磁场从"无"变"有"，即穿过线圈 B 的磁通增大，根据楞次定律，为了阻碍原磁场的增大，线圈 B 产生感应电流，该感应电流的磁场——感应磁场与原磁场方向相反，如图中虚线所示。根据右手螺旋定则可判断感应电流从 c 点流出，经过导体由 N 点流向 M 点回到 a 点。c 点为感应电动势的正极。

（2）电流由 N 点流向 M 点，根据左手定则可知，导体 MN 受到向左的电磁力，向左运动。

【例 6-3】　如图 6-6 所示，在磁感应强度为 B 的匀强磁场中，长度为 l 的直导体 AB，可沿平行导电轨道滑动。当导体以速度 v 向右匀速运动时，试判断导体中感应电动势的方向和大小。

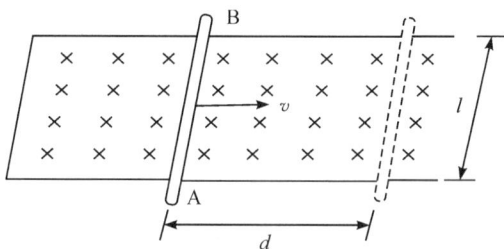

图 6-6　例 6-3 图

解　（1）导体向右运动时，导电回路中磁通将增加，将导电回路看成单匝线圈，根据楞次定律判断，导电回路中电流按逆时针方向流动，因此，导体中感应电动势的方向是 B 端为正，A 端为负。用右手定则判断，结果相同。所以，右手定则是楞次定律的特殊形式。

（2）设导体在 Δt 时间内向右移动的距离为 d，导电回路中磁通的变化量为

$$\Delta \Phi = B \Delta S = Bld = Blv \Delta t$$

则感应电动势

$$e = \frac{\Delta \Phi}{\Delta t} = \frac{Blv \Delta t}{\Delta t} = Blv$$

由此可见，直导体切割磁感线产生感应电动势 $e = Blv\sin\theta$ 是法拉第电磁感应定律的特殊形式。一般来说，如果导体和磁感线之间有相对运动时，用右手定则判断感应电流方向较为方便；如果是穿过闭合回路的磁通发生变化，则可用楞次定律来判断感应电流的方向。

电磁感应在人们的生活中被广泛应用。动圈式话筒、发电机等就是应用导线切割磁感线产生感应电动势的原理制成的。

思考与练习

1. 判断题

(1) 直导线在磁场中运动一定会产生感应电动势。   （   ）

(2) 在电磁感应中，感应电流和感应电动势是同时存在的。   （   ）

(3) 没有感应电流，也就没有感应电动势。   （   ）

(4) 导体作切割磁力线运动，导体内一定会产生感应电动势。   （   ）

(5) 穿过闭合电路的磁通量发生变化，电路中就一定有感应电流。   （   ）

2. 选择题

(1) 如图 6-7 所示，当导体 ab 在外力作用下，沿金属导轨在均匀磁场中以速度 v 向右移动时，放置在导轨右侧的导体 cd 将（   ）。

A. 不动   B. 向右移动   C. 向左移动

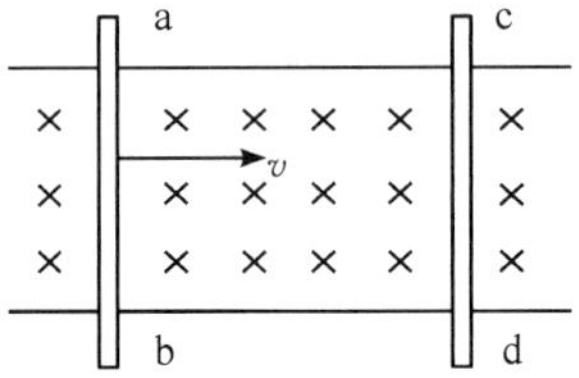

图 6-7   思考与练习 2-(1)图

(2) 如图 6-8 所示，导线框 abcd 在均匀磁场中向右移动，则（   ）。

A. 导线框产生电动势   B. 导线框中有电流产生   C. ab、cd 边产生电动势

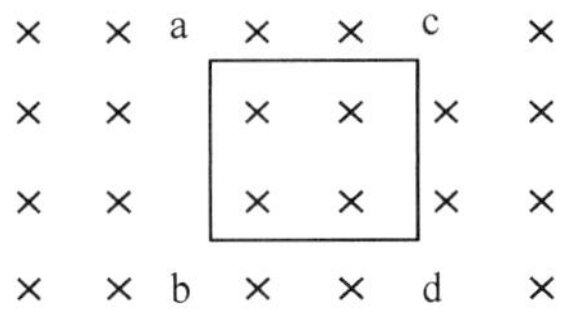

图 6-8   思考与练习 2-(2)图

(3) 如图 6-9 所示，用绝缘线绳吊起一轻质铜圆圈，现将条形磁铁快速靠近铜圆圈时，铜圆圈将（   ）。

A. 不动   B. 向右移动   C. 向左移动

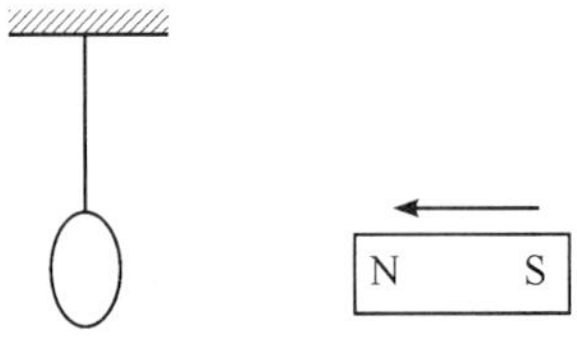

图 6-9   思考与练习 2-(3)图

（4）下列属于电磁感应现象的是（   ）。

A．通电直导体产生磁场　　　B．通电直导体在磁场中运动

C．变压器铁芯被磁化　　　　D．线圈在磁场中转动发电

（5）运动导体在切割磁感线而产生最大感应电动势时，导体与磁感线的夹角为（   ）。

A．0°　　　　　　　　　B．45°　　　　　　　　　C．90°

3．在图 6-5 所示的电路与磁路结构中，让导体 MN 停止后，断开开关 S 瞬间，判断线圈 B 中的感应电流方向及导体 MN 如何运动。

6.2　自感与互感

学习目标

（1）理解自感、互感现象与自感、互感系数的概念及应用。

（2）理解同名端的概念并能正确判断互感线圈的同名端。

1. 自感现象

首先观察图 6-10(a)所示的实验。图中灯泡 HL_1 与可变电阻 R_P 串联，HL_2 与线圈 L 串联。当开关 S 闭合时，HL_1 立即正常发光，而 HL_2 则由暗经过一短暂时间慢慢变亮至正常发光。线圈 L 的匝数越多，该现象越明显。这是因为在 HL_2 支路中，开关 S 闭合时，电流发生了从无到有的突然变化，线圈中的磁场突然增加，这个突变的磁场必然在线圈中产生较高的感应电动势。根据楞次定律知，这个感应电动势必将阻碍电流的增加，正是这种阻碍作用使得 HL_2 比 HL_1 亮得慢。

在图 6-10(b)所示的实验中，灯泡 HL 与线圈并联后接到电源上，电路正常工作后断开开关 S 的瞬间，灯泡 HL 并不立即熄灭，而是突然发出强光后才熄灭，这是为什么呢？

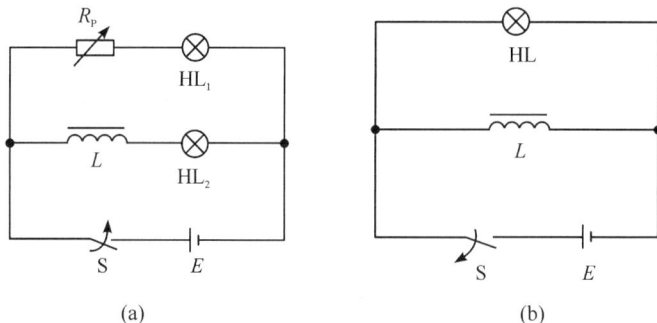

图 6-10　自感现象实验

当开关 S 分断的瞬间，线圈 L 中电流急剧减小趋近于 0，使其磁场也急剧减小。磁场的变化在线圈中产生感应电动势，该感应电动势（可能会很高，如果线圈的匝数较多甚至会大大超过电源电压）与灯泡 HL 形成回路，所以，灯泡不会立即熄灭，而是突然亮一下至感应电动势的能量耗完再熄灭。

上述两个实验说明：线圈中电流发生变化，必将引起线圈中磁场的变化，磁场的变化将在线圈中产生感应电动势，这种现象称为自感现象，简称自感。由自感产生的电动势，称为自感电动势，用 e_L 表示，这个自感电动势总是要阻碍线圈中原电流的变化，产生的自感电流用 i_L 表示。

2. 自感电动势的大小

自感电动势的大小与电流变化的快慢（电流变化率）和线圈的相关参数有关。电流变化越快，自感电动势越大；线圈匝数越多，自感电动势也越大，如插有导磁材料铁芯的，其自感电动势更大。理论和实践证明，自感电动势大小的计算式为

$$e_L = L\frac{\Delta I}{\Delta t}$$

式中，L 是描述线圈本身特性的物理量称为电感量，也称自感系数，简称电感。自感电动势的大小与电流变化率成正比，与自感系数成正比。

电感量 L 与线圈的匝数、长度、几何形态、线圈中的导磁材料等有关。电感量 L 的国际单位是亨利，简称亨，用符号 H 表示。在生产实践中，亨利 H 太大，常用的较小单位有毫亨（mH），微亨（μH），其换算关系是

$$1H = 10^3 \ mH$$
$$1 \ mH = 10^3 \ \mu H$$

线圈也常被称为电感或电感器，其字母符号也用 L 表示，图形符号为 ———〰———。电感 L 既可表示线圈也可表示其电感量，要视情而定。一般高频电感器的电感量为 $0.1\sim100 \ \mu H$，低频电感器的电感量为 $1\sim30 \ mH$。

自感电动势的方向可用楞次定律来判断。自感对人们的生产、生活来说，既有利又有弊。例如，日光灯是利用镇流器（电感）中的自感电动势来点燃灯管的，点燃灯管后再利用它来限制灯管的电流。但在如变压器、电动机等含有大电感元件的电路被切断的瞬间，因电感两端的自感电动势很高，在开关处产生电弧，容易烧坏开关，或者损坏设备的元器件，这是要尽量避免的。通常在含有大电感的电路中，其控制开关都有灭弧装置以防危及操作人员的安全。

3. 互感现象

首先通过如图 6-11 所示的实验来认识互感现象，图中 B 线圈外接检流计，A 线圈外接滑动变阻器 R_P、开关 S 和电源。在开关 S 闭合或断开的瞬间以及改变滑动变阻器 R_P 的阻值时，检流计都会发生偏转。这是因为当线圈 A 中的电流发生变化时，通过线圈的磁通也发生了变化，该变化的磁通穿过线圈 B，在线圈 B 中产生了感应电动势和感应电流。

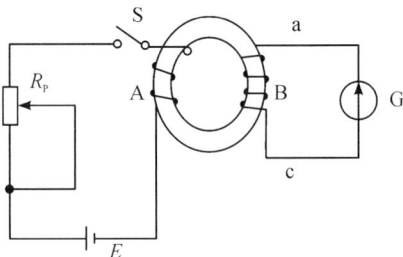

图 6-11　互感现象实验电路

这种由一个线圈中的电流发生变化而在另一线圈中产生电磁感应的现象称为互感现象，简称互感。由互感产生的感应电动势称为互感电动势，用 e_M 表示。

4. 互感电动势的大小和方向

互感现象是一种特殊的电磁感应现象，互感电动势的方向根据楞次定律判定，它的大小遵从法拉第电磁感应定律。通过理论和实践证明互感电动势大小的计算式为

$$e_M = M\frac{\Delta I}{\Delta t}$$

式中，M 为互感系数，它描述一个线圈电流的变化在另一个线圈中产生互感电动势的能力，互感系数的单位是 H。互感系数与两个线圈的匝数、几何形状、相对位置以及周围介质等因素有关。无论是 A 线圈电流的变化在 B 线圈中产生互感电动势，还是 B 线圈电流的变化在 A 线圈中产生互感电动势，互感系数都是相等的。

人们应用互感原理制成了各种变压器、电动机、钳形电流表等。在电路中线圈产生的磁场也会相互干扰，因此应注意线圈间的位置摆放。

5. 互感线圈的同名端

在生产实践中，多个线圈间的电磁耦合需要知道互感电动势的极性。例如，在电路中 LC 振荡器的互感线圈的极性必须正确连接，才能产生振荡。为此，引入同名端的概念。

由于线圈的绕向一致而产生感应电动势的极性始终保持一致的端子称为同名端，用符号"·"或"＊"表示同名端。如图 6-12 所示，1、4、5 是一组同名端。

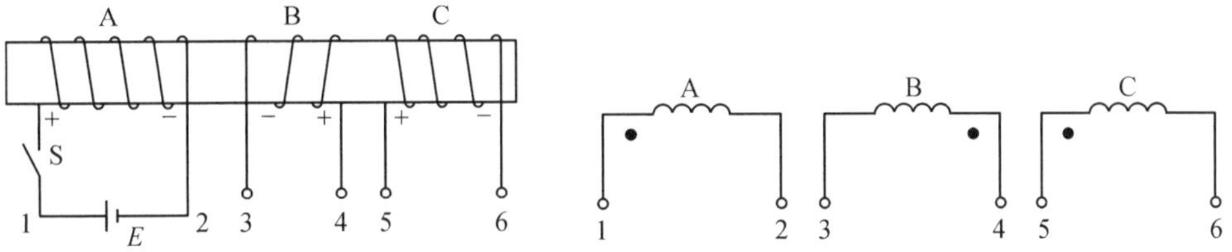

图 6-12　互感线圈的同名端

当开关 S 闭合瞬间，电流从 A 线圈 1 端流进，产生了由无到有的磁场，方向由左向右，根据楞次定律，在 A 线圈中产生自感电动势，其极性为 1 端正 2 端负；在 B、C 线圈中产生的互感电动势极性分别为 4 端、5 端是正极性端。对于线圈绕向能看清楚的或在图上标注了同名端的，可利用同名端的定义确定 B、C 线圈感应电动势的正极性端分别为 4 端、5 端。对于线圈绕向不能看清楚的或在图上没有标注同名端的，可根据在同一变化磁通的作用下，感应电动势极性相同的端点为同名端，极性相反的端点为异名端的特点用实验方法来判定。

6. 互感线圈的连接

生产实践中，有时需要将几个线圈连接起来使用，其连接方式有顺串和反串两种。

两个线圈的一对异名端相连接称为顺串，如图 6-13(a)所示，这两个线圈的磁通方向是相同的，连接后感应电动势增强。串接后的等效电感

$$L_{顺} = L_1 + L_2 + 2M$$

两个线圈的一对同名端相连接称为反串，如图 6-13(b)所示，这两个线圈的磁通方向

是相反的。如果两个线圈的匝数等参数完全相同，反串时两线圈产生的磁通相互抵消，线圈中就不会有磁通穿过。串接后的等效电感

$$L_反 = L_1 + L_2 - 2M$$

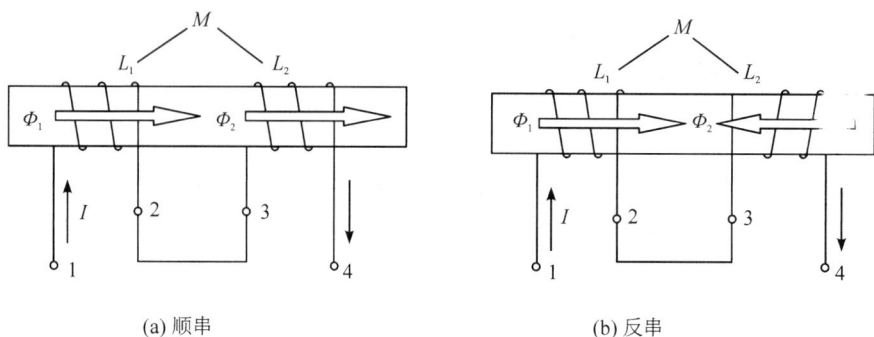

(a) 顺串　　　　　　　　　　　　(b) 反串

图 6-13　两互感线圈的连接

在制作高精度线绕电阻时，将电阻线对折，双线并绕如图 6-14 所示，就可以制成无感电阻。

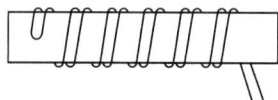

图 6-14　无感电阻的制作

思考与练习

1. 填空题

（1）两个互感线圈的电感分别为 L_1、L_2，互感量为 M，将它们按图 6-15 连接起来，则它们的等效电感分别为 _____、_____。

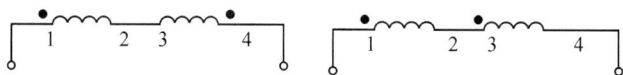

图 6-15　两互感线圈的连接

（2）线圈中电流发生变化将在线圈中产生_____，这种现象称为_____现象。

（3）线圈又称_____，用字母符号_____表示，图形符号为_____。

（4）描述线圈本身特性的物理量称为_____，也称_____，单位是_____，它与线圈的_____、_____、_____、线圈中的导磁材料等有关。

（5）互感系数 M 与两个线圈的匝数、几何形状、_____以及_____等因素有关，产生互感电动势的两线圈，它们的互感系数_____。

2. 选择题

（1）如图 6-16 所示，灯泡 A 和线圈 L 的电阻相等，电路闭合，A、B 两灯泡发光正常，断开开关 S 瞬间，下列说法正确的是（　　）。

A. 灯泡 A 会立即熄灭　　　　　B. 灯泡 B 过一会儿再熄灭

C. 线圈 L 中的电流会立即消失　　D. 线圈 L 中的电流过一会儿再消失，且方向向右

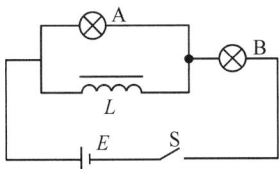

图 6-16　思考与练习 2-(1)图

（2）（多选题）如图 6-17 所示，电路中两灯泡 a、b 完全相同，L 为带铁芯的电感线圈，下列说法正确的是(　　)。

A. 闭合开关 S，a、b 同时亮

B. 闭合开关 S，a 先亮，b 后亮

C. 闭合开关 S，电路处于稳定状态后，断开 S 瞬间，a、b 闪亮一下后熄灭。

D. 闭合开关 S，电路处于稳定状态后断开 S，b 先熄灭，a 后熄灭。

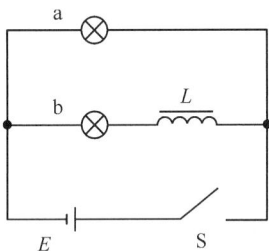

图 6-17　思考与练习 2-(2)图

（3）线圈自感电动势的大小与(　　)无关。

A. 线圈自感系数　　　　　　　　B. 通过线圈电流变化率

C. 通过线圈电流大小　　　　　　D. 线圈的匝数

6.3　交流铁芯线圈的损耗

学习目标

（1）了解交流铁芯线圈的损耗。

（2）理解涡流的形成并能应用涡流解释电磁加热设备的工作原理。

1. 铜损

用漆包线绕制而成的线圈有一定的电阻 R，当通入交、直流电流时会产生损耗，这种损耗称为铜损 $P_铜$，铜损以发热的形式表现出来。其计算式为

$$P_铜 = I^2 R$$

2. 铁损

（1）磁滞损耗。交流铁芯线圈的铁芯被反复磁化时，由于磁畴不断翻转、相互摩擦生热，因而产生磁滞损耗，磁滞损耗与磁滞回线的面积成正比。为减小这一损耗，常选用软磁材料制作交流电气设备的铁芯。

（2）涡流损耗。在如图 6 - 18(a)所示的铁芯线圈中通交变电流时，其产生的磁通也是交变的，它不仅在线圈中产生自感电动势，在铁芯中也会产生感应电动势。铁芯都是铁磁材料，也是导电材料，于是在铁芯中就会产生环流。环流在垂直于磁通方向的平面内流动，形如旋涡，故称为涡流。铁芯的涡流回路具有一定的电阻，因此，涡流会在铁芯中产生功率损耗，使铁芯发热。涡流损耗的能量也是由电源供给的。为了减小涡流损耗，铁芯常采用涂有绝缘漆的硅钢片叠成，如图 6 - 18(b)所示。这样涡流被限制在较小的截面内流通，同时硅钢片中含有少量的硅，其电阻率较大，增加了涡流回路的电阻，从而减小了涡流损耗。

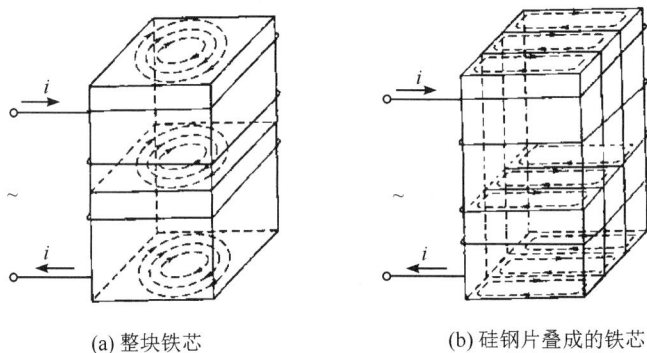

(a) 整块铁芯　　　　　　　　　(b) 硅钢片叠成的铁芯

图 6 - 18　铁芯中的涡流

铁芯中磁滞损耗和涡流损耗之和称为铁损耗，用 $P_{铁}$ 表示。涡流损耗与铁芯的厚度成比例，因此，在工频的交流磁路中，通常采用厚度为 0.35～0.5 mm 的硅钢片叠成铁芯。

综上所述，交流铁芯线圈电路的功率损耗为

$$P = P_{铜} + P_{铁}$$

交流电磁铁、电动机、变压器等交流电气设备在运行中都会产生铜损和铁损，并伴有一定的热量产生。因此，对于这类设备，必须提供良好的通风散热环境。

3. 涡流在生产中的应用

涡流产生的热量对电动机、变压器等交流电气设备是有害的，但它也有可利用的一面。例如，家用电磁炉、工业高频感应加热炉等设备就是利用涡流加热的。

图 6 - 19 所示是家用电磁炉利用涡流加热的原理示意图。当加热线圈通入频率很高的交变电流时，会产生变化很快的交变磁场，磁感线穿过由电阻率大的金属材料（铁质较好）制成的锅底，产生感应电流即涡流，锅就被加热了。

工业生产中的高频感应加热炉或高频加热线圈也是利用涡流原理工作的。将要加热的金属件放入高频加热线圈中，可首先进行无接触局部快速加热，然后进行局部淬火。将要熔炼的金属放入高频感应加热炉的高频线圈的坩埚内，当线圈中通入强大的高频电流并产生交变磁场时，坩埚内的金属中会产生强大的涡流，金属快速熔化，从而实现无接触冶炼，提高了冶炼效率，避免了金属在高温下氧化，影响冶炼纯度。

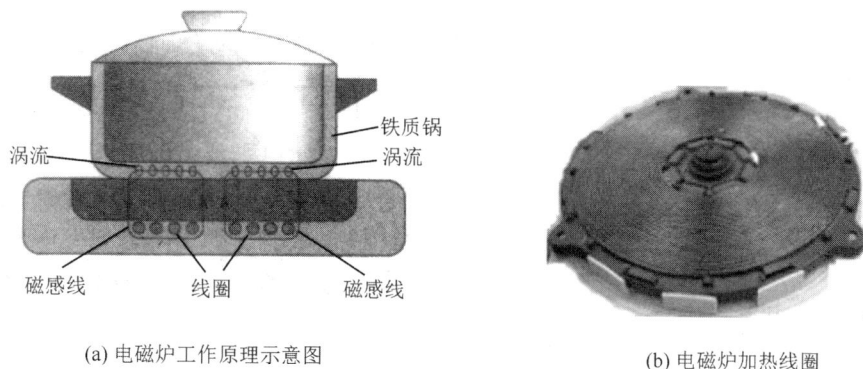

(a) 电磁炉工作原理示意图　　　　(b) 电磁炉加热线圈

图 6-19　家用电磁炉的工作原理示意图

4. 交、直流电磁铁的比较

电磁铁是电气控制中常用的电磁装置。按线圈通电电流不同，电磁铁可分为直流电磁铁和交流电磁铁。它们的主要区别见表 6-1。

表 6-1　直流电磁铁和交流电磁铁的比较

类别	直流电磁铁	交流电磁铁
空气隙对励磁电流的影响	励磁电流不变，与空气隙无关	励磁电流随空气隙的增大而增大
磁滞损耗和涡流损耗	无	有
吸力	恒定不变	脉动变化
铁芯结构	由整块铸钢或电工纯铁制成	由相互绝缘的硅钢片叠加而成

由于交、直流电磁铁的结构和电路特性不同，因此即使交、直流电磁铁的额定电压相同也不能互换使用。若将交流电磁铁接在直流电源上使用，则在相同电压情况下其励磁电流要比额定电流大许多倍，很快就会烧坏线圈。若将直流电磁铁接在交流电源上，则在相同电压情况下因线圈本身阻抗太大，使励磁电流过小而吸力不足，衔铁不能正常吸合。

思考与练习

1. 交流铁芯线圈的损耗有_____和铁损两部分，铁损包括_____。高频感应加热炉是利用_____制成的。
2. 交流线圈的铁芯一般采用_____叠成。
3. 直流线圈的铁芯可采用整块铁做成，因为它没有_____。
4. 直流电磁铁的铁芯_____（选"有"或"无"）磁滞损耗。
5. 交、直流继电器_____（选"能"或"不能"）互换使用。

6.4　变　压　器

📖 学习目标

（1）了解变压器的结构和用途，了解互感器的用途和使用注意事项。

（2）理解变压器的工作原理。

变压器广泛应用于电力系统和电子设备中，与我们的生活密切相关。它是应用互感原理制成的电器设备的典型代表。

1. 变压器的结构

变压器由铁芯和绕组两部分组成，如图 6-20 所示。图 6-21 为变压器原理图及符号。

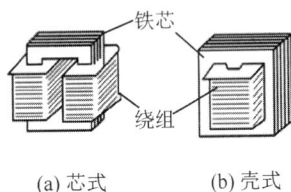

图 6-20　变压器的结构

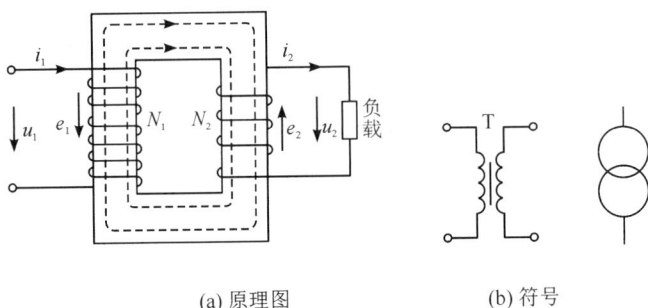

图 6-21　变压器原理图与符号

1）铁芯

铁芯构成电磁感应所需的磁路。为了减小涡流损耗和磁滞损耗，铁芯常用磁导率高而又相互绝缘的硅钢片叠加而成。通信变压器的铁芯常用铁镍合金、铁氧体或其他磁性材料制成。

2）绕组

变压器的绕组是用绝缘良好的漆包线、纱包线或丝包线绕成的，它是变压器的电路部分。与电源连接的绕组叫一次绕组（或初级绕组），与负载连接的绕组叫二次绕组（或次级绕组），绝缘导线在铁芯上每绕一圈称为一匝，绕组匝数一般用字母 N 表示。一次绕组和二次绕组的匝数分别记为 N_1 和 N_2，如图 6-21(a)所示。图 6-21(b)中的竖线表示铁芯。绝缘是变压器制造中的主要问题，绕组和铁芯之间、不同绕组之间都要绝缘良好。在电力变压器的制造中，通常将它的低压绕组安装在靠近铁芯柱的内层，将高压绕组安装在外层，这是因为低压绕组和铁芯间所需的绝缘比较简单。图 6-22 所示为电力变压器。为了防止变压器对周围设备产生电磁干扰，变压器常用铁壳或铝壳罩起来。用于电子设备中的小型变压器在一次、二次绕组间通常加一层不闭合的金属屏蔽层。图 6-23 所示为常用于电子设备中的小型变压器。

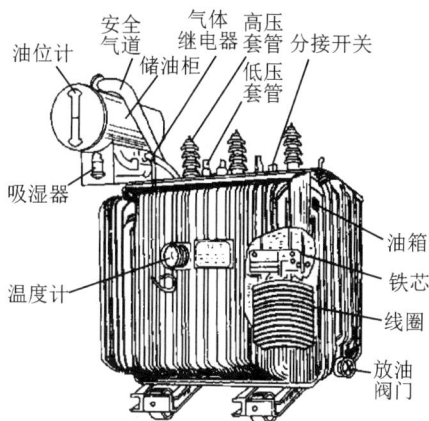

图 6-22 电力变压器

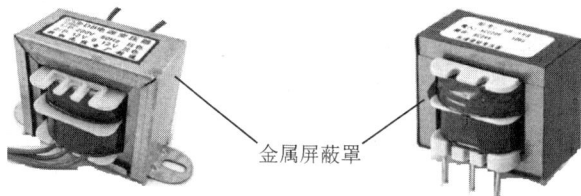

图 6-23 小型变压器

2. 变压器的工作原理

变压器通过磁路将一次绕组的能量传递到二次绕组中实现电压、电流的变换。实际中的变压器存在着铁损、铜损和漏磁通，为了分析方便，无特殊说明时，本书忽略这些损耗，将其看成理想变压器。

1) 变压原理

如图 6-21(a)所示，当变压器一次绕组接入交变电压时，一次绕组中就有交变电流通过，铁芯中就会产生随交变电流变化的磁感线，这些磁感线穿过一次、二次绕组，并分别在一次、二次绕组中产生感应电动势和电压，分别记为 E_1、E_2 及 U_1、U_2。根据法拉第电磁感应定律，一次绕组中感应电动势 E_1 是自感电动势，起着阻碍电流变化的作用，与加在一次绕组两端的电压 U_1 相等，二次绕组中产生的感应电动势是负载的电源，理想变压器内阻为零，$E_2 = U_2$，则

$$U_1 = E_1 = N_1 \frac{\Delta \Phi}{\Delta t}, \quad U_2 = E_2 = N_2 \frac{\Delta \Phi}{\Delta t}$$

所以

$$\frac{U_1}{U_2} = \frac{N_1}{N_2} = K$$

式中，K 称为变压比。

可见，变压器一次、二次绕组的电压之比等于它们的匝数比 K。当 $K>1$ 时，$N_1>N_2$，$U_1>U_2$，这种变压器是降压变压器，如家用电器的小型电源变压器、工矿企业的配电变压器等；反之，当 $K<1$ 时，为升压变压器，如发电厂对外的输出变压器。因此，一次、二次绕组的匝数比就决定了是升压变压器还是降压变压器。

2) 变流原理

变压器在变压过程中只起传递能量的作用，理想变压器的输出功率 P_2 等于输入功率 P_1，一次、二次绕组的电流分别记为 I_1 和 I_2，则

$$U_1 I_1 = U_2 I_2$$

即有

$$\frac{U_1}{U_2} = \frac{I_2}{I_1} = \frac{N_1}{N_2} = K$$

上式表明：变压器的电压与匝数成正比，电流与匝数成反比。因此，变压器的高压绕组匝数多，电流小，可用较细的导线绕制；低压绕组匝数少，电流大，应当用较粗的导线绕制。

3）阻抗变换

对于功率放大器、收音机等电子设备，总希望负载能获得最大功率。获得最大功率的条件是必须使阻抗匹配，也就是负载电阻等于信号源的内阻。实际上，功率放大器、收音机等电子设备的最终负载是扬声器，它们的电阻只有 8 Ω 或 16 Ω，而信号源的内阻一般在 1～2 kΩ，为此，就需要利用变压器进行阻抗匹配，使负载获得最大功率。

设变压器一次绕组两端的等效阻抗（绕组的交流电阻与直流电阻之和）为 $|Z_1|$，二次绕组的负载阻抗为 $|Z_2|$，则

$$|Z_1| = \frac{U_1}{I_1}, \quad |Z_2| = \frac{U_2}{I_2}$$

$$\frac{|Z_1|}{|Z_2|} = \frac{U_1}{I_1} \times \frac{I_2}{U_2} = K^2$$

即

$$|Z_1| = K^2 |Z_2|$$

由此可见，在二次绕组上接上负载阻抗 $|Z_2|$，相当于在信号源（一次绕组）上连接了一个阻抗为 $|Z_1| = K^2 |Z_2|$ 的负载。

3. 互感器

在高电压、大电流的电气设备和输电线路中不能用仪表直接测量电压、电流。互感器能将高电压或大电流按比例变换成标准的额定电压为 100 V 的低电压或标准的额定电流为 5 A 或 1 A 的小电流，以实现测量仪表、保护设备及自动控制设备的标准化、小型化。同时，互感器还可用来隔开高电压系统，以保证人身和设备的安全。互感器的图形符号和接线图分别如图 6-24～图 6-27 所示。

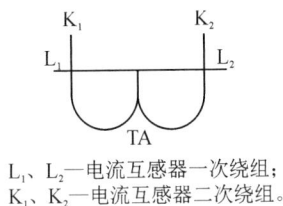

L_1、L_2—电流互感器一次绕组；
K_1、K_2—电流互感器二次绕组。

图 6-24 电流互感器的图形符号

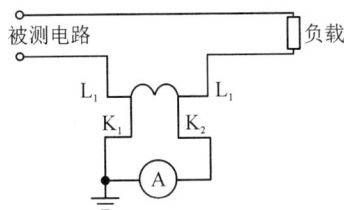

图 6-25 电流互感器的接线图

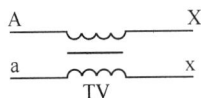

图 6-26 电压互感器的图形符号

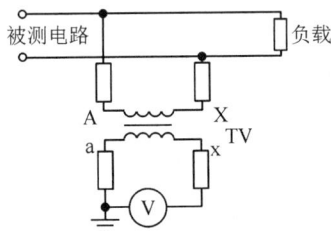

图 6-27 电压互感器的接线图

　　运行中的电压互感器二次侧不允许短路。电压互感器阻抗很小，若二次回路短路，则会出现很大的电流，将损坏二次设备甚至危及人身安全。因此，电压互感器二次侧常装设熔断器。

　　运行中的电流互感器二次侧不允许开路。电流互感器二次绕组匝数多，连接电流表相当于短路。如果二次绕组开路，则会造成铁芯过热、二次绕组产生很高的电动势等危及设备及人身安全的情况。

　　为了确保人在接触测量仪表和控制设备时的安全，互感器二次绕组必须有一点接地。

思考与练习

　　1. 填空题

　　(1) 变压器是利用_____原理工作的电磁设备。为了减小_____损耗，它的铁芯采用_____叠加而成。

　　(2)_____是变压器的电路部分，它将交变电能转变为_____穿过一次、二次绕组。

　　(3) 变压器的变压变流表达式_____。

　　(4) 变压器高压绕组匝数_____，线径_____，低压绕组匝数_____，线径_____。

　　(5) 运行中电压互感器二次侧不允许_____路，电流互感器二次侧不允许_____路，它们的二次绕组必须_____。

　　2. 判断题

　　(1) 变压器能改变交变电压，也能改变直流电压。　　　　　　　　　(　　)
　　(2) 理想变压器二次绕组开路时，一次绕组的电流为 0。　　　　　　(　　)
　　(3) 将一台降压变压器的一次、二次绕组对调使用，就成了升压变压器。　(　　)
　　(4) 根据变压器的变流公式，一次绕组电流决定二次绕组电流。　　　(　　)
　　(5) 变压器的输入功率由二次绕组的功率决定。　　　　　　　　　　(　　)

6.5　技能训练　钳形电流表的使用

实训目标

　　(1) 认识钳形电流表。
　　(2) 能用钳形电流表测量线路电流。

实训器材

　　万用表，钳形电流，15 W、60 W 白炽灯电路，2 kW 电热水壶电路。

💡 相关知识

在需要测量线路中的交变电流而又不能断开电路的场合，可使用钳形电流表测量其电流。钳形电流表是根据电流互感器的原理制成的。图6-28所示是常用的钳形电流表，它由电流互感器和电流表构成，二次绕组和电流表接成闭合回路，一次绕组就是被测导线，其铁芯可开、可合。测量时，先松开铁芯，把待测电流的一根导线放入钳口中央，然后闭合铁芯，这时在电流表上就可直接读出被测电流的大小。

测量线路中的交变电流时需注意以下几点。

（1）选择合适的量程挡位，测量过程中不能切换量程挡位开关。

（2）每次测量只能钳入一根导线且置于钳口中央部位。

（3）当被测电流太小，即使用最小量程挡测量时指针偏转角也较小，可将被测载流导线在铁芯柱上缠绕几圈后再置于钳口中央测量，表的读数除以穿入钳口内导线的根数即得实测电流。测量结束应将量程调节开关扳到最大量程挡位置，以便下次安全使用。

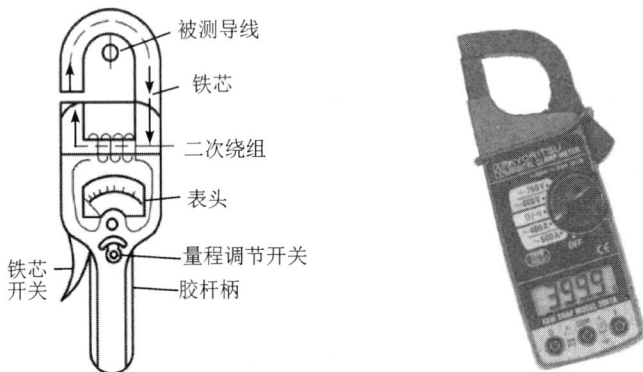

图6-28　钳形电流表

💡 实训内容与步骤

（1）测量实验室供电电压，填入表6-2。

（2）用钳形电流表测量2 kW电热水壶工作时线路中的电流，并填入表6-2。

（3）测量60W白炽灯工作时线路中的电流，并填入表6-2。

（4）采用在钳形电流表铁芯柱上缠绕几圈后再置于钳口中央测量的方法去测量15W白炽灯工作时线路中的电流，并填入表6-2。

（5）计算上述电器的工作电流并与它们的测量电流进行比较。

表6-2　测量记录

电器名称	2 kW电热水壶	60 W白炽灯	15 W白炽灯
电源电压/V			
测量电流/A			
计算电流/A			

6.6 技能训练 互感器同名端的判别

实训目标

（1）进一步理解同名端的概念。
（2）能用直流法判别互感器的同名端。

实训器材

小型变压器，万用表或电流表，导线等。

实训内容与步骤

（1）按图 6-29 所示接线，将小型变压器的二次绕组 B 与万用表（mA 挡）或电流表连接，一只手拿着 1.5 V 的干电池并使"＋"极与一次绕组 A 的 1 号端点连接，另一只手使一次绕组 A 的 2 号端点与干电池的"—"极快速地连接与分开，并同时观察电流表的指针偏转方向，将实验结果填入表 6-3 中，判断线圈的同名端。

（2）改变电源极性，重复上述实验，观察检流计指针偏转情况，再次判断同名端。

表 6-3 观察记录与判断

电源连接	电流表指针偏转方向	结论
连接		1 端与（ ）是同名端
分开		

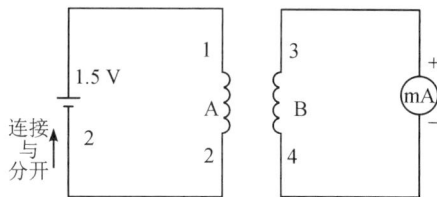

图 6-29 直流法判断互感线圈同名端

本 章 小 结

1. 变化的磁场能在导体中产生电动势的现象称为电磁感应现象。

2．直导体切割磁感线产生感应电动势，其大小为 $e=Blv\sin\theta$，方向用右手定则判断。

3．楞次定律：感应电流的磁场总是要阻碍原磁通的变化。感应电动势方向均可用楞次定律判断。线圈中感应电动势的大小与线圈中磁通的变化率成正比，$e=N\dfrac{\Delta\Phi}{\Delta t}$，这就是法拉第电磁感应定律。

4．线圈中电流发生变化而在线圈中产生感应电动势的现象称为自感现象。自感电动势的大小与电流的变化率和线圈的自感系数 L 成正比。

5．自感系数 L 是描述线圈本身特性的物理量，它与线圈的匝数、长度、几何形态、线圈中的导磁材料等有关，它的单位是 H。

6．一个线圈中的电流发生变化而在另一线圈中产生电磁感应的现象称为互感现象。各种变压器、电动机、钳形电流表等都是应用互感原理制成的。互感系数 M 与两个线圈的匝数、几何形状、相对位置以及周围介质等因素有关。

7．线圈的绕向一致而且产生感应电动势的极性始终保持一致的端子称为同名端。

8．线圈的连接可分为顺串和反串两种，顺串等效电感为 $L_顺=L_1+L_2+2M$，反串等效电感为 $L_反=L_1+L_2-2M$。

9．交流铁芯线圈电路的功率损耗为 $P=P_铜+P_铁$，为减少涡流损耗，其铁芯用硅钢片叠成。

10．变压器可变压、变流、变换阻抗，即

$$\frac{U_1}{U_2}=\frac{I_2}{I_1}=\frac{N_1}{N_2}=K$$

$$|Z_1|=K^2|Z_2|$$

11．运行中的电流互感器二次侧不允许开路，电压互感器二次侧不允许短路，互感器的二次绕组必须有一点接地。

第 7 章

单相交流电路

7.1 交流电的基本概念

📖 学习目标

(1) 了解正弦交流电的产生,理解电磁感应在生产实践中的应用。

(2) 理解正弦交流电的三要素和相位差的概念。

(3) 掌握正弦交流电的三种表示方法。

工厂的电动机、家用洗衣机、电风扇等是使用交流电源供电的,而手机、电动自行车等则是通过充电器充电的方式将交流电转换为直流电来供电的。与直流电相比,交流电在输送、分配、控制等方面有着更多的优点。

我们日常使用的交流电都是正弦交流电,它的大小和方向都随时间按正弦规律变化。

1. 正弦交流电的产生

图 7-1 所示是交流发电机示意图(磁极没有画出)。两集流环分别焊接在 ab 边和 cd 边

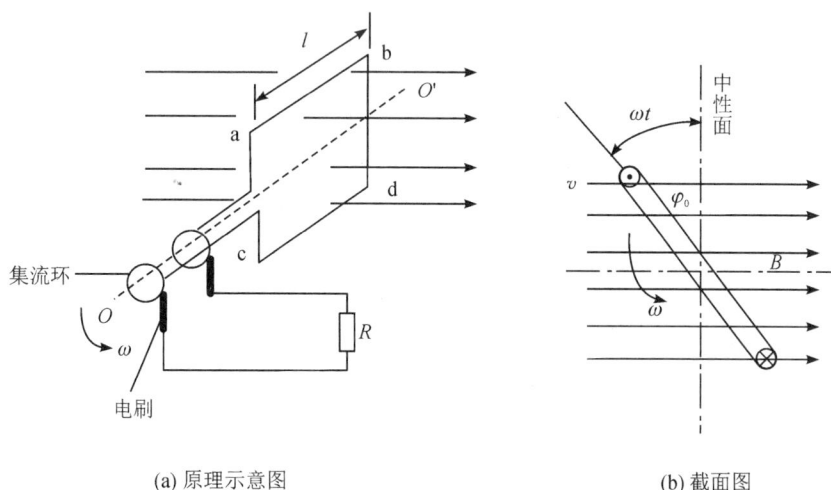

(a) 原理示意图　　　　　　　　　　(b) 截面图

图 7-1　交流发电机示意图

上，并随线圈一起转动。当线圈在磁场中转动时，导体切割磁感线而产生的感应电动势，用示波器观察其波形则呈正弦波变化。

以一匝线圈为例分析正弦交流电的产生过程。线圈在图 7-1(a)所示位置称为中性面，中性面与磁感线垂直。线圈在磁感应强度为 B 的匀强磁场中逆时针匀速转动，转动的角速度为 ω，单位为 rad/s(弧度/秒)。在中性面位置，磁通量最大，速度 v 与磁感线平行，磁通量变化率为 0，电动势为 0，以此为计时起点，如图 7-2 所示。

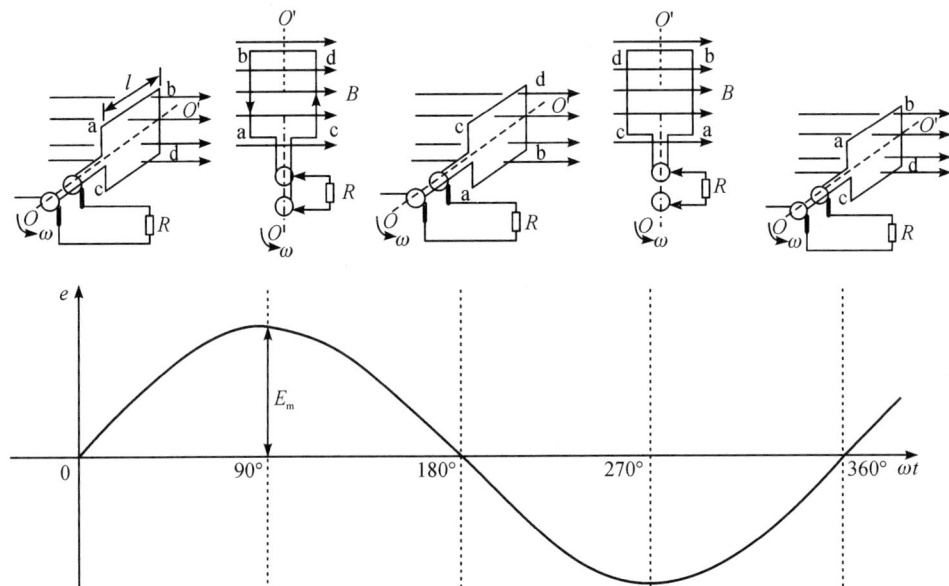

图 7-2　正弦交流电的产生

当线圈转动 90°时，线圈平面与磁场方向平行，速度 v 与磁感线垂直，感应电动势达到最大，电流从 b 流向 a，负载 R 上端为正。

当线圈转动到 180°时，线圈平面与磁场方向垂直，感应电动势为零并在此改变方向。

当线圈转动到 270°时，线圈平面又与磁场方向平行，感应电动势又达到最大，电流从 d 流向 c，负载 R 下端为正，这时感应电动势为反方向最大。

当线圈转动到 360°时，线圈平面又与磁场方向垂直，感应电动势为零又在此改变方向。

线圈不停地旋转，就产生了交流电。

磁场中切割磁感线的线圈边长为 l，线圈平面从中性面开始转动，经过时间 t，线圈转过的角度为 ωt，这时，线圈切割磁感线的速度分量为 $v\sin\omega t$，所以，切割磁感线的两个线圈边产生的感应电动势 $e = 2Blv\sin\omega t$。

$2Blv$ 为感应电动势的最大值，设为 E_m，则

$$e = E_m \sin\omega t$$

这就是正弦交流电动势的瞬时值表达式，也称解析式。

若从线圈平面与中性面成夹角 φ_0 时开始计时，如图 7-1(b)所示，则

$$e = E_m \sin(\omega t + \varphi_0)$$

相似地，正弦交流电压：

$$u = U_m \sin(\omega t + \varphi_0)$$

正弦交流电流：

$$i = I_m \sin(\omega t + \varphi_0)$$

正弦交流电是正弦交流电动势、正弦交流电压、正弦交流电流的统称，如无特别说明，通常所说的交流电就是指正弦交流电。

2. 表征正弦交流电的物理量

正弦交流电可用波形图直观地表示它随时间的变化情况。图 7-3 是正弦交流电压的波形图，即正弦曲线。

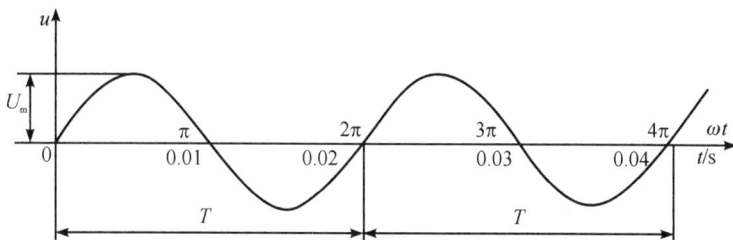

图 7-3　正弦交流电压波形

1）周期、频率和角频率

（1）周期。正弦交流电每重复变化一次所用的时间称为周期，用 T 表示，单位为秒（s）。图 7-3 所示的交流电的周期为 0.02 s，波形图上两个波峰或两个波谷间的时间间隔是一个周期。

（2）频率。正弦交流电在 1 s 内重复变化的次数称为频率，用 f 表示，单位是赫兹（Hz）。

根据定义可知，周期和频率互为倒数，即

$$f = \frac{1}{T} \quad 或 \quad T = \frac{1}{f}$$

我国和多数国家电网标准频率为 50 Hz，习惯上称为工频，少数国家的频率采用 60 Hz。

（3）角频率。正弦交流电 1 s 内所变化的电角度，称为角频率或角速度，用 ω 表示，单位为弧度/秒（rad/s）。从图 7-3 所示的波形可看出，正弦交流电每重复变化一次（一个周期 T）所对应的角度为 2π 或 360°。所以，周期、频率和角频率之间的关系式为

$$\omega = \frac{2\pi}{T} = 2\pi f$$

周期、频率和角频率都是表示交流电变化快慢的物理量。频率 f 为 50 Hz 的交流电，1 s 钟内要变化 50 个循环，周期 T 为 0.02 s，角频率 $\omega = 100\pi$，则 $\omega = 314$ rad/s。

引入角频率 ω 后，正弦交流电波形图横坐标也可用 ωt 表示。

2）最大值、有效值和平均值

（1）最大值。正弦交流电在一个周期内达到的最大瞬时值称为正弦交流电的最大值、峰值或幅值。

最大值用大写字母加下标 m 表示，如 E_m、U_m、I_m。

从正弦交流电的反向最大值到正向最大值称为峰-峰值。从波形图上可看出，峰-峰值

等于最大值的 2 倍。在示波器上读取正弦交流电的峰-峰值较为方便，这样就不必确定零点就能测出正弦交流电的最大值。

（2）有效值。交流电的大小是随时间变化而变化的，那么，当我们研究交流电的功率时，该怎么来表示呢？我们用电流做功的热效应来研究。例如，将一个交流电流 i 和一个直流电流 I 通过两个完全相同的负载电阻 R（如电水壶），若在相同的环境条件和相同的时间内，这两个电阻上产生的热量相等（如水被烧开），则这一稳恒直流电的数值 I 称为该交流电的有效值。

交流电的有效值等于与交流电热效应相等的直流电的数值。交流电流、电压和电动势的有效值分别用符号 I、U、E 表示，有效值与最大值之间有如下关系：

$$I = \frac{I_m}{\sqrt{2}}, \quad U = \frac{U_m}{\sqrt{2}}, \quad E = \frac{E_m}{\sqrt{2}}$$

电工仪表测得交流电的数值以及常说的交流电的数值都是指它的有效值。

（3）平均值。在讨论电路的输出电压等问题时，有时要使用平均值。由于正弦交流电取一个周期时平均值为零，所以，规定半个周期的平均值为正弦交流电的平均值，如图 7-4 所示。

正弦电动势、电压和电流的平均值分别用符号 E_P、U_P、I_P 表示。平均值与最大值之间的关系：

$$E_P = \frac{2}{\pi} E_m, \quad U_P = \frac{2}{\pi} U_m, \quad I_P = \frac{2}{\pi} I_m$$

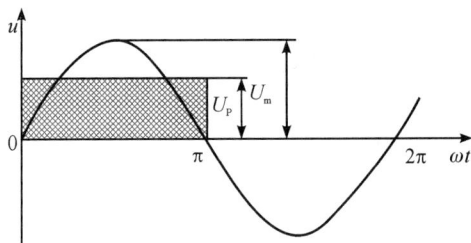

图 7-4　正弦交流电半个周期的平均值

3）相位与相位差

（1）相位。在 $u = U_m \sin(\omega t + \varphi_0)$ 中，$\omega t + \varphi_0$ 表示正弦量随时间变化而变化的角度，称为相位或相位角，它反映了交流电变化的进程。式中，φ_0 为正弦量在 $t = 0$ 时的相位，称为初相位，也称为初相角、初相。

交流电的初相可以为正，也可以为负。若 $t = 0$ 时正弦量的瞬时值为正，则初相为正，如图 7-5(a)所示；若 $t = 0$ 时正弦量的瞬时值为负，则初相为负，如图 7-5(b)所示。

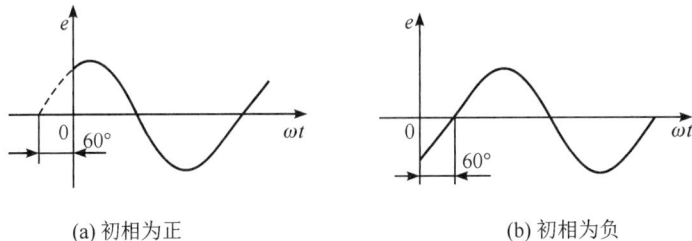

(a) 初相为正　　　　　　　　　　(b) 初相为负

图 7-5　相位的正负

通常初相用不大于 180°的角来表示。例如，$i = 100\sin(\omega t + 240°)$，习惯上应表达为 $i = 100\sin(\omega t - 120°)$。初相位可用角度也可用弧度表示，但在进行相关计算时，由于 ω 的单位是 rad/s，因此，应注意单位制统一。角度与弧度的换算关系为 $1° = \dfrac{\pi}{180}$ rad。

（2）相位差。同频率的交流电可以比较它们的变化进程，不同频率的交流电无法进行相关物理量的比较。如图 7 - 6 所示同频率的交流电压 u 与电流 i 达到最大值的时间是不同的。

两个同频率的交流电的相位之差称为相位差，用 φ 表示，即

$$\varphi = (\omega t + \varphi_1) - (\omega t + \varphi_2) = \varphi_1 - \varphi_2$$

如果 $\varphi > 0$，如图 7 - 6(a)所示，电压 u 达到正最大值点 a 的时间比电流 i 达到正最大值点 b 的时间要早，则称 u 超前 i，或称 i 滞后 u。

如果 $\varphi = 0$，两者的初相位相等，如图 7 - 6(b)所示，电压 u 和电流 i 同时达到零值或最大值，则称它们同相位，简称同相。

如果 $\varphi = 90°$，如图 7 - 6(c)所示，则称它们正交。

如果 $\varphi = 180°$，如图 7 - 6(d)所示，则称它们反相位，简称反相。

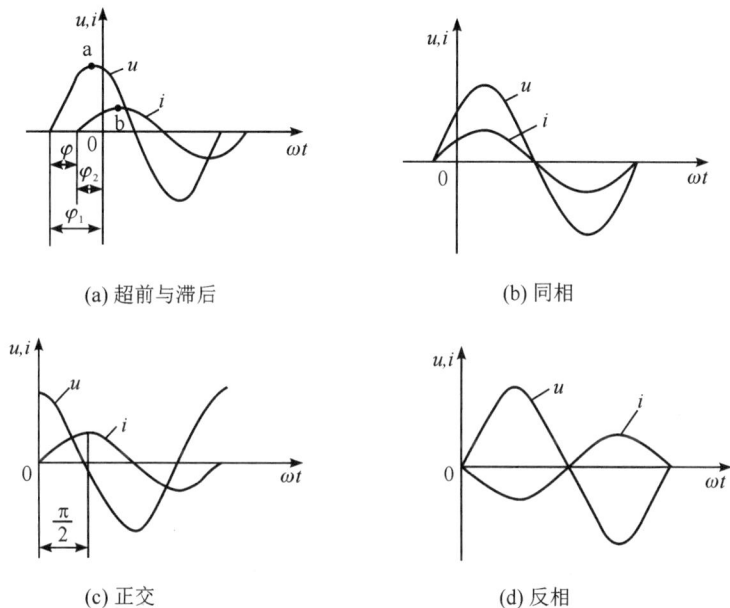

(a) 超前与滞后

(b) 同相

(c) 正交

(d) 反相

图 7 - 6　两个同频率交流电的相位关系

习惯上相位差的取值范围为 $-180° < \varphi \leqslant 180°$。若计算结果 $\varphi \geqslant 180°$ 或 $\varphi < -180°$，应取 $360° \pm \varphi$ 作为相位差，并改变相关描述，以满足取值范围要求。例如，若正弦交流电压 u 的初相位 $\varphi_u = 120°$，电流 i 的初相位 $\varphi_i = -120°$，相位计算结果 $\varphi = \varphi_u - \varphi_i = 120° - (-120°) = 240°$，一般不说 u 超前 i 240°，而是说 i 超前 u 120°，这在后续相量图中能更好理解。

从以上分析可以看出，式 $u = U_m\sin(\omega t + \varphi_0)$ 中最大值、角频率、初相位这三个物理量可确定唯一一个交流电，因此，把这三个物理量称为正弦交流电的三要素。

【例 7 - 1】　已知两正弦电动势分别为 $e_1 = 120\sqrt{2}\sin(100\pi t + 60°)$，$e_2 = 80\sqrt{2}\sin(100\pi t - 30°)$，求：

（1）各电动势的最大值和有效值。

（2）频率、周期。

（3）相位、初相位、相位差。

（4）波形图。

解　（1）最大值：

$$E_{m1} = 120 \sqrt{2}\,\text{V}, \quad E_{m2} = 80 \sqrt{2}\ \text{V}$$

有效值：

$$E_1 = \frac{120 \sqrt{2}}{\sqrt{2}}\ \text{V} = 120\ \text{V}, \quad E_2 = \frac{80 \sqrt{2}}{\sqrt{2}}\ \text{V} = 80\ \text{V}$$

（2）频率：

$$f_1 = f_2 = \frac{\omega}{2\pi} = \frac{100\pi}{2\pi}\ \text{Hz} = 50\ \text{Hz}$$

周期：

$$T_1 = T_2 = \frac{1}{f} = 0.02\ \text{s}$$

（3）相位：

$$\psi_1 = 100\pi t + 60°, \quad \psi_2 = 100\pi t - 30°$$

初相位：

$$\varphi_1 = 60°, \quad \varphi_2 = -30°$$

相位差：

$$\varphi = \varphi_1 - \varphi_2 = 60° - (-30°) = 90°$$

（4）波形图如图 7-7 所示。

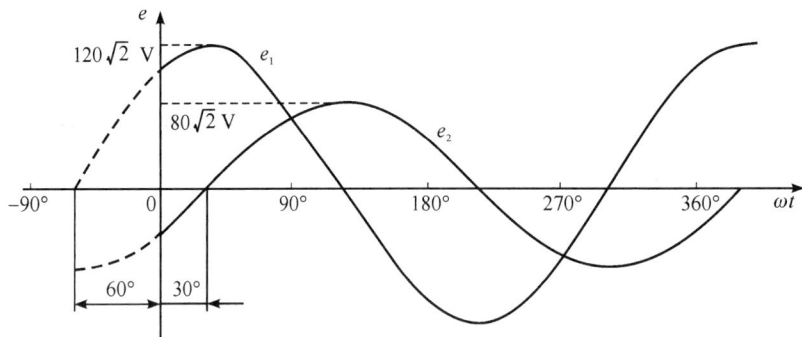

图 7-7　波形图

从波形图可以看出，初相位为正值，曲线的起点在原点的左边，初相位为负值，则起点在原点的右边。

【**例 7-2**】　已知某正弦交流电压的最大值 $U_m = 311$ V，频率 $f = 50$ Hz，初相 $\varphi_0 = -30°$，求：

（1）u 的解析式和有效值；

（2）$t = 0.01$ s 时 u 的值。

解　（1）电压瞬时值的解析式：

$$u = U_{\mathrm{m}}\sin(\omega t + \varphi_0) = 311\sin(100\pi t - 30°)$$

有效值：

$$U = \frac{U_{\mathrm{m}}}{\sqrt{2}} = \frac{311}{\sqrt{2}} \text{ V} = 220 \text{ V}$$

(2) 将 $t = 0.01$ s 代入 $u = 311\sin(100\pi t - 30°)$，得

$$u = 311\sin(100\pi \times 0.01 - 30°)\text{V} = 311\sin(150°)\text{V} = 155.5 \text{ V}$$

3. 正弦交流电的相量图表示法

在对正弦交流电路分析计算时，会遇到两个同频率的正弦量相加减的情况。无论是运用波形图逐点相加减还是用解析式进行代数计算都不方便。实践发现旋转的矢量与正弦交流电的波形图有对应关系，采用旋转矢量来表示正弦交流电，并进行加减计算就方便多了。

下面观察旋转矢量与波形图的对应关系。以正弦电动势 $e = E_{\mathrm{m}}\sin(\omega t + \varphi_0)$ 为例，在平面直角坐标系中，从原点作一矢量 E_{m}，长度等于正弦交流电动势的最大值 E_{m}，矢量与横轴 Ox 的夹角等于正弦交流电动势的初相角 φ_0，矢量以角速度 ω 逆时针方向旋转，如图 7-8(a) 所示。这样，旋转矢量在任一瞬间与横轴 Ox 的夹角就是正弦交流电动势的相位 $\omega t + \varphi_0$，旋转矢量在纵轴上的投影即为对应的正弦交流电动势的瞬时值。例如，当 $t = 0$ 时，旋转矢量在纵轴上的投影为 e_0，对应于图 7-8(b) 中电动势波形的 a 点；当 $t = t_1$ 时，矢量与横轴的夹角为 $\omega t_1 + \varphi_0$，此时矢量在纵轴上的投影为 e_1，相当于波形的 b 点；如果矢量旋转一周，就与该正弦交流电一个周期的波形恰好对应。

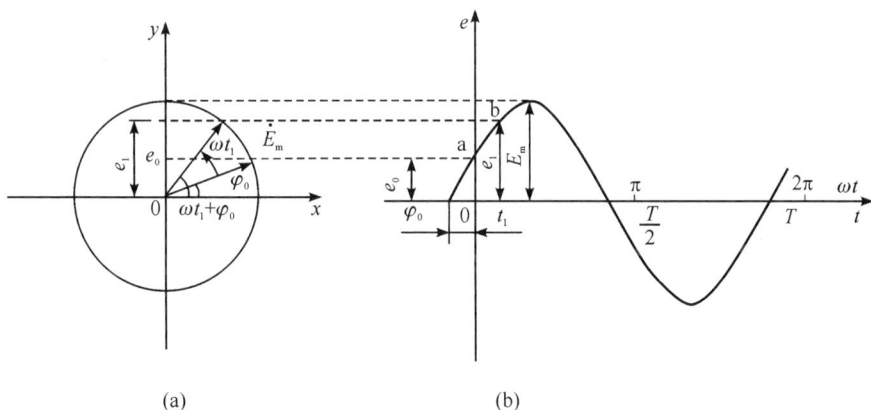

图 7-8　旋转矢量与波形图的对应关系

可见，旋转矢量能完全反映正弦交流电的三要素及变化规律，因此，一个正弦量可以用一个以角速度 ω 沿逆时针方向旋转的矢量表示。一个正弦量只要它的最大值和初相确定了，表示它的矢量就可以确定。必须指出，表示正弦交流电的矢量与一般的空间矢量（如力、速度等）是不同的，它只是正弦量的一种表示方法，正弦量不是矢量。为了与一般的空间矢量相区别，则把表示正弦交流电的矢量称为相量，并用大写字母上加黑点的符号来表示，一般用有效值相量表示正弦交流电，如 $\dot{I}$、$\dot{U}$ 和 $\dot{E}$ 分别表示电流相量、电压相量和电动势相量。

几个同频率的正弦量的相量，可画在同一图上，这样的图叫相量图，其画法如下：

(1) 确定参考方向，一般以直角坐标系 x 轴正方向为参考方向。

（2）作一有向线段，其长度对应正弦量的有效值，与参考方向的夹角为正弦量的初相。若初相为正，则用从参考方向逆时针旋转得出的角度来表示，若初相为负，则用从参考方向顺时针旋转得出的角度来表示。

例如，有三个同频率的正弦量为

$$e = 60\sin(\omega t + 60°)$$
$$u = 30\sin(\omega t + 30°)$$
$$i = 5\sin(\omega t - 30°)$$

它们的相量图如图 7-9 所示。

相量也可以用代数形式表达各物理量之间的关系，如 $\dot{U}_1$ 与 $\dot{U}_2$ 两相量之和可表示为 $\dot{U}_1 + \dot{U}_2$，运用平行四边形法则对它们进行加减运算而不是代数方法运算。例如，$\dot{U}_1$ 的初相 $\varphi_1 = 30°$，$\dot{U}_2$ 的初相 $\varphi_2 = -60°$，则 $\dot{U}_1 + \dot{U}_2$ 的相量运算如图 7-10 所示。

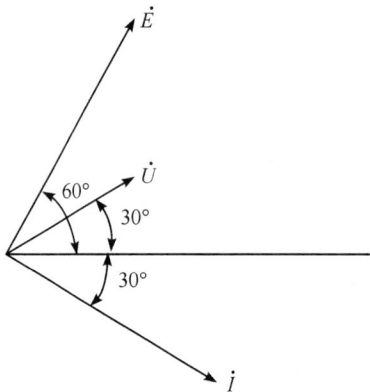

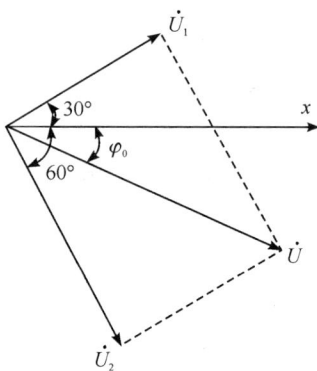

图 7-9　相量图　　　　图 7-10　相量求和运算

波形图、解析式、相量图是正弦量的三种表示方法。

【例 7-3】 已知正弦交流电的电流 $i_1 = 5\sqrt{2}\sin(\omega t + 60°)$，$i_2 = 5\sqrt{2}\sin(\omega t - 30°)$ 加在负载电阻 R 上，求 R 上总电流 i。

解　R 上总电流 $i = i_1 + i_2$，相量和 $\dot{I} = \dot{I}_1 + \dot{I}_2$。应用平行四边形法则求 $\dot{I}_1 + \dot{I}_2$ 的方法，取直角坐标系 x 轴正方向为参考方向。以 $\dot{I}_1$、$\dot{I}_2$ 为邻边，它们的交点为起点，$\dot{I}_1$、$\dot{I}_2$ 的长度为边长作平行四边形，如图 7-11(a)所示，对角线相量 $\dot{I}$ 即为二者的有效值相量之和，相量 $\dot{I}$ 与 x 轴正方向的夹角即为正弦量和的初相，角频率不变。

由图 7-11(a)知，$\dot{I}_1$、$\dot{I}_2$ 夹角为 90°，由几何知识知，$I = 5\sqrt{2}$ A，$\dot{I}$ 与 $\dot{I}_2$ 的夹角为 $\varphi = 45°$，i 超前 i_2 45°，$\dot{I}$ 与 x 轴正方向夹角 $\varphi_0 = 45° - 30° = 15°$。

所以

$$i = I_m\sin(\omega t + \varphi_0) = 5\sqrt{2} \times \sqrt{2}\sin(\omega t + 15°) = 10\sin(\omega t + 15°)$$

有时为了方便起见，也可在几个相量中任选其一确定为参考方向，并且不画出直角坐标轴，如图 7-11(b)所示，以 $\dot{I}_2$ 为参考相量，则

$$i = I_m \sin(\omega t - 30° + \varphi) = 5\sqrt{2} \times \sqrt{2}\ \sin(\omega t - 30° + 45°) = 10\ \sin(\omega t + 15°)$$

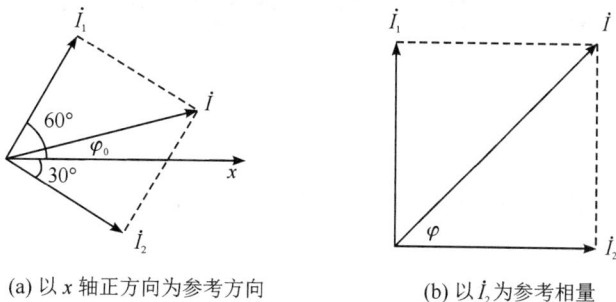

(a) 以 x 轴正方向为参考方向　　　(b) 以 $\dot{I}_2$ 为参考相量

图 7-11　$\dot{I}_1 + \dot{I}_2$ 相量图

思考与练习

1. 填空题

（1）表征正弦交流电的三要素_____、_____、_____，描述交流电变化快慢和变化进程的物理量分别是_____，_____。

（2）正弦交流电 $i = 311\sin(100\pi t + 60°)$，它的有效值_____、频率_____、周期_____、初相位_____、相位_____。

（3）已知某正弦交流电流的有效值 $I = 10$ A，频率 $f = 50$ Hz，初相 $\varphi_0 = 30°$，则该正弦交流电的解析式 $i = $_____。

（4）已知某正弦交流电 $i = 311\sin(100\pi t + 60°)$，与它同频率的正弦交流电压 u ①超前 $i30°$，②与 i 反相，③滞后 $i30°$，则①$\varphi_u = $_____，②$\varphi_u = $_____，③$\varphi_u = $_____。

（5）如图 7-12 所示，$\varphi = 20°$，则 i_2_____ i_1_____（角度）。

（6）如图 7-13 所示，电动势表达式 $e = $_____ V。

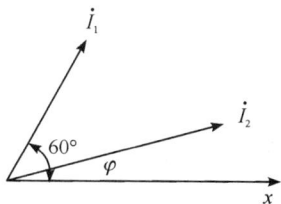

图 7-12　思考与练习 5 图

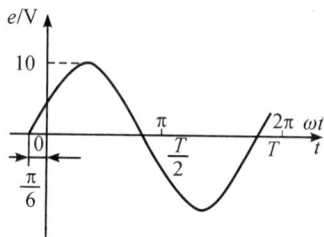

图 7-13　思考与练习 6 图

2. 判断题

（1）正弦交流电是旋转矢量。　　　　　　　　　　　　　　（　　）

（2）线圈在磁场中磁通量大，产生的电动势就大。　　　　　（　　）

（3）线圈在磁场中磁通为 0，产生的电动势也为 0。　　　　　（　　）

（4）线圈在磁场中转动，磁通量变化率大，产生的电动势就大。（　　）

3. 已知正弦交流电流 $i_1 = 10\sin\omega t$，$i_2 = 10\sin(\omega t + 90°)$，求 $i = i_1 + i_2$。

7.2　纯电阻交流电路

（1）掌握纯电阻交流电路中电压与电流间的相位关系和数量关系。

（2）理解交流电路中瞬时功率、有功功率的概念。

只含有电阻元件的交流电路称为纯电阻交流电路。例如，电烤箱、电炉、电饭煲、白炽灯等工作时都可认为是纯电阻电路。图 7-14 所示是最简单的纯电阻电路。

1. 电流与电压的关系

正弦交流电压加在纯电阻元件 R 两端，通过电阻的电流与电压的频率（或角频率 ω）相同，相位也相同，因此，电流与电压的瞬时值 i、u，最大值 I_m、U_m，有效值 I、U 都符合欧姆定律，即

$$i = \frac{u}{R} = \frac{U_m \sin \omega t}{R}$$

$$I_m = \frac{U_m}{R}$$

$$I = \frac{U}{R}$$

电压、电流的相量图如图 7-14(b) 所示。图 7-14(c) 上部分为电压、电流的波形图。

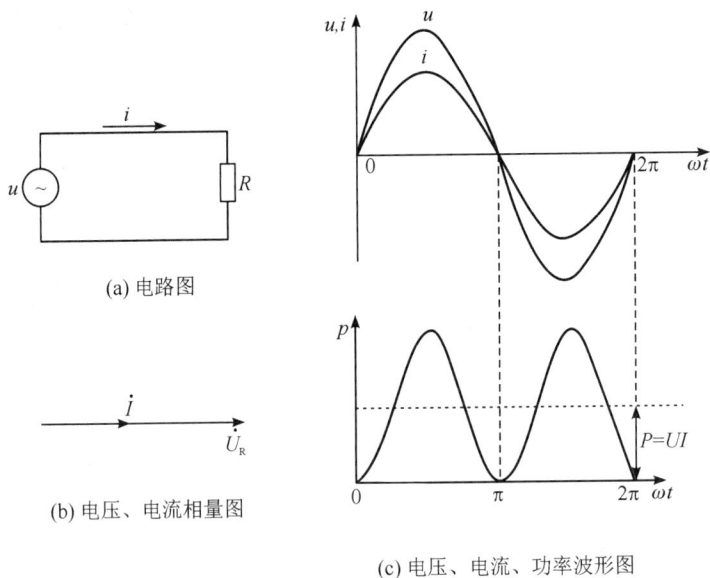

(a) 电路图

(b) 电压、电流相量图

(c) 电压、电流、功率波形图

图 7-14　纯电阻交流电路

2. 功率

在任一瞬间，电阻中电流瞬时值与电阻两端电压的瞬时值之积称为电阻获取的瞬时功率，用 p_R 表示，即

$$p_R = ui = \frac{U_m^2}{R}\sin^2\omega t$$

由于电流和电压同相，因此在任一瞬间功率的数值都大于或等于零。瞬时功率的曲线如图 7-14(c)下部分所示。这就说明电阻总要消耗功率，它是一种耗能元件。

瞬时功率时时刻刻都在变化。为方便计算，通常用电阻在交流电一个周期内消耗功率的平均值来表示功率的大小，称为平均功率，又称有功功率，用 P 表示，单位是瓦特（W）。有功功率 P（平均功率）的计算与直流电路相同，即

$$P = UI = I^2R = \frac{U^2}{R}$$

耗能电器的额定功率，如 1200W 电烤箱、40W 白炽灯等，都是指有功功率。

【例 7-4】　已知某电阻 $R = 55\ \Omega$，两端加上电压 $u = 311\sin(100\pi t - 30°)$，求通过 R 的电流并写出电流的解析式。

解　交流电的电流大小是指有效值。电压的有效值为

$$U = \frac{U_m}{\sqrt{2}} = \frac{311}{\sqrt{2}}\ \text{V} = 220\ \text{V}$$

则

$$I = \frac{U}{R} = \frac{220}{55}\ \text{A} = 4\ \text{A}$$

$$I_m = \sqrt{2}I = \sqrt{2} \times 4\ \text{A} \approx 5.66\ \text{A}$$

在交流电路中，电阻上的电压与通过的电流的频率、相位均相同。

所以，电流的解析式为

$$i = I_m\sin(\omega t + \varphi_0) = 5.66\sin(100\pi t - 30°)$$

思考与练习

1. 纯电阻电路中的电流与电压_____、_____均相同。

2. 纯电阻电路中的_____、_____、_____都符合欧姆定律，它们表达式分别为_____、_____、_____。

3. 交流电路中电阻消耗的功率称为_____又称_____，表达式_____。

4. 已知某正弦交流电压的大小为 10 V，频率 $f = 50$ Hz，初相 $\varphi_0 = 30°$，把它加到 $R = 5\ \Omega$ 的电阻上，则通过该电阻的电流解析式 $i = $_____。

7.3　纯电容交流电路

学习目标

（1）掌握纯电容交流电路中电压与电流间的相位关系和数量关系。

（2）理解交流电路中瞬时功率、有功功率、无功功率、电容的容抗等概念。

只含有电容器的交流电路称为纯电容交流电路，如图 7-15 所示。图 7-15(a)为其电

路图。这是一种理想化的模型，电容器总是有损耗电阻和分布电感，一般可忽略不计。

1. 电流与电压的相位关系

在 4.3 节我们学习了电容器的充、放电知识。从充、放电曲线可以看出，电流 i 超前电压 u_C $90°$。电流 i 与电压 u_C 相量图如图 7-15(b) 所示，图 7-15(c) 上部分为 i、u_C 波形图。

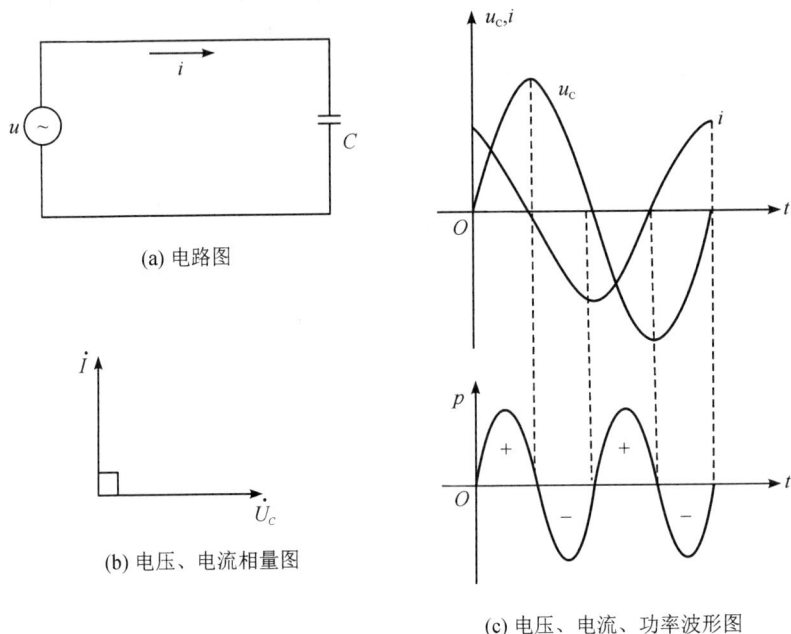

(a) 电路图

(b) 电压、电流相量图

(c) 电压、电流、功率波形图

图 7-15　纯电容交流电路

2. 容抗

电容器接上交流电源，当电压升高时，电容器被充电，当电压下降时，电容器放电，电路中形成充、放电电流。电容器与电源之间不断地充、放电会对交流电产生阻碍作用，我们把电容对交流电的阻碍作用称为容抗，用 X_C 表示，容抗的单位也是欧姆(Ω)。

容抗的计算式：

$$X_C = \frac{1}{\omega C} = \frac{1}{2\pi f C}$$

由上式可知，X_C 与频率 f 成反比，直流电 $f=0$，$X_C=\infty$。

容抗与频率的关系：隔直流，通交流；阻低频，通高频。因此，电容是高通元件。

因为 i、u_C 不同相，所以，它们的瞬时值不符合欧姆定律，即

$$i \neq \frac{u}{X_C}$$

但电流与电压的有效值之间符合欧姆定律，即

$$I = \frac{U_C}{X_C}$$

3. 功率

设 $u = U_m \sin\omega t$，则 $i = I_m \sin(\omega t + 90°)$，瞬时功率为

$$p = ui = U_{\mathrm{m}} \sin\omega t \cdot I_{\mathrm{m}} \sin(\omega t + 90°)$$

$$= \frac{1}{2} U_{\mathrm{m}} I_{\mathrm{m}} \sin 2\omega t = UI \sin 2\omega t$$

上式表明，瞬时功率 p 也是正弦函数，波形如图 7-15(c)下部分所示。

由功率曲线图可见，瞬时功率在一个周期内，一半为正值，一半为负值，瞬时功率的平均值为 0，即有功功率 $p=0$，说明电容不是耗能元件。瞬时功率为正值，说明电容从电源吸收电能转换为电场能储存起来；瞬时功率为负值，说明电容又将电场能转换为电能返还给电源。电容与电源进行可逆能量转换而不消耗能量，因此，纯电容是一种储能元件。

容量不同的电容与电源之间转换能量的多少也不同，通常用瞬时功率的最大值来反映电容与电源之间转换能量的规模称为无功功率，用 Q_C 表示，单位是乏尔，简称乏(var)。无功功率计算式为

$$Q_C = U_C I = I^2 X_C = \frac{U_C^2}{X_C}$$

无功功率并不是"无用功率"，"无功"的实质是指能量发生互逆转换，而元件本身并没有消耗电能。

💡 思考与练习

1. 纯电容交流电路中电流 i ＿＿＿＿＿＿，电压 u_C ＿＿＿＿＿＿（角度）。

2. ＿＿＿＿＿＿＿＿＿＿＿＿＿称为容抗，用＿＿＿＿＿＿表示，它的单位是＿＿＿＿＿。容抗的计算式＿＿＿＿＿＿＿＿。直流电的容抗为＿＿＿＿＿＿＿＿＿＿。

3. 纯电容交流电路中＿＿＿＿＿＿＿＿不符合欧姆定律，＿＿＿＿＿＿＿＿符合欧姆定律，表达式＿＿＿＿＿＿＿。

4. 纯电容交流电路中有功功率 $p=$＿＿＿＿＿，无功功率反映了＿＿＿＿＿＿＿＿＿＿，无功功率表达式＿＿＿＿＿＿＿＿＿＿＿＿。

5. 已知电压 $u = 10\sqrt{2} \sin(1000t)$ 加在某电容器两端，流过的电流 $i = 5\sqrt{2} \sin(1000t + 90°)$，则 $I=$＿＿＿＿＿ A，$X_C=$＿＿＿＿＿，$C=$＿＿＿＿＿，$Q_C=$＿＿＿＿＿＿。

7.4　纯电感交流电路

📖 学习目标

(1) 掌握纯电感交流电路中电压与电流间的相位关系和数量关系。

(2) 理解交流电路中瞬时功率、有功功率、无功功率、电感的感抗等概念。

只含有电感的交流电路称为纯电感交流电路，如图 7-16 所示。实际的电感线圈存在很小的电阻，一般可忽略不计。

1．电流与电压的相位关系

电感线圈两端加上交流电压，线圈中通过变化的电流产生自感电动势阻碍电流的变化。实践研究证明，电感线圈两端的交流电压 u_L 超前电流 i $90°$，u_L、i 的相量图如图 $7-16$(b)，图 $7-16$(c)上部分为 u_L、i 波形图。

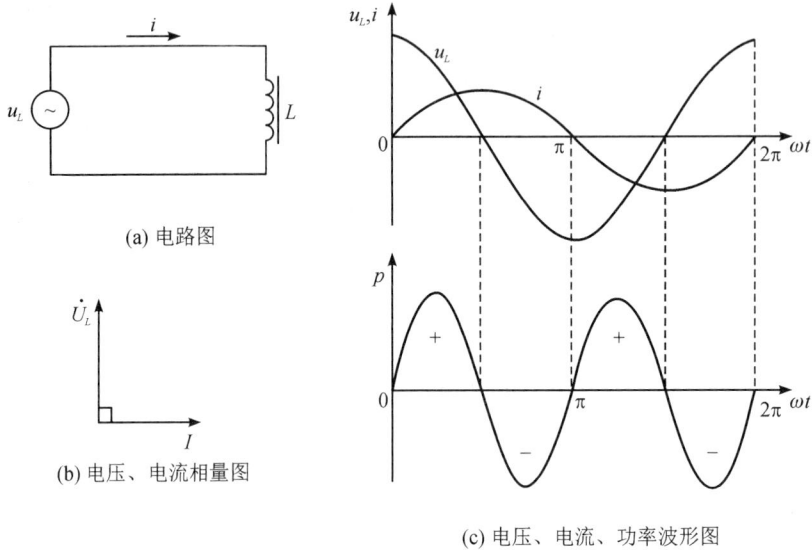

(a) 电路图

(b) 电压、电流相量图

(c) 电压、电流、功率波形图

图 $7-16$　纯电感交流电路

2．感抗

由于交流电流时刻都在变化，电感线圈中产生自感电动势阻碍电流的变化。频率越高，阻碍作用越大；电感线圈的自感系数越大，阻碍作用也越大。我们把电感对交流电的阻碍作用称为感抗，用 X_L 表示，单位是欧姆（Ω）。感抗的计算式为

$$X_L = 2\pi fL = \omega L$$

由上式可知，X_L 与频率 f 成正比，直流电 $f=0$，$X_L=0$。

感抗与频率的关系：通直流，阻交流；通低频，阻高频。因此，电感是低通元件。

交、直流电磁铁不能互换使用正是因为电感的这一特性。交流电磁铁在交流电路中因存在感抗，能在正常电流下工作。交流电磁铁如果接在直流电路中因感抗为零，电阻又很小，电流会远远超过工作电流，很快烧毁线圈并造成事故。

因为 i、u 不同相，所以，它们的瞬时值不符合欧姆定律，即

$$i \neq \frac{u}{X_L}$$

但电流与电压的有效值之间符合欧姆定律，即

$$I = \frac{U_L}{X_L}$$

3．功率

电感元件也是一种储能元件，瞬时功率 p 的波形如图 $7-16$(c)下部分所示。瞬时功率为正值，说明电感从电源吸收能量转换为磁场能储存起来；瞬时功率为负值，说明电感又将磁场能转换为电能返还给电源。所以，纯电感交流电路的有功功率 $p=0$，它的无功功率为

$$Q_L = U_L I = I^2 X_L = \frac{U_L^2}{X_L}$$

电感元件有阻碍电流变化和储能的作用，所以广泛应用于电工电子技术中，如荧光灯的镇流器、直流电源中的滤波器、开关电源的储能线圈、风扇调速装置等。许多具有电感性质的设备如电动机、变压器等也都是根据电磁转换原理利用无功功率工作的。

思考与练习

1. 填空题

(1) 常用的储能元件有＿＿＿＿＿＿＿、＿＿＿＿＿＿＿，有功功率为＿＿＿＿。

(2) 电感上 u、i 相位关系是＿＿＿＿＿＿＿，因此，它们的瞬时值＿＿＿＿符合欧姆定律，但＿＿＿＿＿＿符合欧姆定律，表达式为＿＿＿＿＿＿＿。

(3) 电感与频率的关系＿＿＿＿＿＿＿＿＿＿＿＿＿＿＿＿＿＿，因此，它是＿＿＿＿元件，感抗的表达式＿＿＿＿＿＿＿＿＿＿。

(4) 已知电压 $u = 10\sqrt{2}\sin(1000t)$ 加在某电感两端，通过的电流 $I = 5$ A，则 $X_L =$ ＿＿＿＿，$i =$ ＿＿＿＿＿＿ A，$L =$ ＿＿＿＿，$Q_L =$ ＿＿＿＿＿＿。

2. 判断题

(1) 电阻上电压、电流的初相位为零时，它们才同相。(　　)

(2) 在纯电感电路中，u 超前 i 90°，说明先有电压后有电流。(　　)

(3) 在纯电感电路中，电流的初相位为 30°，电压的初相位为 90°。(　　)

(4) 在纯电容电路中，电压频率增加，其他条件不变，电流将增加。(　　)

7.5　RL 串联电路

学习目标

(1) 理解 RL 串联电路中阻抗、阻抗角和功率因数的概念。

(2) 掌握 RL 串联电路中电压与电流的关系。

(3) 了解视在功率与有功功率和无功功率间的关系，了解荧光灯的工作原理。

实践中，一个大电感线圈的电阻通常不能忽略不计，可以看成电阻与电感的串联，比较典型的就是荧光灯的镇流器以及由镇流器和荧光灯管(电阻)串联组成的交流电路。RL 串联电路如图 7 - 17(a)所示。

1. RL 串联电路的电压关系

交流串联电路中，任一瞬时，各元件电流相等，总电压瞬时值等于各元件电压瞬时值之和：

$$u = u_R + u_L$$

由于 u_R 与 u_L 的相位不同，因此应进行相量求和，即

$$\dot{U} = \dot{U}_R + \dot{U}_L$$

电阻元件中电压与电流同相，电感元件中电压超前电流 $\dfrac{\pi}{2}$ 相位，以电流为参考量作相量图，如图 7-17(b) 所示。$\dot{U}$、$\dot{U}_R$、$\dot{U}_L$ 构成的直角三角形称为电压相量三角形，如图 7-17(c) 所示。

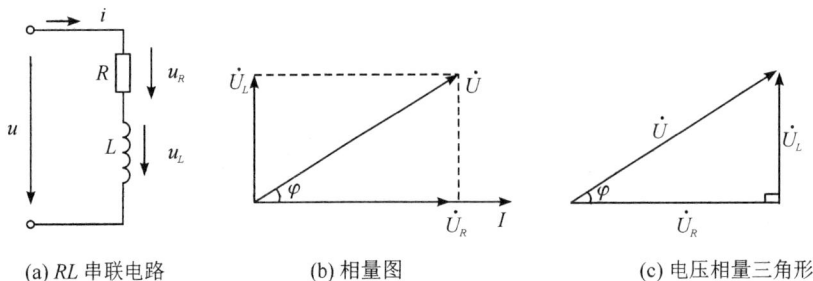

(a) RL 串联电路　　　　(b) 相量图　　　　(c) 电压相量三角形

图 7-17　RL 串联电路与相量图

电压间的数量关系为

$$U = \sqrt{U_R^2 + U_L^2}$$

2. RL 串联电路的阻抗

在 RL 串联电路中，$U_R = IR$，$U_L = IX_L$，将它们代入上式，得

$$U = \sqrt{(RI)^2 + (X_L I)^2} = I\sqrt{R^2 + X_L^2} = IZ$$

式中，$Z = \sqrt{R^2 + X_L^2}$，称为阻抗，表示 RL 串联对交流电总的阻碍作用，单位是 Ω。图 7-17 中，φ 称为阻抗角，它是总电压超前电流的相位角，满足：

$$\tan\varphi = \frac{U_L}{U_R} = \frac{X_L}{R}$$

根据电压相量图用电压三角形、阻抗三角形和功率三角形来描述 RL 串联电路中各物理量的数量关系，如图 7-18 所示。

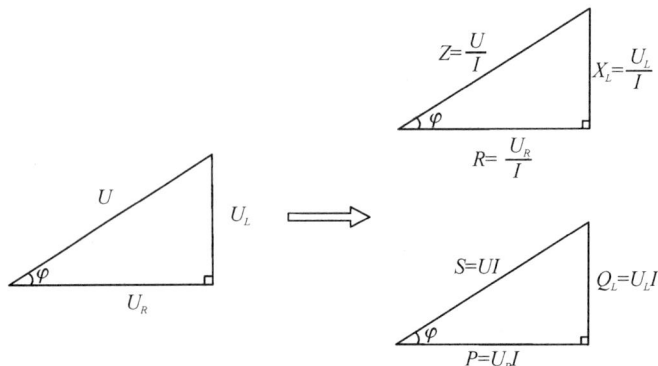

图 7-18　RL 串联电路的电压三角形、阻抗三角形、功率三角形

将电压三角形的三边同时除以电流，可以得到电阻 R、感抗 X_L 和阻抗 Z 组成的阻抗

三角形。由阻抗三角形可知,阻抗角 φ 的大小只与电路参数 R、L 和电源频率 f 有关,与电压的大小无关。

由阻抗三角形还可以得到电阻、感抗与阻抗的关系式:

$$R = Z\cos\varphi, \quad X_L = Z\sin\varphi$$

3. RL 串联电路的功率

将电压三角形的三边同时乘以 I,就可以得到如图 7-18 所示的功率三角形。

在功率三角形中,电压 U 与电流 I 的乘积称为视在功率,也称为总功率,常用于表示电源设备的容量,用 S 表示,单位为伏安(V·A)。其计算式为

$$S = UI$$

电路中的电感不消耗电能,其无功功率:

$$Q_L = U_L I = S\sin\varphi$$

电路中只有电阻消耗电能,其有功功率:

$$P = U_R I = S\cos\varphi$$

则

$$S = \sqrt{P^2 + Q^2}$$

4. 功率因数

由 $P = S\cos\varphi$ 得 $\cos\varphi = \dfrac{P}{S}$,$\cos\varphi$ 称为功率因数,它表示电源功率被利用的程度。电路功率因数 $\cos\varphi$ 越大,表明电源发出的电功率中被转换成有功功率的越多,电容或电感与电源之间交换的能量越少。

5. 荧光灯电路

荧光灯发光柔和,似日光,故又称日光灯。它主要由荧光灯管、镇流器、启辉器等组成,如图 7-19(a)所示。

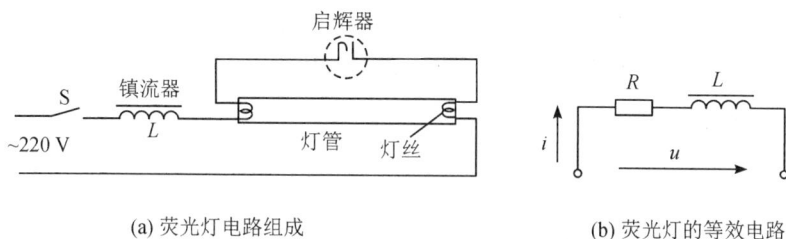

(a) 荧光灯电路组成　　　　　　　　(b) 荧光灯的等效电路

图 7-19　荧光灯电路

镇流器是带铁芯的电感线圈,它有两个作用:一是在启动时与启辉器配合,产生瞬时高电压以点亮灯管;二是在灯管点亮后限制灯管电流,保障灯管正常的工作电流。

启辉器主要由氖泡和与它并联的电容构成,氖泡内装有一个双金属动触片和一个固定电极,氖泡内充有氖气。正常情况下,双金属触片和固定电极不接触,当二者间有足够大的电压(如 220 V)时,氖气会发生辉光放电并产生热量,使双金属片受热膨胀变形,进而与固定电极接触。

点亮后的灯管相当于一个纯电阻负载,镇流器相当于一个电感,其等效电路相当于一

个 RL 串联电路，如图 7-19(b) 所示。工作时灯管两端电压比电源电压 220 V 低得多。

荧光灯点亮过程可分为三个阶段。

(1) 预热阶段。当开关 S 闭合时，电源电压通过灯丝全部加在了启辉器的两端，使启辉器辉光放电，产生大量热量，导致启辉器中的双金属片变形并与固定电极接触，灯丝电路接通，电流通过镇流器与灯丝，给灯丝加热，涂有电子粉的灯丝加热后发射电子，如图 7-20(a) 所示。

(2) 产生高电压。启辉器的双金属片与固定电极接触后，启辉器停止辉光放电，氖泡内温度下降，双金属片因温度下降而恢复断开。在双金属片断开的瞬间，镇流器线圈产生瞬时高电压(自感电动势)，这个高电压与电源电压一起叠加在荧光灯两极，如图 7-20(b) 所示。

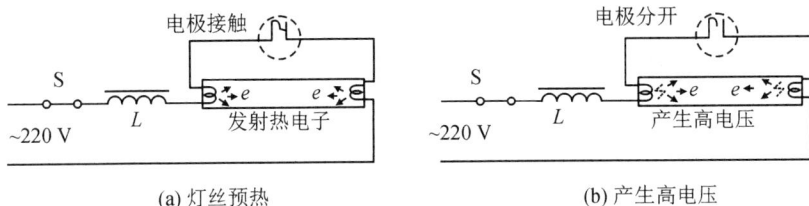

(a) 灯丝预热　　　　　　　　　　　　　(b) 产生高电压

图 7-20　荧光灯的点亮过程

(3) 荧光灯点亮阶段。这个叠加的高电压使灯管内的惰性气体——氩被电离，引起弧光放电，同时高电压使热电子加速撞击灯管内的汞原子而产生紫外线，紫外线照射到管壁上的荧光物质，发出柔和的光。灯管点亮后，离子、汞原子导电，灯管相当于一个线电阻负载。

【例 7-5】　将电感为 255 mH、电阻为 60 Ω 的线圈接到 $u=220\sqrt{2}\sin(314t)$ 的电源上。求：

(1) 线圈的感抗；

(2) 电路中的电流有效值；

(3) 电路中的有功功率 P、无功功率 Q 和视在功率 S。

解　由电压解析式 $u=220\sqrt{2}\sin(314t)$，得

$$U_{\mathrm{m}}=220\sqrt{2}\,\mathrm{V}, \quad \omega=314\ \mathrm{rad/s}$$

(1) 线圈的感抗为

$$X_L=\omega L=314\times255\times10^{-3}\ \Omega\approx80\ \Omega$$

由阻抗三角形，求得电路的阻抗为

$$Z=\sqrt{R^2+X_L^2}=100\ \Omega$$

(2) 电压的有效值为

$$U=\frac{U_{\mathrm{m}}}{\sqrt{2}}=220\ \mathrm{V}$$

电路中的电流有效值为

$$I=\frac{U}{Z}=\frac{220}{100}\ \mathrm{A}=2.2\ \mathrm{A}$$

（3）电路中的有功功率为

$$P=I^2R=60\times2.2^2\ \text{W}=290.4\ \text{W}$$

电路中的无功功率为

$$Q=X_LI^2=80\times2.2^2\ \text{var}=387.2\ \text{var}$$

电源提供的视在功率为

$$S=UI=220\times2.2\ \text{V}\cdot\text{A}=484\ \text{V}\cdot\text{A}$$

💡 思考与练习

1. 填空题

（1）在由白炽灯和电感线圈组成的电路中，如增加交流电源频率，白炽灯变_____（选亮或暗），如减小交流电源频率，白炽灯变_____（选亮或暗）。

（2）在 RL 串联交流电路中，电压_____电流 φ，其中 φ 大小由_____、_____、_____决定，与_____无关，$\tan\varphi=$_____。

（3）功率因数 $\cos\varphi$ 表示_____的程度。功率因数 $\cos\varphi$ 越大，表明电源发出的电功率被转换成_____就越多，_____越少。

（4）镇流器是带_____线圈，它有两个作用：一是_____，二是_____。工作时荧光灯管两端电压比电源电压_____。

（5）在 RL 串联交流电路中，电阻两端的电压为 10 V，电感两端的电压也为 10 V，加在 RL 串联电路上的电压为_____V。

（6）在 RL 串联交流电路中，当电源电压不变而频率减小时，电阻两端电压_____。

2. 判断题

（1）正弦交流电路中，电感两端电压最大时，电流也最大。　　　（　　）

（2）某学生做日光灯实验，测得日光灯管两端电压为 120 V，他认为镇流器两端电压为100 V。　　　（　　）

（3）某学生说将线圈电压为 12 V 直流继电器接到 12 V 的交流电源上不能正常工作。

（　　）

（4）RL 交流电路中的无功功率才是无用功率。　　　（　　）

7.6　RLC 串联电路与串联谐振

📖 学习目标

（1）理解交流电路中 R、X_L、X_C 对电路特性的影响。

（2）理解电压三角形、阻抗三角形与阻抗角的概念及相互关系。

（3）了解 RLC 串联谐振电路的特点及应用。

生产实际中，交流电路往往是由多种元件组成的，RL 串联及 RC 串联电路可以看作

RLC 串联电路的特例。RLC 串联电路如图 7 - 21 所示。

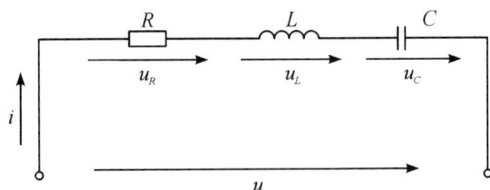

图 7 - 21 RLC 串联电路

1．电压与电流的相位关系

交流 RLC 串联电路中，总电压有效值的相量等于各个元件上电压有效值的相量之和：

$$\dot{U} = \dot{U}_R + \dot{U}_L + \dot{U}_C$$

电感两端电压比电流超前 $90°$，电容两端电压比电流滞后 $90°$。RLC 串联电路各元件的电流相等，因此，$\dot{U}_L$ 与 $\dot{U}_C$ 反相，而 $U_L = I X_L$，$U_C = I X_C$，所以，电路的性质由 X_L 和 X_C 的大小来决定。电路有以下三种情况。

1）电感性电路

当 $X_L > X_C$ 时，$U_L > U_C$，阻抗角 $\varphi > 0$，电路呈电感性，电压超前电流 φ 角，其相量图如图 7 - 22(a)所示。

2）电容性电路

当 $X_L < X_C$ 时，$U_L < U_C$，阻抗角 $\varphi < 0$，电路呈电容性，电压滞后电流 φ 角，其相量图如图 7 - 22(b)所示。

3）谐振电路

当 $X_L = X_C$ 时，$U_L = U_C$，阻抗角 $\varphi = 0$，电路呈电阻性，且总阻抗最小，电压和电流同相，其相量图如图 7 - 22(c)所示，电路的这种状态称为串联谐振。

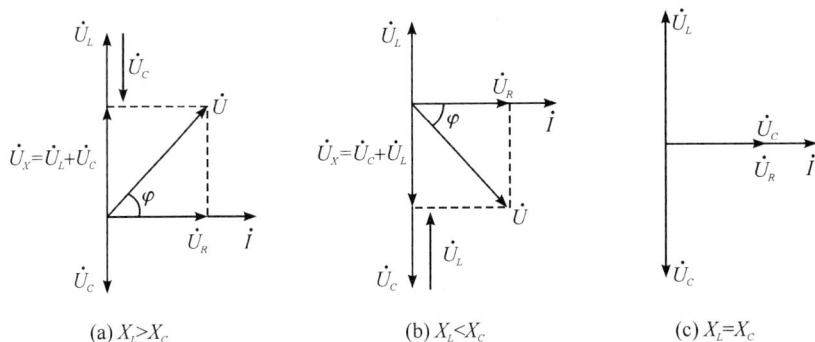

(a) $X_L > X_C$ (b) $X_L < X_C$ (c) $X_L = X_C$

图 7 - 22 RLC 串联电路相量图

2．电压与电流的大小关系

由图 7 - 22 的相量图可得出电压三角形和阻抗三角形，如图 7 - 23 所示。其中，$X = X_L - X_C$，称为电抗；$Z = \sqrt{R^2 + X^2}$，称为阻抗；φ 角的正负总是由 X_L 与 X_C 的大小关系决定的，满足

$$\tan\varphi = \frac{X_L - X_C}{R} = \frac{U_L - U_C}{R}$$

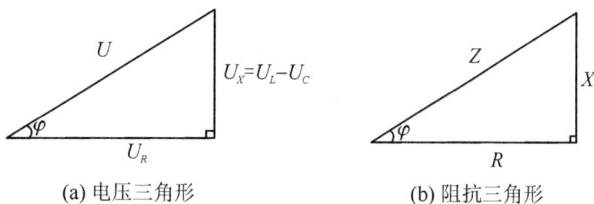

(a) 电压三角形　　　　(b) 阻抗三角形

图 7 - 23　RLC 串联电路中的物理量关联三角形

图 7 - 23 中，U 满足：

$$U = IZ = I\sqrt{R^2 + (X_L - X_C)^2} = I\sqrt{R^2 + X^2}$$

【例 7 - 6】　在 RLC 串联电路中，已知电源电压 $U = 220$ V，频率 $f = 50$ Hz，电阻 $R = 30$ Ω，电感 $L = 445$ mH，电容 $C = 32$ μF。求：

(1) 电路中电流的有效值；

(2) 电压与电流的相位关系；

(3) R、L、C 各元件的端电压。

解　(1) L、C 元件的感抗与容抗分别为

$$X_L = 2\pi f L = 2 \times 3.14 \times 50 \times 445 \times 10^{-3}\ \Omega = 140\ \Omega$$

$$X_C = \frac{1}{2\pi fC} = \frac{1}{2 \times 3.14 \times 50 \times 32 \times 10^{-6}}\ \Omega = 100\ \Omega$$

则

$$Z = \sqrt{R^2 + (X_L - X_C)^2} = \sqrt{30^2 + (140 - 100)^2}\ \Omega = 50\ \Omega$$

$$I = \frac{U}{Z} = \frac{220}{50}\ \text{A} = 4.4\ \text{A}$$

(2) 电压与电流的相位差 φ 满足：

$$\tan\varphi = \frac{X_L - X_C}{R} = \frac{140 - 100}{30} = \frac{4}{3}$$

所以

$$\varphi \approx 53°$$

电压超前电流 53°，电路呈电感性。

(3) R、L、C 各元件的端电压分别为

$$U_R = IR = 4.4 \times 30\ \text{V} = 132\ \text{V}$$

$$U_L = IX_L = 4.4 \times 140\ \text{V} = 616\ \text{V}$$

$$U_C = IX_C = 4.4 \times 100\ \text{V} = 440\ \text{V}$$

3. 串联谐振

1) 谐振频率

在 RLC 串联电路中，当 $X_L = X_C$ 时，电路发生谐振，则有

$$2\pi f_0 L = \frac{1}{2\pi f_0 C}$$

可得

$$f_0 = \frac{1}{2\pi\sqrt{LC}}$$

式中，f_0 称为谐振频率。可见，当电路的参数 L 和 C 一定时，谐振频率就确定了。如果电源频率一定，则可以通过调节 L 或 C 的大小来实现谐振。

2）串联谐振的特点

（1）串联谐振时，$X_L = X_C$，此时电路的阻抗 $Z = R$，阻抗值最小，电流最大，电路呈纯电阻性，电流与电源电压同相。电流值为

$$I_0 = \frac{U}{R}$$

（2）电阻两端电压等于电源电压 U，电感和电容两端电压大小相等，是电源电压 Q 倍，即

$$U_L = U_C = I_0 X_L = I_0 X_C = \frac{X_L}{R}U = \frac{X_C}{R}U = \frac{\omega_0 L}{R}U = QU$$

式中，Q 称为串联谐振电路的品质因数，它是衡量电路在某一频率下储存能量损耗率的物理量。电路电阻越小，损耗越小；电感 L 越大，储存的能量越多，Q 值越高。

可见，电路谐振时电感和电容上的电压是电源电压的 Q 倍，Q 一般为 100 左右，故串联谐振又称电压谐振。

在电力系统中绝不允许出现串联谐振，否则，供电线路中的电容器和变压器上会出现数倍于电源电压的电压，并发生绝缘击穿，造成设备损坏，这是必须设法避免的。

但在电子技术中常常利用串联谐振来选择某种频率的信号，Q 值越大，选频作用越好。图 7-24 所示为串联电路的谐振曲线。

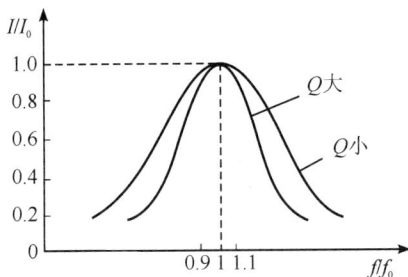

图 7-24 串联电路的谐振曲线

在无线电技术中，常利用谐振电路从众多电磁波中选出我们所需要的信号，这个过程称为调谐。图 7-25 所示为收音机调谐电路。当各种不同频率的电磁波在天线上产生感应电动势时，感应电动势经过线圈 L_1 感应到线圈 L_2。例如，我们想收听频率为 1200 kHz 的

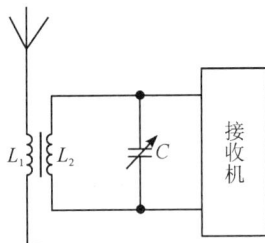

图 7-25 收音机调谐电路

电台信号，只要调节可变电容 C，使得 L_2C 串联谐振频率等于 1200 kHz，那么在 L_2C 回路中该频率信号的电动势最大，在电容两端该频率信号的电压也最大，于是我们就能收听到 1200 kHz 电台的信号了。其他各种频率的信号因为没有发生谐振，在回路中的电动势很小，就被抑制掉了。

谐振时，电源只需要供给电阻消耗的电能，电感与电容间则进行着磁场能和电场能的转换，无须与电源间发生能量转换。

思考与练习

1. 填空题

（1）在 RLC 串联正弦交流电路中，电路中通过的电流 $i=5\sqrt{2}\sin(1000t+30°)$，已知 $X_L=X_C$，$R=20\ \Omega$，则 $U=$ _____ V，$u=$ _____ V。

（2）一个白炽灯与电容器串联，由交流电源供电，如果交流电的频率减小，则白炽灯的亮度变 _____，电源频率在一定的范围内增加，则白炽灯的亮度变 _____。

（3）在 RLC 串联正弦交流电路中，$X_C=X_L=10\ \Omega$，$R=5\ \Omega$，总电压的有效值为 20 V，则电感上的电压为 _____，电路中的电流 $I=$ _____。

（4）如图 7-26 所示的正弦交流电路中，已知开关 S 断开时，电路发生谐振。当闭合开关 S 时，电路呈现 _____；当开关 S 断开时，电源频率增大，电路呈现 _____。

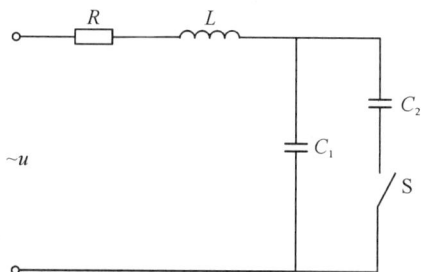

图 7-26 思考与练习 1-(4)图

（5）如图 7-27 所示，三只灯泡均正常发光，当电源电压不变、频率 f 变小时，灯的亮度变化情况是：HL1 _____，HL2 _____，HL3 _____。

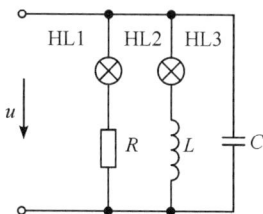

图 7-27 思考与练习 1-(5)图

（6）串联谐振频率 $f_0=$ _____。在电子技术中，常常利用串联谐振 _____，Q 值越大，_____ 越好。

2. 为什么在电力系统中绝不允许出现串联谐振？

7.7　RLC 并联电路与功率因数的提高

（1）了解 RLC 并联电路中电压与电流之间的相位关系和数量关系。

（2）理解 RLC 并联谐振电路的特点和应用。

（3）掌握提高功率因数的意义和方法。

在交流电路中，实际的电感线圈是电阻与电感的串联，典型的 RLC 并联电路就是电感线圈与电容器的并联电路，如图 7 - 28 所示。

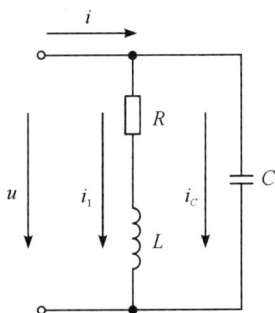

图 7 - 28　RLC 并联电路

1. 电压与电流的关系

加在电路两端的正弦电压为 u，在两个并联支路中通过同频率的正弦电流 i_1 和 i_C，方向如图 7 - 28 所示。如果各支路的参数 R、X_L、X_C 已知，则各支路电流的大小及与电压的相位差可根据前面学过的知识和分析方法求出。

RL 串联支路电流 i_1 的有效值为

$$I_1 = \frac{U}{\sqrt{R^2 + X_L{}^2}}$$

i_1 滞后 u 的相位角 φ_1 满足：

$$\tan\varphi_1 = \frac{X_L}{R}$$

电容支路电流 i_C 的有效值为

$$i_C = \frac{U}{X_C}$$

i_C 超前电压 $u\,90°$相位角。

两个并联支路的电压相等，任一瞬时时刻总电流等于两个支路电流之和，即

$$i = i_1 + i_C$$

根据 i_1 与 i_C 的大小、相位不同，电路可能呈现电感性、电容性、电阻性三种不同的性质，以电压为参考量作相量图，如图 7-29 所示。

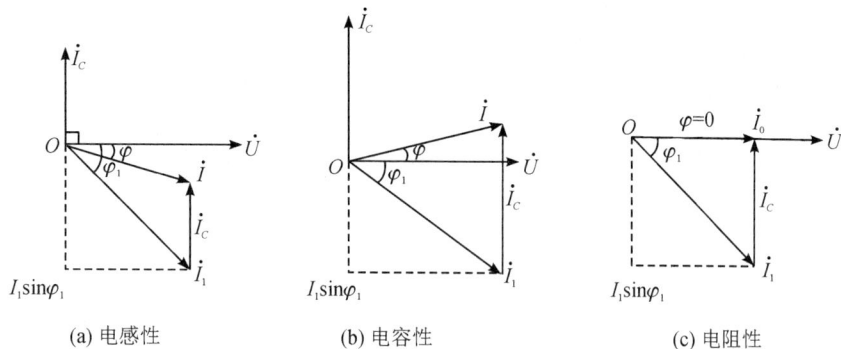

(a) 电感性　　　　　　(b) 电容性　　　　　　(c) 电阻性

图 7-29　RLC 并联电路相量图

1）电感性电路

当 $I_1\sin\varphi_1 - I_C > 0$ 时，总电压超前总电流，φ 为正值，电路呈电感性，如图 7-29(a) 所示。

2）电容性电路

当 $I_1\sin\varphi_1 - I_C < 0$ 时，总电压滞后总电流，φ 为负值，电路呈电容性，如图 7-29(b) 所示。

3）电阻性电路

当 $I_1\sin\varphi_1 - I_C = 0$ 时，总电压与总电流同相，$\varphi = 0$，电路呈电阻性，如图 7-29(c) 所示。总电流等于 $I_1\cos\varphi_1$，这种情况称为电路发生并联谐振。

2. 并联谐振

1）并联谐振的频率

并联谐振时，有

$$I_1\sin\varphi_1 = \frac{U}{\sqrt{R^2 + (\omega L)^2}} \cdot \frac{\omega L}{\sqrt{R^2 + (\omega L)^2}} = \frac{\omega L}{R^2 + (\omega L)^2}U$$

$$I_C = \frac{U}{X_C} = \omega CU$$

根据谐振情况 $I_1\sin\varphi_1 - I_C = 0$，得

$$\frac{\omega L}{R^2 + (\omega L)^2} = \omega C$$

化简得

$$(\omega L)^2 = \frac{L}{C} - R^2$$

一般情况下，$\dfrac{L}{C} \gg R^2$，即 R^2 可忽略，用 ω_0、f_0 表示谐振的角频率和频率，则

$$\omega_0 \approx \frac{1}{\sqrt{LC}}$$

$$f_0 \approx \frac{1}{2\pi\sqrt{LC}}$$

2）并联谐振的特点

（1）电路的总阻抗最大，总电流最小。

根据图 7-29（c）所示的相量图分析可知，谐振时总电流为

$$I_0 = I_1\cos\varphi_1 = \frac{U}{\sqrt{R^2+(\omega L)^2}} \cdot \frac{R}{\sqrt{R^2+(\omega L)^2}} = \frac{U}{[R^2+(\omega L)^2]/R}$$

所以，谐振时阻抗：

$$Z_0 = \frac{R^2+\omega_0^2 L^2}{R}$$

将 $(\omega_0 L)^2 = \dfrac{L}{C} - R^2$ 代入上式得

$$Z_0 = \frac{L}{RC}$$

此时电路的总阻抗最大且呈电阻性，电路的总电流最小为 I_0。

（2）谐振时电容支路与电感支路的电流近似相等，且为总电流 I_0 的 Q 倍，即

$$I_C \approx I_1 = QI_0$$

式中，Q 为电路的品质因数：

$$Q = \frac{\omega_0 L}{R}$$

并联谐振时，电容支路和电感支路的电流是总电流的 Q 倍，因此，并联谐振又称为电流谐振。

3）并联谐振的应用

并联谐振电路广泛应用于电子设备中，主要用来选频（选择所需的频率信号），构造振荡器或者与下级电路进行阻抗变换等。图 7-30 所示为并联谐振电路选择信号的（选频）原理图，信号电源 u 有包括 f_0 在内的多频率信号。当电路对频率为 f_0 的电源信号谐振时，谐振回路呈现很大的阻抗，电路中的电流很小，这样在内阻 R_0 上的压降也很小，而在 LC 两端就得到一个很高的输出电压。对于其他频率的信号，电路不发生谐振，阻抗较小，电流较大，这些信号的能量基本上消耗在内阻上，这些不需要的频率信号在 LC 两端的电压很低，这样就起到了选择信号的作用。收音机、电视机中的中频变压器就是由并联谐振电路构成的。

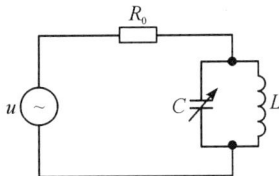

图 7-30   选频电路

3. 提高功率因数的方法

1）提高功率因数的意义

功率因数 $\cos\varphi = P/S$，它表示电源功率被利用的程度。电路功率因数越大，表明负载

消耗的有功功率越多,同时与电源交换的无功功率越小。电灯、电炉的功率因数近似为 1,说明它们基本只消耗有功功率。异步电动机功率因数一般为 0.7~0.9,说明它们工作时需要一定的无功功率。功率因数越低,电源设备与电感之间相互交换的能量(无功功率)越多,电源设备利用率越低。在同一电压下,电源输出同一功率,功率因数越高,输电线路中电流越小,线路中的损耗也越小。因此,提高功率因数可提高发电供电设备的利用率,减少输电线路中的损耗。

【例 7 - 7】 某发电机的额定电压为 220 V,容量为 440 kV·A。采用该发电机向额定工作电压为 220 V,功率为 4.4 kW,功率因数 $\cos\varphi$ 为 0.5 的用电器供电,能供多少个用电器? 如果把功率因数提高到 0.96 时,又能供多少个用电器?

解 发电机的额定工作电流:

$$I_e = \frac{S}{U} = \frac{440 \times 10^3}{220} \text{ A} = 2000 \text{ A}$$

当 $\cos\varphi = 0.5$ 时,每个用电器的电流:

$$I_1 = \frac{P}{U\cos\varphi} = \frac{4.4 \times 10^3}{220 \times 0.5} \text{ A} = 40 \text{ A}$$

因此,发电机能供给的用电器个数为 $I_e/I_1 = 50$ 个。

当 $\cos\varphi = 0.96$ 时,每个用电器的电流为:

$$I_2 = \frac{P}{U\cos\varphi} = \frac{4.4 \times 10^3}{220 \times 0.96} \text{ A} \approx 20.8 \text{ A}$$

则发电机能供给的用电器个数为 $I_e/I_2 = 96$ 个。

例 7 - 7 说明提高功率因数可提高发电供电设备的利用率,同样容量的发电供电设备可为用户提供更多的有功功率。

【例 7 - 8】 变电站采用 22 kV 的高压给某企业输送 4.4×10^4 kW 的电能,如输电线路的总电阻为 10 Ω,试计算该企业将功率因数 $\cos\varphi$ 由 0.5 提高到 0.96 时,输电线上每小时少损失多少电能。

解 当功率因数 $\cos\varphi = 0.5$ 时,线路中的电流:

$$I_1 = \frac{P}{U\cos\varphi} = \frac{4.4 \times 10^7}{22 \times 10^3 \times 0.5} \text{ A} = 4 \times 10^3 \text{ A}$$

当功率因数 $\cos\varphi = 0.96$ 时,线路中的电流:

$$I_2 = \frac{P}{U\cos\varphi} = \frac{4.4 \times 10^7}{22 \times 10^3 \times 0.96} \text{ A} \approx 2.08 \times 10^3 \text{ A}$$

所以,每小时少损失的电能为:

$$\begin{aligned}
\Delta W &= (I_1^2 - I_2^2)Rt \\
&= (4^2 - 2.08^2) \times (10^3)^2 \times 10 \times 1 \text{ W·h} \\
&= 1.17 \times 10^4 \text{ kW·h}
\end{aligned}$$

例 7 - 8 说明提高功率因数可减少输电线路中的损耗。

2) 提高功率因数的基本方法

工程实践中的负载多是电感性负载,如电动机、变压器、日光灯等。提高功率因数的基本方法是在电感性负载两端并联一只电容量适当的电容器,如图 7 - 28 所示。这样电感性负载所需的无功功率大部分由电容器供给,大大减少了电感性负载与电源之间的能量交换，使得电源发出的功率能得到充分的利用。

电感性负载两端并联电容器后相量分析如图 7-29 所示，如果只有 RL 支路，其功率因数为 $\cos\varphi_1$，并联电容支路后，如图 7-29(a) 的情况下，电路的功率因数提高到 $\cos\varphi$，图 7-29(c) 的情况下，电路的功率因数提高到 $\cos\varphi = 1$。

在电力系统中，并不要求将功率因数提高到 1，那样电路会处于谐振状态，负载会产生过电流，给用电器和电网带来不利情况。需要指出的是，提高功率因数是指提高整个电路的功率因数，而不是改变电感性负载本身的功率因数，也不是改变电路的有功功率。

在生产实践中，应尽量提高用电设备自身的功率因数。例如，当电动机实际负荷比它的额定功率低许多时，功率因数会急剧下降，造成电能浪费。合理选用电动机，并尽量避免电动机空转或长时间处于轻载运行状态，就可以提高电动机运行状态的功率因数。

思考与练习

1. 填空题

(1) 并联谐振又称为_____，谐振时，会在 LC 上产生过_____。串联谐振又称为_____，谐振时，会在 LC 上产生过_____。

(2) 在电力系统中，电路提高功率因数后，电路呈_____。提高功率因数后电感性负载本身的功率因数_____。

(3) 提高功率因数的意义_____。

(4) 并联谐振时通过电容的电流是电路总电流_____倍。

2. 比较并联谐振与串联谐振的特点与应用。

7.8 技能训练 单相交流电路的测量与功率因数的提高

实训目标

(1) 验证串联交流电路中总电压与各分电压的关系。

(2) 验证并联交流电路中总电流与各分电流的关系。

(3) 验证 RL 串联电路并联电容提高功率因数。

(4) 能熟练使用交流电压表（或万用表）、电流表（或钳形电流表）、功率因数表。

实训器材

白炽灯（220 V、25 W）2 只，镇流器（220 V、40 W）2 只，油浸纸介电容器（10 μF、600 V）1 只，交流电压表（0～500 V）（或万用表）1 只，交流电流表（0～1 A）3 只（或钳形电流表 1 只），功率因数表 1 只，接线柱，电木板（固定电器元件），导线，开关等。

实训内容与步骤

1. 电阻串联电路

按图 7-31 所示连接电路，检查无误后接通电源。用钳形电流表或交流电流表测量电路的电流_____ A，测量电源电压 $U=$ _____ V，两只灯泡两端电压 $U_1=$ _____ V，$U_2=$ _____ V。电压间的关系：_____。

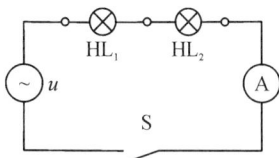

图 7-31　两只白炽灯串联

2. RL 串联电路

按图 7-32 所示连接电路，检查无误后接通电源。断开 S_1，电流表读数 $I_1=$ _____ A，功率因数表读数 $\cos\varphi_1=$ _____，测量电源电压 $U=$ _____ V，灯泡两端电压 $U_R=$ _____ V，两镇流器串联端电压 $U_L=$ _____ V。电压间的关系：_____。

闭合 S_1，电流表读数 $I_1=$ _____ A，功率因数表读数 $\cos\varphi_2=$ _____，灯泡两端电压 $U_R=$ _____ V，两镇流器串联端电压 $U_L=$ _____ V。这时 U^2 是否等于 $U_R^2+U_L^2$。

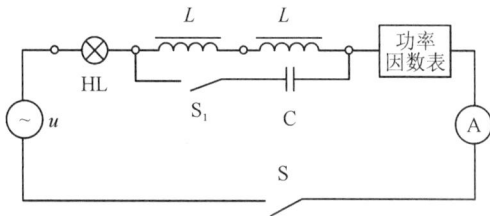

图 7-32　RL 电路

3. RLC 串联电路

按图 7-33 所示连接电路，检查无误后接通电源。电流表读数 $I=$ _____ A，测量灯泡两端电压 $U_R=$ _____ V，镇流器两端电压 $U_L=$ _____ V，电容器两端电压 $U_C=$ _____ V。电压间的关系：_____。

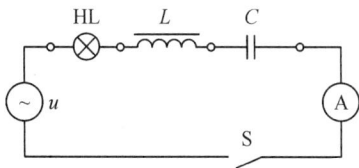

图 7-33　白炽灯、镇流器和电容串联

4. RC 并联电路

按图 7 - 34 所示连接电路，检查无误后接通电源。三只电流表的读数分别为 $I =$ _____ A，$I_R =$ _____ A，$I_C =$ _____ A。

电流间的关系：_____。

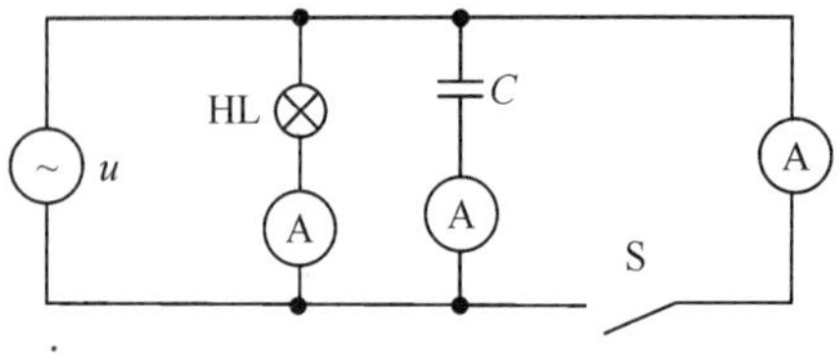

图 7 - 34　白炽灯与电容并联

本 章 小 结

1. 正弦交流电的瞬时值表达式又称交流电的解析式为

$$u = U_m \sin(\omega t + \varphi_0) = U_m \sin(2\pi f t + \varphi_0)$$

由解析式知，最大值、角频率和初相位称为正弦交流电的三要素。与三要素相关的物理量有：周期 $T = \dfrac{2\pi}{\omega}$，频率 $f = \dfrac{1}{T}$，有效值 $I = \dfrac{I_m}{\sqrt{2}}$，$U = \dfrac{U_m}{\sqrt{2}}$，$E = \dfrac{E_m}{\sqrt{2}}$。

2. 电容和电感都是储能元件。它们对交流电的阻碍作用分别称为容抗（X_C）和感抗（X_L），单位是 Ω，计算式如下：

$$X_C = \frac{1}{\omega C} = \frac{1}{2\pi f C}$$

$$X_L = \omega L = 2\pi f L$$

容抗与频率的关系：隔直流，通交流；阻低频，通高频。电容是高通元件。

感抗与频率的关系：通直流，阻交流；通低频，阻高频。电感是低通元件。

3. 单一元件交流电路的特性见表 7 - 1。

表 7 - 1　单一元件交流电路的特性

项目		纯电阻电路	纯电感电路	纯电容电路
U、I 关系	大小	$U = IR$	$U = IX_L$	$U = IX_C$
	相量图	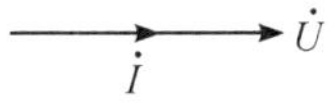	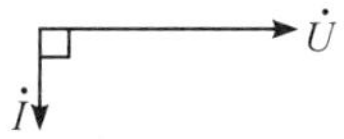	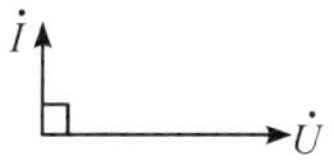
功率		$P = UI$	$P = 0$，$Q_L = UI$	$P = 0$，$Q_C = UI$

4. 多元件串联交流电路的特性见表 7 - 2。

表 7 - 2　多元件串联交流电路的特性

项目		RL 串联电路	RC 串联电路	RLC 串联电路
阻抗		$Z=\sqrt{R^2+X_L^2}$	$Z=\sqrt{R^2+X_C^2}$	$Z=\sqrt{R^2+(X_L-X_C)^2}$
U、I 关系	大小	$U=IZ$	$U=IZ$	$U=IZ$
	相位	$\tan\varphi=\dfrac{X_L}{R}$	$\tan\varphi=-\dfrac{X_C}{R}$	$\tan\varphi=\dfrac{X_L-X_C}{R}$
	相量图			
无功功率		$Q_L=U_LI=UI\sin\varphi$	$Q_C=U_CI=UI\sin\varphi$	$Q=(U_L-U_C)\,I=UI\sin\varphi$
有功功率			$P=U_RI=UI\cos\varphi$	
视在功率			$S=UI=\sqrt{P^2+Q^2}$	

　　RL 串联与 RC 串联电路是 RLC 串联电路的特例,要注意彼此的联系。

　　5. 在 RLC 串联电路中,当 $X_L=X_C$ 时,电路发生串联谐振,又称电压谐振。此时电路总电流与总电压同相,电路呈电阻性,阻抗最小,电流最大,电感和电容两端的电压会大大超过电源电压,$U_L=U_C=QU$。

　　6. RLC 并联电路谐振时,总电流与电压同相,电路呈电阻性,总阻抗最大,$I_L=I_C=QI_0$,因此,并联谐振又称为电流谐振。

　　串联谐振和并联谐振的谐振频率均为 $f_0=\dfrac{1}{2\pi\sqrt{LC}}$,电路品质因数 $Q=\dfrac{X_L}{R}=\dfrac{\omega_0 L}{R}$。

　　7. 功率因数 $\cos\varphi=P/S=R/Z$,它表示电源功率被利用的程度。提高功率因数的基本方法是在电感性负载两端并联一只电容量适当的电容器。提高功率因数可提高发电供电设备的利用率,可减少输电线路中的损耗。

第 8 章

三相交流电路

8.1 三相交流电源

(1) 了解三相交流电的产生和特点。

(2) 掌握三相电源在星形连接时的线电压、相电压的概念及线电压与相电压的关系。

(3) 理解三相四线制、三相三线制和三相五线制供电方式。

教室、宿舍、住宅等照明场所一般采用由两根导线供电的单相交流电，教学楼、宿舍楼、住宅小区采用四根导线或五根导线供电，大功率远距离输电采用三根导线供电。如图 8-1 所示，供、配电线路所输送的交流电都是三相交流电。

三个频率相同、最大值相等、相位彼此相差 120° 的单相交流电按一定的连接方式可构成三相交流电，其产生的电动势称为对称三相电动势。三相交流电由三相交流发电机产生，它有以下几个优点：

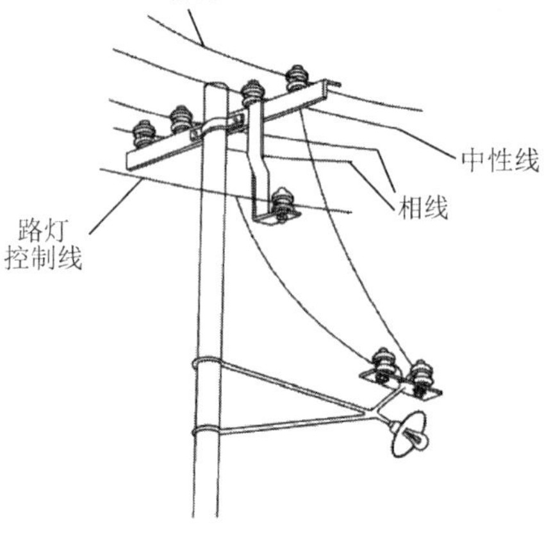

(a) 三相四线制 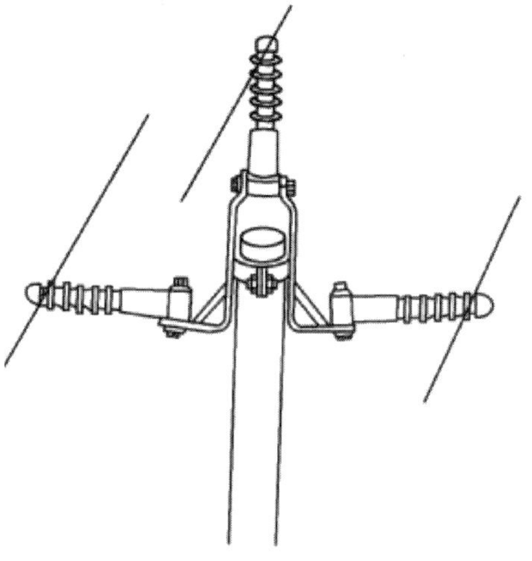   (b) 三相三线制

图 8-1 三相交流电供、配电线路

（1）输出相同的功率，三相发电机比单相发电机的体积要小得多，运转稳定，振动小。

（2）输送相同的功率，特别是远距离输电时，三相输电比单相输电节省材料。

（3）从三相供、配电线路中能获得三个独立的单相交流电。选择三相交流电中的任意一相可构成单相交流电。

1. 三相交流电动势的产生

图 8-2(a)所示为三相交流发电机的示意图，它主要由定子和转子组成。转子的磁场由直流线圈产生，按正弦规律分布。定子铁芯中嵌放匝数、线径和绕法完全相同的三套绕组，三相绕组首端分别用 U_1、V_1、W_1 表示，末端用 U_2、V_2、W_2 表示，分别称为 U 相、V 相、W 相，发电机的三根引出线及配电站的三根电源线分别以黄（U）、绿（V）、红（W）三种颜色作为标志。三个绕组在空间位置上彼此相隔 120°。

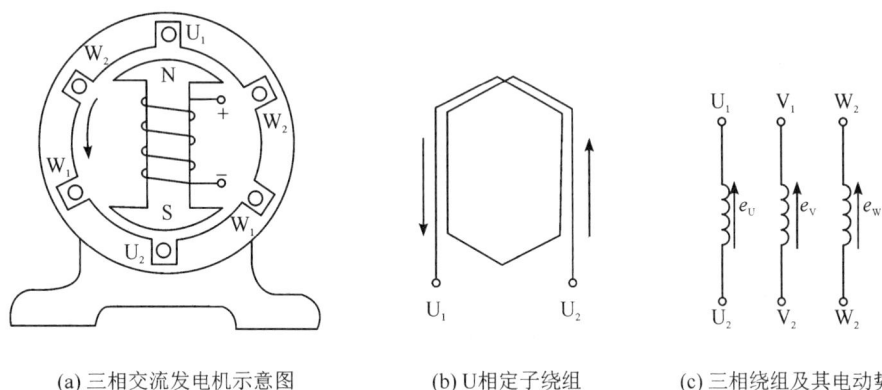

(a) 三相交流发电机示意图　　　(b) U相定子绕组　　　(c) 三相绕组及其电动势

图 8-2　三相交流发电机

当转子在外力带动下以角速度 ω 作逆时针匀速转动时，三相定子绕组依次切割转子磁感线，产生三个对称的正弦交流电动势，其解析式为

$$e_U = E_m \sin(\omega t + 0°)$$
$$e_V = E_m \sin(\omega t - 120°)$$
$$e_W = E_m \sin(\omega t + 120°)$$

e_U、e_V、e_W 的波形图和相量图如图 8-3 所示。

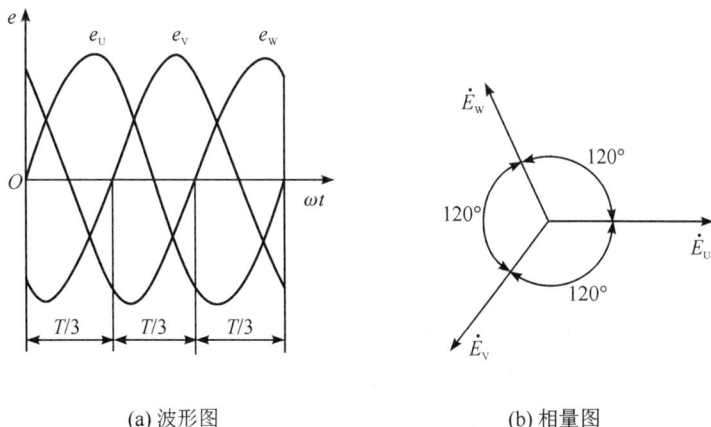

(a) 波形图　　　　　　　　(b) 相量图

图 8-3　三相对称电动势的波形图和相量图

　　三相对称交流电动势到达最大值的先后次序称为相序。按 U—V—W—U 的次序循环称为正相序，按 U—W—V—U 的次序循环称为逆相序或反序。

2. 供电方式

1）三相四线制供电方式

　　三相发电机或三相变压器的每相绕组可单独构成 3 个单相电路，这样要用六根导线，很不经济。电力工程中，三相电源通常连接成星形方式，如图 8-4(a)所示。将三相发电机中三相绕组的末端 U_2、V_2、W_2 连接在一起，成为一个公共点，首端 U_1、V_1、W_1 引出作输出线，这种连接方式称为星形连接，用 Y 表示。

　　从三个线圈首端 U_1、V_1、W_1 引出的三根线称为端线或相线（俗称火线），用 L_1、L_2、L_3 表示。三个末端 U_2、V_2、W_2 连接在一起，成为公共点，称为中性点，简称中点，用 N 表示；从中性点引出的输电线称为中性线，简称中线。将中线与大地相接，人们把接地的中性点称为零点，把接地的中性线称为零线。电力工程中，零线或中线一般采用（淡）蓝色或黑色导线表示。为了表达方便，有时不画发电机的绕组连接方式，只画四根输电线来表示相序，如图 8-4(b)所示。

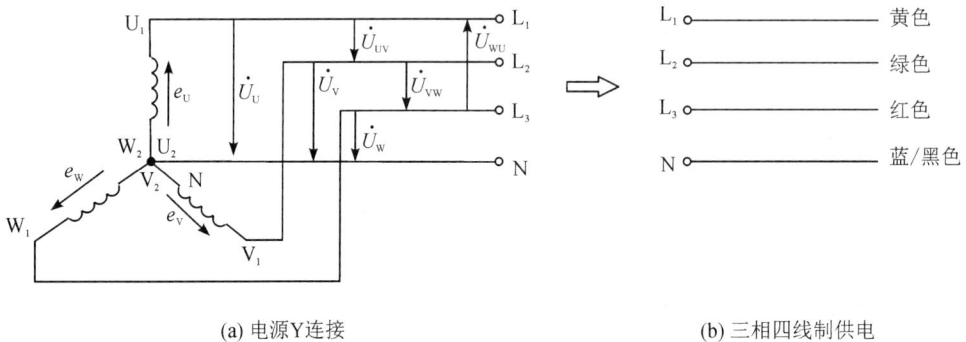

(a) 电源Y连接　　　　　　　　　　　　　(b) 三相四线制供电

图 8-4　三相四线制电路

　　由三根相线和一根中线构成的输电方式称为三相四线制，目前低压供电系统大多采用三相四线制供电方式。

　　相线与中线之间的电压称为电源的相电压，分别用 $\dot{U}_U$、$\dot{U}_V$、$\dot{U}_W$ 表示，规定相电压的参考方向由首端指向末端。

　　相线与相线之间的电压称为电源的线电压。分别用 $\dot{U}_{UV}$、$\dot{U}_{VW}$、$\dot{U}_{WU}$ 表示，规定线电压的参考方向是从 U 相指向 V 相、从 V 相指向 W 相、从 W 相指向 U 相。因此，线电压与相电压的关系为

$$\dot{U}_{UV} = \dot{U}_U - \dot{U}_V, \quad \dot{U}_{VW} = \dot{U}_V - \dot{U}_W, \quad \dot{U}_{WU} = \dot{U}_W - \dot{U}_U$$

　　作出 $\dot{U}_U$、$\dot{U}_V$、$\dot{U}_W$ 的相量图，如图 8-5 所示。因为 $\dot{U}_{UV} = \dot{U}_U - \dot{U}_V = \dot{U}_U + (-\dot{U}_V)$，所以在图中作 $-\dot{U}_V$ 相量，应用相量求和的平行四边形法则可以求出三个线电压，它们也是对称三相电压，其有效值为

$$U_L = \sqrt{3} U_P$$

式中，U_L 表示线电压，U_P 表示相电压。线电压总是超前于对应的相电压 30°。

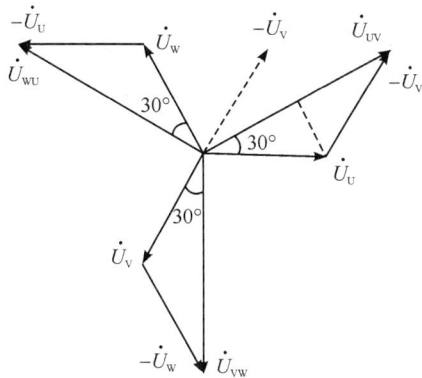

图 8-5 三相四线制线电压与相电压的相量图

采用三相四线制供电方式可以为用户提供两种对称三相电压，即相电压和线电压。我国低压供电系统中的线电压为 380 V，相电压为 220 V，电源电压常表示为 380 V/220 V。

2）三相五线制供电方式

三相五线制是在三相四线制的基础上，从接地网引出一根专用保护线（称为保护零线，俗称接地线），如图 8-6 所示。保护零线一般用黄绿双色作为标志，用 PE 表示。原三相四线制中的零线一般称为工作零线，用 N 表示。

工作零线 N 和保护零线 PE 都是接地导线，但二者的本质和作用不同。工作零线 N 是从发电机或变压器的中性点瓷绝缘子上引出的接地线，它保障三相电路正常工作而不互相影响；保护零线 PE 是从接地网引出的专用保护线，它起漏电保护的作用。

目前，住宅区、教学楼等普遍采用三相五线制供电方式。任取三相线中的一相线及工作零线和保护零线构成单相供电方式，为独立用户或用电器供电。按照规范，单相三孔插座必须遵循面对插座左零(N)右相(L)上接地(PE)的原则进行接线。

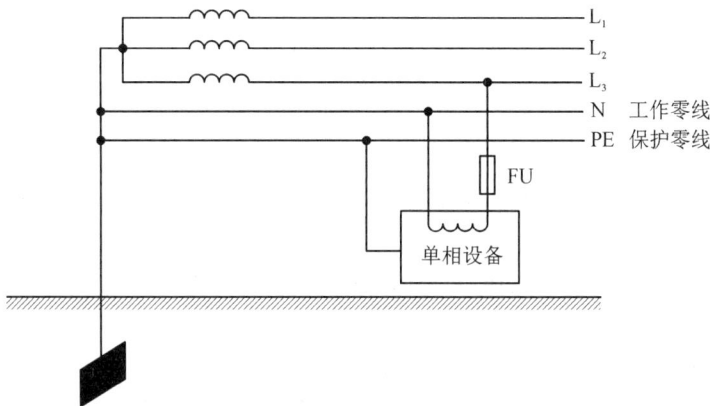

图 8-6 三相五线制供电方式

3）三相三线制供电方式

高压输电线路和低压动力（如电动机）线路的负载是三相对称负载，一般采用三根相线供电，这就是三相三线制供电方式。三相三线制供电是指在三相电源采用星形连接时，中性线不引出，由三根相线对外供电，如图 8-1(b)所示。

三相电源绕组除星形连接外还有三角形连接（用△表示），采用三角形连接对三相电动势的对称性要求较高，如果三相电动势不对称，则三角形连接的闭合回路内会产生很大的环流，使绕组过热，甚至烧毁。因此，三相发电机或变压器绕组一般不采用三角形接法而采用星形接法。

💡 思考与练习

1. 填空题

（1）对称三相电动势是指_____。

（2）三个对称的正弦交流电压，其解析式为 $u_U = $ _____，$u_V = $ _____，_____，$u_W = $ _____。

（3）观察图 8-3 可知，$\dot{E}_U + \dot{E}_V + \dot{E}_W = $ _____。

（4）观察图 8-3 可知，它们到达最大值的时间依次落后_____周期。

（5）面对插座，单相三孔插座的接线要求是_____。

（6）三相四线制中线电压与相电压的关系_____。

（7）我国低压供电系统中的线电压为_____ V，它是指_____之间的电压，相电压为_____ V，它是指_____之间的电压。

（8）中性线是指_____，零线是指_____。

（9）三相四线用_____颜色来区分。

2. 简述工作零线 N 和保护零线 PE 的区别。

8.2　三相负载的连接

📖 学习目标

（1）掌握三相负载作 Y 形和△形连接时，负载相电压与线电压及相电流与线电流的大小关系，了解它们的相位关系。

（2）理解三相负载作 Y 形连接时中线的作用和对中线的要求。

（3）理解三相电路的有功功率的计算公式。

使用电气设备，都要求负载承受的电压等于它的额定电压，因此，要满足负载对电压的要求，负载必须采用正确的连接方式。三相电路中，负载的连接方式有星形连接和三角形连接两种。下面先介绍三相负载电路中的常用名词术语，然后介绍负载的连接方式。

1. 三相负载电路中的名词术语

（1）对称三相负载：各相负载的特性和阻抗都相同的三相负载，如三相电动机、三相烤箱等。如果各相负载不同，则称为不对称三相负载，如三相照明电路中的负载。

（2）负载的相电压：加在每相负载两端的电压，用 U_P 表示。

（3）负载的相电流：流过每相负载的电流，用 I_P 表示。

（4）线电流：流过每根相线的电流，用 I_L 表示。

2. 三相负载的星形连接

把三相负载分别接在三相电源的一根相线和中线之间的接法称为三相负载的星形连接，用 Y 表示，如图 8-7 所示。

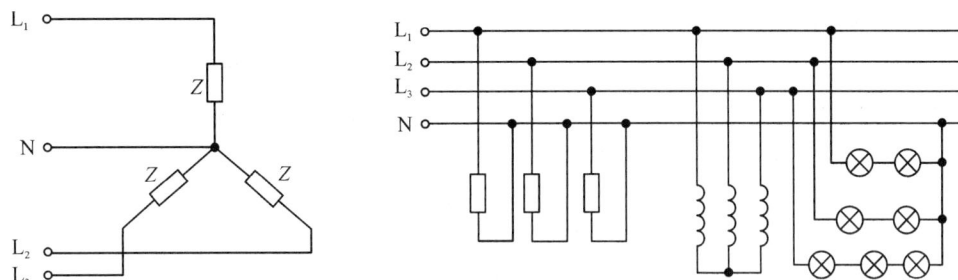

图 8-7　三相负载的星形连接

星形连接中每相负载的电流、电压分析如图 8-8 所示。

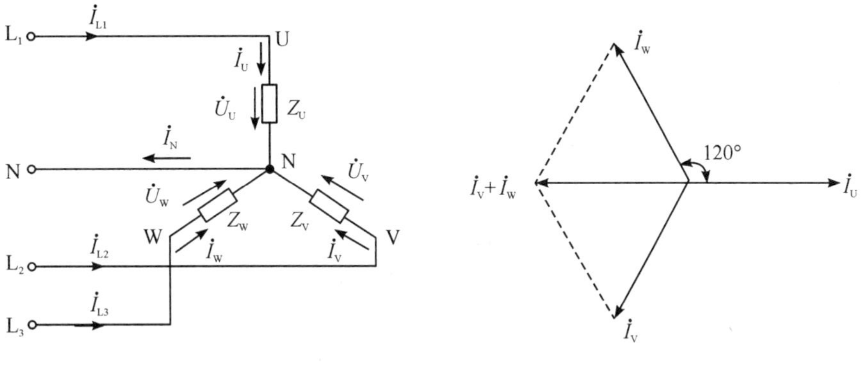

(a) 三相负载的电流、电压分析　　　　(b) 三相负载的电流相量图

图 8-8　星形连接中负载的电流、电压分析

由图 8-8(a)可知，线电流和相电流大小相等，即

$$I_{YL}=I_{YP}=\frac{U_{YP}}{Z}$$

负载的相电压等于电源的相电压，电源的线电压为负载相电压的 $\sqrt{3}$ 倍，即

$$U_L=\sqrt{3}U_{YP}$$

线电压的相位超前相应的相电压 30°。

由基尔霍夫定律可得

$$i_N=i_U+i_V+i_W$$

由图 8-8(b)可知，三相对称负载采用星形连接时中线电流为零，这时取消中线也不会影响三相负载的正常工作，三相四线制就变成了三相三线制。高压输电线路中，三相负载是对称的三相变压器，都采用三相三线制供电方式。低压供电系统中电动机的每相绕组也是对称的，也采用三相三线制供电方式。

当三相负载不对称时（例如，照明电路中的灯具经常要开和关，使各相电流的大小不一定相等，相位差也不一定为 120°），中线电流不为零，这时中线不能断开。因为当中线存在时，它能使星形连接的三相电路成为三个互不影响的独立回路，即使三相负载不对称，中线也能保证各相有对称的电源相电压，以保证各相负载正常工作。不对称的三相负载，如果中线断开，则各相电压不再相等，阻抗较小的相电压低，阻抗大的相电压高，可能烧坏阻抗大的线路中的电器。

三相四线制低压供电系统中，中线上不允许安装熔断器或开关。由于中线电流比线电流要小，因此常用较小线径的导线作中线。为了防止中线断开，有的中线常用钢芯导线来加强机械强度。实际工作中，应尽量使三相负载对称，保持三相平衡，以减小中线电流。

【例 8-1】 阻抗为 5 Ω 的对称三相负载作星形连接，接入线电压为 380 V 的三相电路中，因为三相负载对称，所以省去中线。求：

(1) 在正常情况下，每相负载的相电压和相电流；

(2) 一相负载短路时，另两相负载的相电压和相电流；

(3) 一相负载断开时，另两相负载的相电压和相电流。

解 (1) 在正常情况下，由于三相负载对称，因此中线电流为零，省去中性线，不影响三相电路的工作。各相负载的相电压为对称的电源相电压，即

$$U_P = U_{YP} = \frac{380}{\sqrt{3}} \text{ V} = 220 \text{ V}$$

每相的相电流：

$$I_{YP} = \frac{U_{YP}}{Z} = \frac{220}{5} \text{ A} = 44 \text{ A}$$

(2) 如图 8-9(a)所示，设 L_3 相负载短路，线电压通过短路线直接加在 L_1 相和 L_2 相的负载两端，此时这两相的相电压等于线电压，即

$$U_{P1} = U_{P2} = 380 \text{ V}$$

它们的相电流：

$$I_{P1} = I_{P2} = 380/5 \text{ A} = 76 \text{ A}$$

(3) 如图 8-9(b)所示，设 L_3 相负载断开，L_1、L_2 两相负载串联后接在 380 V 的线电压上，两相阻抗相等，则相电压平分线电压，即

$$U_{P1} = U_{P2} = 380/2 \text{ V} = 190 \text{ V}$$

它们的相电流：

$$I_{P1} = I_{P2} = \frac{U_P}{Z} = \frac{190}{5} \text{ A} = 38 \text{ A}$$

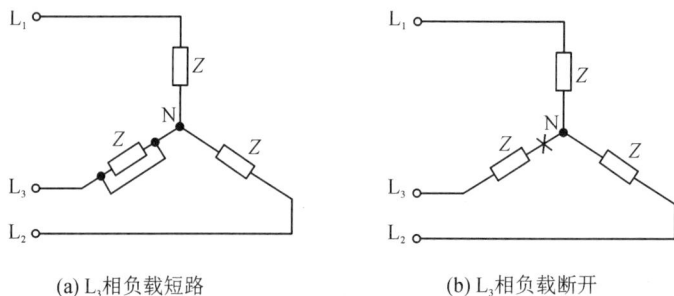

(a) L_3 相负载短路　　　　(b) L_3 相负载断开

图 8-9　例 8-1 图

3. 三相负载的三角形连接

将三相负载分别接在三相电源的两根相线之间的接法称为三相负载的三角形连接，用 △表示，如图 8-10 所示。

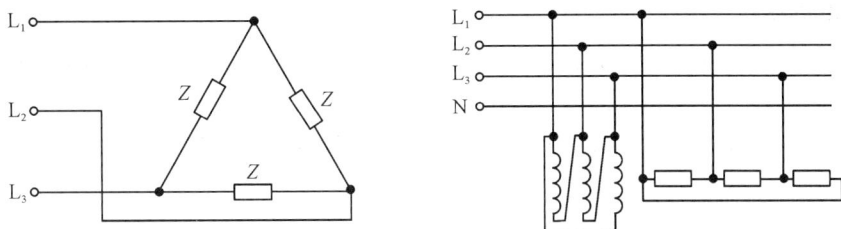

图 8-10　三角形连接

在三角形连接中，不论负载是否对称，各相负载所承受的电压均为对称电源的线电压，即

$$U_{\triangle P} = U_L$$

三角形连接的电流分析如图 8-11(a) 所示。从图中可以看出，三角形连接中，三相负载的线电流与相电流是不一样的。对于电路的每一相，仍然按照单相交流电路的方法来计算相电流。若三相负载对称，则各相电流的大小相等，相位差也互为 120°。各相电流与各相电压的相位差也相同。各相电流的大小为

$$I_{\triangle P} = \frac{U_{\triangle P}}{Z}$$

根据基尔霍夫第一定律得

$$i_U = i_{UV} - i_{WU}$$
$$i_V = i_{VW} - i_{UV}$$
$$i_W = i_{WU} - i_{VW}$$

作出线电流与相电流的相量图，如图 8-11(b) 所示。

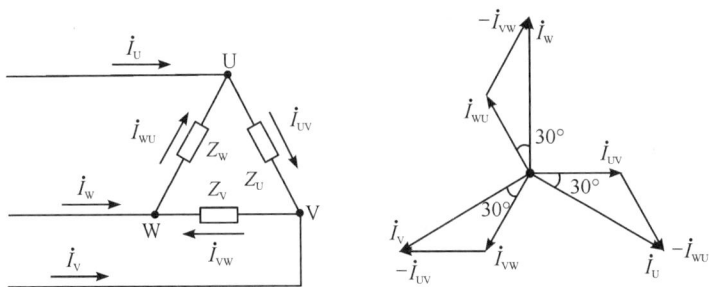

(a) 三角形连接电流分析　　　　(b) 对称三相负载线电流与相电流的相量图

图 8-11　三角形连接电流分析

从对称三相负载线电流与相电流的相量图可知，各线电流比相应的各相电流滞后 30°。

线电流与相电流的大小关系：

$$I_{\triangle L} = \sqrt{3}\, I_{\triangle P}$$

三相负载既可作星形连接也可作三角形连接，具体如何连接，要根据负载的额定电压

而定。三相对称负载做三角形连接时的相电压是作星形连接时的相电压的 $\sqrt{3}$ 倍。因此，在三相四线制低压系统中，如果每相负载的额定电压是 220 V，应作 Y 形连接；如果每相负载的额定电压是 380 V，应作△形连接。

4. 三相负载的功率

在三相交流电路中，三相负载消耗的总功率为各相负载消耗的功率之和，即

$$P = P_U + P_V + P_W$$

在对称三相电路中，各相负载的相电压、相电流的有效值相等，功率因数也相同，总功率为一相有功功率的 3 倍，即

$$P = 3P_P = 3U_P I_P \cos\varphi_P$$

在实际工作中，测量线电流比测量相电流要方便，通常用线电流、线电压来计算三相负载的功率。

当对称负载作星形连接时，$I_{YP} = I_{YL}$，$U_{YP} = \dfrac{U_L}{\sqrt{3}}$，所以

$$P_Y = 3U_{YP} I_{YP} \cos\varphi_P = 3\frac{U_L}{\sqrt{3}} I_{YL} \cos\varphi_P = \sqrt{3} U_L I_{YL} \cos\varphi_P$$

当对称负载作三角形连接时，$I_{\triangle P} = \dfrac{I_{\triangle L}}{\sqrt{3}}$，$U_{\triangle P} = U_L$，所以

$$P_\triangle = 3U_{\triangle P} I_{\triangle P} \cos\varphi_P = 3 U_L \frac{I_{\triangle L}}{\sqrt{3}} \cos\varphi_P = \sqrt{3} U_L I_{\triangle L} \cos\varphi_P$$

对称三相负载不论是作三角形连接还是作星形连接，其总功率统一为

$$P = \sqrt{3} U_L I_L \cos\varphi_P$$

注意，式中 φ_P 是负载相电压与相电流间的相位角，而不是线电压与线电流间的相位角。负载作 Y 形连接和作△形连接时线电流是不同的，因此，二者的功率也不同。

【例 8-2】 一台大功率三相交流电器，每相电阻为 6 Ω，电抗为 8 Ω，将它的负载分别作为星形连接时和三角形连接时接入电源线电压为 380 V 的三相电路中，试计算：

（1）两种接法的相电流之比；

（2）两种接法的线电流之比；

（3）两种接法的有功功率之比。

解 每相负载的阻抗为

$$Z = \sqrt{R^2 + X^2} = \sqrt{6^2 + 8^2}\ \Omega = 10\ \Omega$$

星形连接时，相电压：

$$U_{YP} = 220\ V$$

相电流与线电流相等：

$$I_{YL} = I_{YP} = \frac{U_{YP}}{Z} = \frac{220}{10}\ A = 22\ A$$

功率因数：

$$\cos\varphi_P = \frac{R}{Z} = \frac{6}{10} = 0.6$$

有功功率：
$$4P_Y = \sqrt{3}U_L I_{YL}\cos\varphi_P = \sqrt{3}\times 380\times 22\times 0.6\ \text{W}\approx 8.7\times 10^3\ \text{W}$$

三角形连接时，相电压：
$$U_{\triangle P} = U_L = 380\ \text{V}$$

相电流：
$$I_{\triangle P} = \frac{U_{\triangle P}}{Z} = \frac{380}{10}\ \text{A} = 38\ \text{A}$$

线电流：
$$I_{\triangle L} = \sqrt{3}\,I_{\triangle P} = \sqrt{3}\times 38\ \text{A}\approx 66\ \text{A}$$

有功功率：
$$P_{\triangle} = \sqrt{3}U_L I_{\triangle L}\cos\varphi_P = \sqrt{3}\times 380\times 66\times 0.6\ \text{W}\approx 2.6\times 10^4\ \text{W}$$

（1）两种接法的相电流之比：
$$\frac{I_{YP}}{I_{\triangle P}} = \frac{22}{38} = \frac{1}{\sqrt{3}}$$

（2）两种接法的线电流之比：
$$\frac{I_{YL}}{I_{\triangle L}} = \frac{22}{66} = \frac{1}{3}$$

（3）两种接法的有功功率之比：
$$\frac{P_Y}{P_{\triangle}} = \frac{\sqrt{3}\times 380\times 22\times 0.6}{\sqrt{3}\times 380\times 66\times 0.6} = \frac{1}{3}$$

可见，同一电源将负载作星形连接时线电流、有功功率均是将负载作三角形连接时的 1/3。因此，大功率三相电动机采用 Y-△降压启动时线电流仅为三角形连接启动时线电流的 1/3。

【例 8-3】　三相交流电动机的额定功率为 P_e，实践中常用 kW 作单位。如功率因数 $\cos\varphi$ 为 0.9，综合效率 η 为 90%。试估算电动机的额定电流 I_e 与 P_e 之间的关系。

解　电动机的额定功率 P_e 是电动机的输出功率，根据三相电路功率公式，则有
$$P_e = \eta\sqrt{3}U_e I_e\cos\varphi$$

则
$$I_e = \frac{P_e\times 10^3}{0.9\times\sqrt{3}\times 0.9\times 380}\approx 2P_e$$

式中，P_e 的单位为 kW，其他单位为国际单位制。这是一个典型的经验公式，实践中电动机额定电流的估算经常会用到它。例如，4 kW 的电动机的额定电流约为 8 A。功率因数和综合效率高于 0.9，I_e 小于 $2P_e$。

思考与练习

1. 填空题

（1）三相负载作星形连接时，相电流_____线电流，相电压_____线电压，相位关

系是_____。

（2）不对称的三相负载作 Y 形连接，中线的作用_____。

（3）三相四线制低压供电系统中，规定中线不允许_____。

（4）三相负载作△形连接时，线电流大小_____相电流，线电压_____相电压。

（5）把三相负载接到三相电源中，若各相负载的额定电压等于电源的线电压，则负载应作_____连接，若各相负载的额定电压等于电源线电压的 $1/\sqrt{3}$，负载应作_____连接。

（6）同一电源同一台三相电动机将它作三角形连接时的线电流是作星形连接时的_____倍，它们的取用有功功率之比是_____。

2．判断题

（1）三相负载作星形连接时，无论负载是否对称，线电流必定等于负载的相电流。
　　　　　　　　　　　　　　　　　　　　　　　　　　　　　　　　（　　）

（2）一台三相电动机，额定电压是 220 V，电源的线电压是 380 V，这台电动机的绕组应连接成 Y 形。　　　　　　　　　　　　　　　　　　　　　　（　　）

（3）两根相线之间的电压称为相电压。　　　　　　　　　　　　　　（　　）

（4）三相负载的阻抗值相等，一定是三相对称负载。　　　　　　　　（　　）

（5）对称负载的三相交流电路中，中线上的电流为零。　　　　　　　（　　）

（6）三相负载的相电流是指电源相线上的电流。　　　　　　　　　　（　　）

8.3　技能训练　三相负载的连接与测量

实训目标

（1）能正确进行三相负载的星形连接和三角形连接。

（2）验证三相负载作星形、三角形连接时，负载相电压与线电压的关系。

（3）理解中线的作用。

实训器材

三相四线交流电源 380 V/220 V，220 V、15 W 灯泡 6 只，万用表 1 只，0～1 A 交流电流表 6 只或钳形电流表 1 只，实验板（开关、灯座、接线柱等）1 板，调压器 1 台，导线等。

实训内容与步骤

1．三相负载的星形连接

（1）按图 8-12 所示连接实验电路。

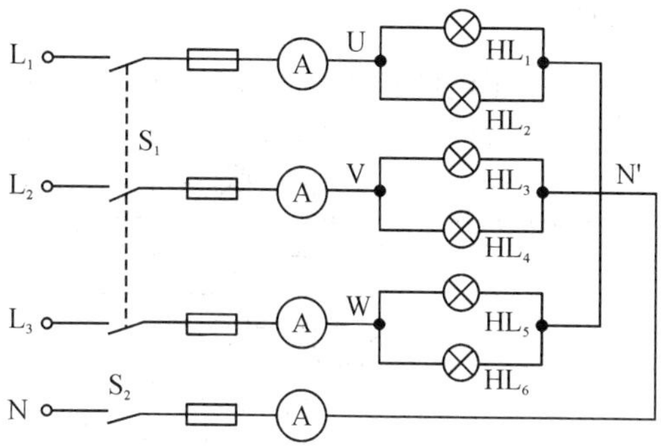

图 8-12　三相负载 Y 形连接实验电路

（2）经检查无误后，合上开关 S_1 和 S_2，测量负载端各相电压、线电压和线电流的数值，观察灯泡亮度是否相同，填入表 8-1。

（3）断开中线开关 S_2，重复上述测量，观察灯泡亮度，填入表 8-1。比较与有中线时的测量数据和灯泡亮度有无变化。

（4）断开开关 S_1，将 U 相负载的灯泡改为一盏，其他两相仍为两盏。先合上 S_2，再合上 S_1，重复第（2）项测量内容，观察各相灯泡的亮度，填入表 8-1。比较与有中线时的测量数据和灯泡亮度有无变化。

（5）将中线开关 S_2 断开，重复第（4）项测量内容，观察哪一相灯泡最亮，填入表 8-1。（注意：此时为不对称负载时，由于某相电压要高于灯泡的额定电压，所以动作要迅速，测量完应立即断开 S_1 开关，或通过三相调压器将 380 V 线电压降为 220 V 线电压后再使用）。

表 8-1　三相负载 Y 形连接测量数据

负载情况	中线	灯光亮度			线电压/V			相电压/V		
		L_1	L_2	L_3	U_{12}	U_{23}	U_{31}	U_1	U_2	U_3
三相对称	有									
	无									
三相不对称	有									
	无									

负载情况	中线	线电流/A			中线电流/A
		I_1	I_2	I_3	I_N
三相对称	有				
	无				
三相不对称	有				
	无				

2. 三相负载的三角形连接

（1）通过调压器，将实验台三相电源调为 220 V。按图 8－13 所示连接实验电路。

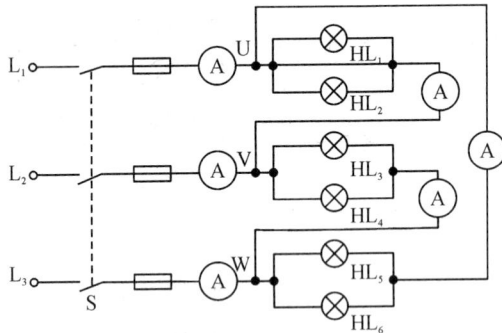

图 8－13　三相负载的△形连接实验电路

（2）检查无误后，合上开关 S，测量各线电流、相电流，观察各相灯泡亮度是否相同，填入表 8－2。

（3）断开开关 S，将 U 相负载的灯泡改为一盏，其他两相仍为两盏。重复第 2)步测量内容，并观察各相灯泡亮度，填入表 8－2。

表 8－2　三相负载△形连接测量数据

负载情况	线电压/V			相电压/V			线电流/A			相电流/A			灯光亮度		
	U_{12}	U_{23}	U_{31}	U_1	U_2	U_3	I_1	I_2	I_3	I_{12}	I_{23}	I_{31}	L1	L2	L3
三相对称															
三相不对称															

说明：可以用 1 只钳形电流表完成实验电路图中 6 只交流电流表的测量。

本 章 小 结

1. 最大值相等，频率相同，相位互差 120°的三相交流电动势称为对称三相交流电动势。电力系统输、配电主要是三相交流电。

2. 低压系统可采用三相四线制供电方式。目前已广泛应用三相五线制供电方式，它设有专门的保护零线，接线方便、安全可靠。

3. 星形连接的对称负载常采用三相三线制供电。星形连接的不对称负载常采用三相四线制供电；中线的作用是使负载中性点保持零电位，从而使三相负载成为三个独立的互不影响的电路。

4. 对称三相电路中，负载线电压与相电压、线电流与相电流的关系见表 8－3。

表 8 – 3 Y 形与△形连接比较

关系	方 式	
	Y 形连接	△形连接
线电压与相电压	数量关系：$U_L = \sqrt{3} U_P$； 相位关系：线电压超前对应相电压 30°	$U_L = U_P$
线电流与相电流	$I_L = I_P$	数量关系：$I_L = \sqrt{3} I_P$； 相位关系：线电流滞后对应相电流 30°

5. 三相对称电路的功率为

$$P = \sqrt{3} U_L I_L \cos\varphi_P$$

式中，每相负载的功率因数为

$$\cos\varphi_P = \frac{R}{Z}$$

第 9 章

安 全 用 电

9.1 电能的产生、输送与电力线路

学习目标

(1) 了解电能的产生、输送与电力系统的构成。
(2) 理解远距离高电压输电的目的。

1. 电能的产生

电能是由其他形式的能量转化过来的。电能的产生形式是多样的,如太空中的卫星利用太阳能电池将太阳能转化为电能;水能发电机将水的机械能转化为电能;核能发电站将原子能转化为电能等。大多数电能都是由交流发电机将其他形式的能量转化而来的。现在世界各国建造最多的主要是水力发电厂和火力发电厂,近十几年来,核电站、风电场发展也很快。

2. 电能的输送与电力线路

大中型发电厂大多建在产煤地区或水力资源丰富的地区附近,距离用电地区往往是几十至几百千米以上。为了减少输电线路上的电能损失,提高输电效率,通常采用升压变压器将电压升高后再远距离输电。输电距离越远,要求输电电压越高。目前,我国远距离输电的电压等级有 35 kV、110 kV、220 kV、330 kV、500 kV(超高压)、1000 kV(特高压)等。

电能的输送一般要经过升压、输送、降压再到各个用户的过程,如图 9-1 所示。

由各种电压的电力线路将区域发电厂、变电所和电力用户联系起来构成一个发电、输电、变电、配电和用电的整体系统,称为电力系统。图 9-2 所示是某大型电力系统的系统图。这样可以提高发电厂的设备利用率,合理调配各发电厂的负载,以提高供电的可靠性和经济性。

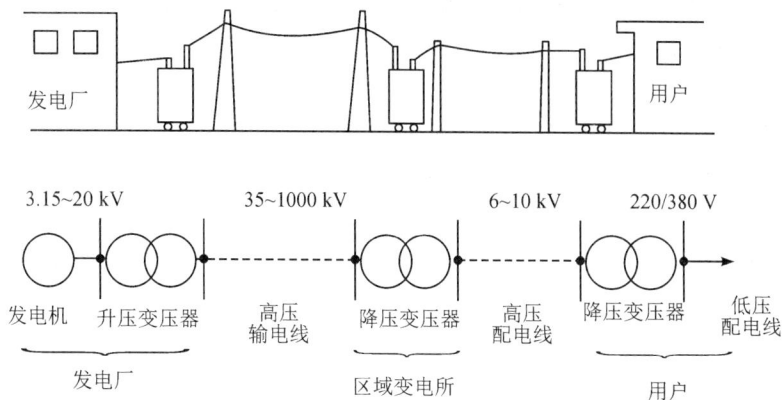

图 9-1 电能的输送

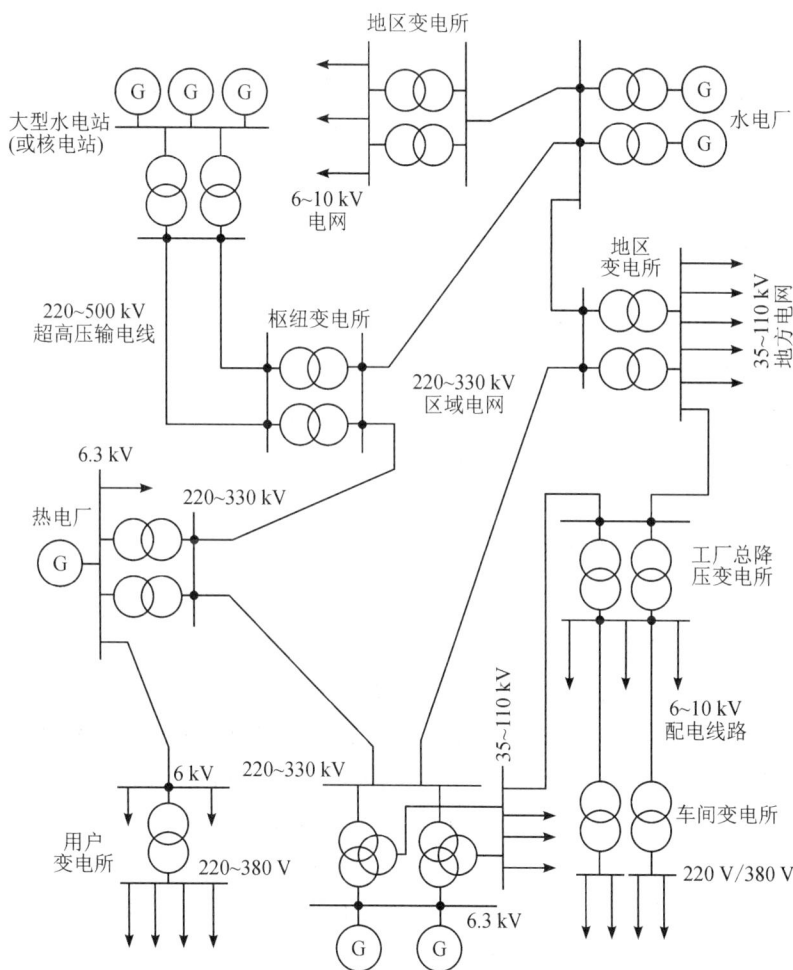

图 9-2 某大型电力系统的系统图

电力系统中各级电压的电力线路及其相关的变电所，称为电力网或电网。电力线路将电网的电能输送和分配给下一级电网。发电厂升压变电所与区域变电所之间的线路以及区域变电所之间的线路，是专用于输送电能的。从区域变电所到用电单位变电所或城市、乡镇供电的线路，用于分配电能。配电线路根据电压的高低又可分为高压配电线路(35 kV 或 110 kV)、中压配电线路(6 kV 或 10 kV)和低压配电线路(220 V/380 V)。

思考与练习

1. 采用高电压远距离输电的目的 _____ 。

2. 电能的输送一般要经过_____、_____、降压再到各个用户的过程，我国低压终端用户的电压是_____V。

3. 由区域发电、_____、_____、_____和用电构成的整体称为电力系统。

9.2　安全电压、安全标识与屏护

学习目标

(1) 了解安全用电的重要性。

(2) 理解安全电压、安全标识与屏护在生产中的应用。

安全用电的基本方针是"安全第一，预防为主"。人们只有在制度上、技术上采取防止触电的措施，才能落实安全用电的治本良策。安全用电包括人身安全和设备安全两部分。人身安全是指防止人身接触带电物体触电而导致生命危险；设备安全是指防止用电事故所引起设备损坏或起火或爆炸等危险。

1. 安全电压

安全电压是指人体持续接触而不会使人直接致死或致残的电压。通常规定交流 36 V 以下及直流 48 V 以下为安全电压。在潮湿、高温、有导电尘埃的环境中应使用 12 V 电压，水下作业应使用 6 V 电压。例如，凡高度不足 2.5 m 的照明装置、机床局部照明灯具等应采用 36 V 的安全电压，手持移动型灯具应采用 12 V 的安全电压。

安全电压必须由双绕组变压器降压获得，不可由自耦变压器或电阻分压器获得，如图 9-3 所示。在图 9-3(b)中，因为线路中相线对地电压为 220 V，人体触及送电线路时仍然危险。在图 9-3(a)中采用双绕组变压器降压时，其输入、输出电路在电气上是被绝缘隔离开的，不会发生上述触电危险。

安全变压器的铁芯和外壳均应接地，防止一、二次绕组间绝缘击穿时，高压窜入低压回路引起触电危险。高、低压回路中应装设熔断器作短路保护。

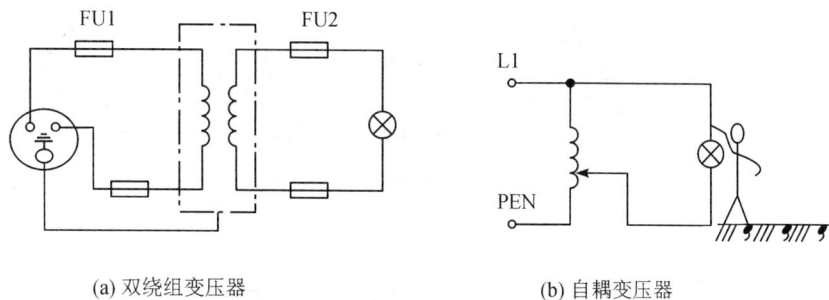

(a) 双绕组变压器　　　　　　　　　　(b) 自耦变压器

图 9 - 3　安全电压获得方式

2. 安全标识

1）安全色

安全色是用来表达禁止、警告、指令、提示等安全信息含义的颜色。它的作用是使人们能够迅速发现和分辨安全标志，提醒人们注意安全，以防发生事故。我国安全色标准规定黄、绿、红、蓝四种颜色为安全色。安全色标的意义见表 9 - 1 所示。

表 9 - 1　安全色标的意义

色标	含　义	举　例
红色	禁止、停止、消防	停止按钮、紧急停止按钮、灭火器、仪表运行极限
黄色	注意、警告	"当心触电""注意安全"
绿色	安全、通过、允许、工作	如"在此工作""已接地"
蓝色	强制执行	"必须戴安全帽"
黑色	警告	多用于文字、图形、符号

例如，交流电路中 U、V、W 三相分别用黄、绿、红三色表示，零线 N 用（淡）蓝色或黑色表示。用黄绿双色绝缘导线代表保护零线或保护接地。

直流电路正、负极分别用棕（或红）、黑（或蓝）表示，信号和警告回路用白色。

2）安全标识

安全标识是由安全色、几何图形和形象图形符号构成，用以表达特定的安全信息，是一种国际通用的信息。

安全标识分为禁止标识、警告标识、指令标识和提示标识四类，如图 9 - 4 所示。

禁止类:白色背,黑色图符,红色圆环连接斜杠,白字配红底

禁止启动　禁止合闸　禁止触摸　禁止攀登

(a) 禁止类标识

警告类：黄色背景，黑色图符，黑色正三角形	

(b) 警告类标识

指令类：蓝色背景，白色图符，圆形几何图形	

(c) 指令类标识

提示类：绿或红色背景，白色图符及文字，方形	

(d) 提标类标识

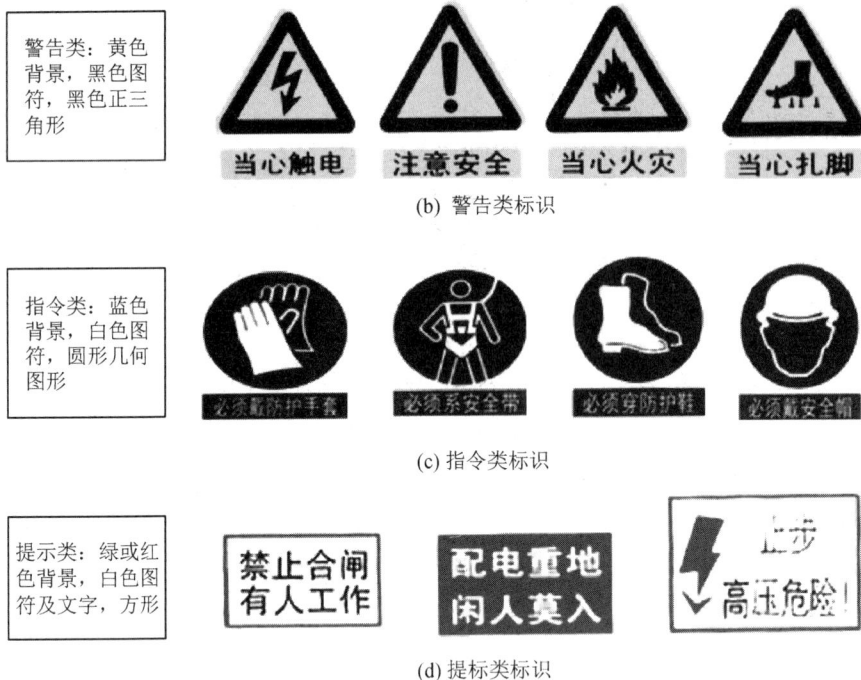

图 9-4　安全标识

3．屏护

1）屏护作用

（1）防止工作人员意外碰触或过分接近带电体，如遮栏、保护网、围墙等，如图 9-5 所示。

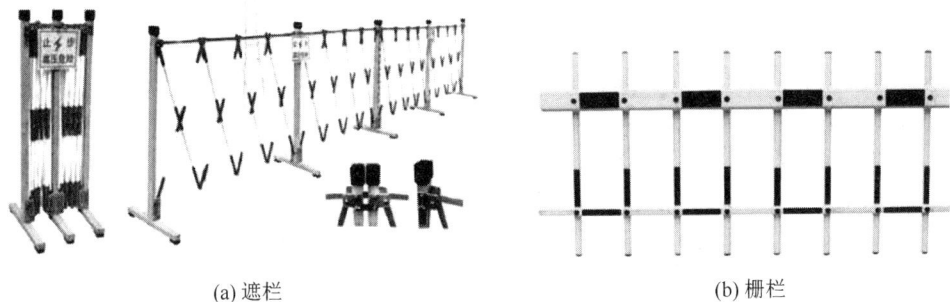

(a) 遮栏　　　　　　　　　　　　　(b) 栅栏

图 9-5　屏护

（2）作为检修部位与带电体的距离小于安全距离时的隔离措施，如绝缘隔板。

（3）保护电气设备不受机械损伤，如低压电器的箱、盖、盒等。

2）常用屏护规格

（1）遮栏。用于高压配电室，做成网状，高度不低于 1.7 m，其金属网应接地并加锁。

（2）栅栏。用于室外配电装置，高度不应低于 1.5 m；室内栅栏，高度不低于 1.2 m。

（3）围墙。室外落地安装的变配电设施应有完好的围墙，墙体高度不应低于 2.5 m。

💡 **思考与练习**

1. 规定交流＿＿＿＿＿＿ V 以下及直流＿＿＿＿＿＿ V 以下为安全电压。在潮湿、高温、有导电尘埃的环境中应使用＿＿＿＿＿＿ V 电压，水下作业应使用＿＿＿＿＿＿ V 电压。

2. 安全电压必须由＿＿＿＿＿＿变压器降压获得，不可由＿＿＿＿＿＿变压器或电阻分压器获得，安全变压器的＿＿＿＿＿＿和＿＿＿＿＿＿均应接地。机床局部照明灯具等应采用＿＿＿＿＿＿ V 的安全电压。

3. 我国安全色标准规定＿＿＿＿＿＿、＿＿＿＿＿＿、＿＿＿＿＿＿、＿＿＿＿＿＿四种颜色为安全色。

4. 交流 U、V、W 三相分别用＿＿＿＿＿＿、＿＿＿＿＿＿、＿＿＿＿＿＿三色表示，零线 N 用（淡）蓝色或黑色表示。用＿＿＿＿＿＿色绝缘导线代表保护零线或保护接地。直流电路正、负极分别用＿＿＿＿＿＿（或＿＿＿＿＿＿）、黑（或＿＿＿＿＿＿）表示，信号和警告回路用＿＿＿＿＿＿色。

9.3　保护接地、保护接零与漏电保护器

📖 **学习目标**

（1）了解工作接地、保护接地、保护接零和保护线的概念。

（2）理解保护接地和保护接零的应用与基本要求。

（3）了解漏电保护器的工作原理和应用。

保护接地与保护接零是防止触电事故的主要措施。

1. 专业名词术语

（1）工作接地。将变压器的中性点或中性线接地，以保证电气设备安全、正常运行称为工作接地。接地的中性线又称零线，用 N 表示。

（2）保护接地。将电气设备不带电的金属外壳、金属杆塔、构件等用导线与接地体连接起来，以防止人身因设备绝缘损坏而遭受触电的危险，称为保护接地。

（3）保护接零。在低压电网中将电气设备的金属外壳用导线直接与零线或三相五线制的专用保护线 PE 连接，称为保护接零。

（4）保护线（PE）。以防止触电为目的而与设备的金属外壳、总接地端子、接地干线、电源接地点等作电气连接的导体或导线，称为保护线，用 PE 表示。保护接地线和保护接零线均为保护线。兼有保护线（PE）和零线（N）作用的导体，称为保护零线，用 PEN 表示。

2. 保护接地应用

保护接地适用于高压电气设备及电源中性线不直接接地的低压电气设备，如图 9-6 所示。在图 9-6(a)中，中性点不接地的供电系统中电动机的外壳未接地，若电动机发生单相碰壳，当人体接触电动机的外壳时，接地电流通过人体和人体对地电阻、电网对地电容、对

地绝缘阻抗形成回路，可能会造成触电事故。电动机外壳的保护接地如图 9 - 6(b)所示，由于人体电阻 R_r 与接地电阻 R_b 并联，R_r 远大于 R_b，所以，漏电流大部分流经接地装置，从而保证了人身安全。

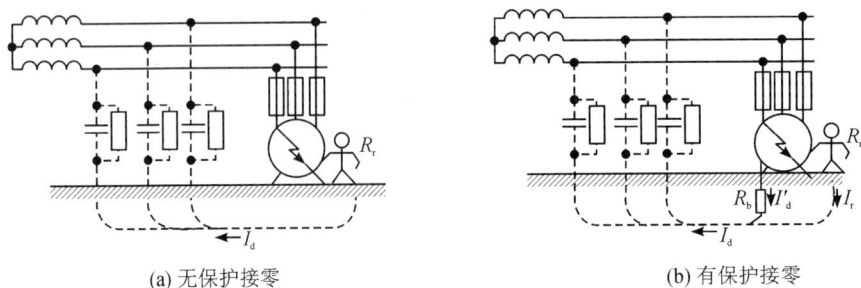

(a) 无保护接零　　　　　　　　　　(b) 有保护接零

图 9 - 6　保护接地

在采煤矿井等易爆场所，常采用中性线不接地的低压供电系统，这主要是为了避免短路点形成电火花危及矿井安全。当然，这种线路必须辅以绝缘监视及自动报警装置，以便及时发现故障点并及时检修。

3. 保护接零应用

保护接零适用于三相四线制或三相五线制中性线直接接地的供电系统。采取保护接零措施后，如果电气设备的某相绝缘损坏，电流可经过零线或 PE 线构成回路而形成短路电流，立即使该相的熔体熔断或其他过流保护电器动作，即使人体触及漏电的电气设备外壳也不会发生触电事故，如图 9 - 7(a)所示。在图 9 - 7(b)中，没有保护接零，若相电压与电气设备碰壳后，人体直接接触 220 V 与接地线形成回路，人会触电，非常危险。

实践中，为防止保护零线 PE 或 PEN 断线，常采用重复接地的办法，以降低其断线后对人体触电造成的危险程度。

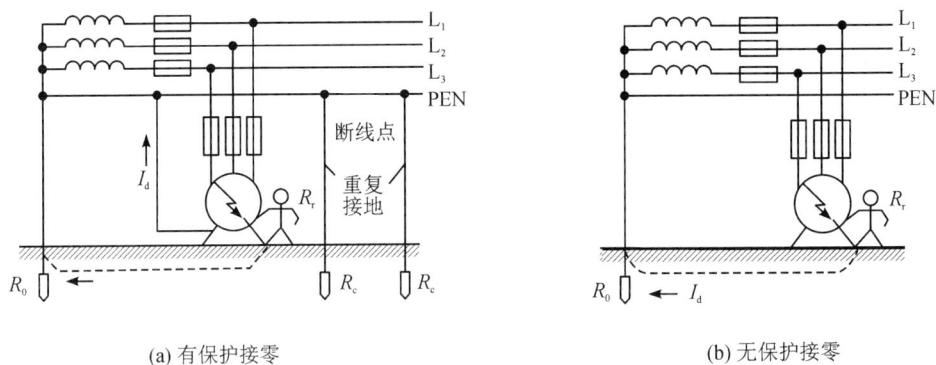

(a) 有保护接零　　　　　　　　　　(b) 无保护接零

图 9 - 7　保护接零

工作接地、保护接地的接地体电阻 $R \leqslant 4\ \Omega$，公共接地的接地体电阻取各接地要求中接地体电阻的最小值，一般 $R \leqslant 1\ \Omega$。

三相五线制和单相保护接零方法如图 9 - 8 所示。在图 9 - 8(c)中，如果零线断线，设备的外壳就与相线相通，易产生触电危险。

必须指出，在同一供电系统中，绝不允许一部分电气设备采用保护接地而另一部分设

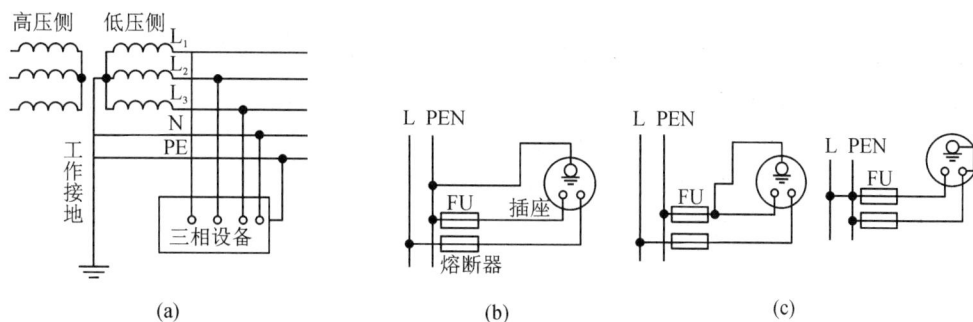

图 9-8　三相五线制与单相供电保护接零

备采用保护接零，否则会发生严重后果。如图 9-9 所示，当采用保护接地的电动机发生相线碰壳故障时，故障电流受阻抗 $R_0 + R_E$ 的限制，其数值不足以使开关保护装置动作时，碰壳设备外壳对地电压为

$$U_r = \frac{U}{R_0 + R_E} R_0 = \frac{220}{4+4} \times 4 \text{ V} = 110 \text{ V}$$

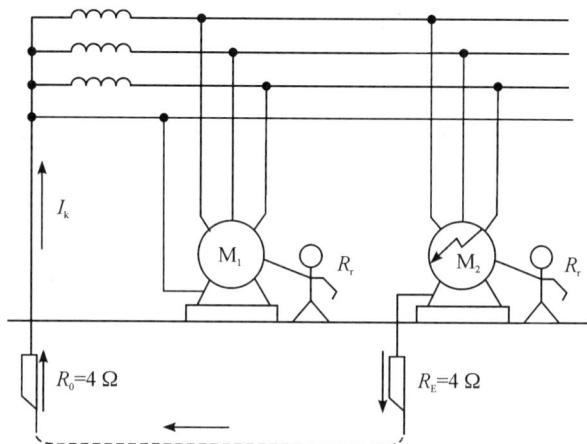

图 9-9　保护接地和保护接零混用的危险

同样地，保护零线 PEN 对地电压也为 110 V。也就是说，当采用保护接地的设备的某相绝缘损坏时，将使保护零线的电位升高，致使所有保护接零设备和保护接地设备的外壳都带上危险的电压。

4. 漏电保护器

漏电保护器是利用漏电保护装置来防止电气事故的一种安全技术措施。漏电保护装置又称为剩余电流保护装置(缩写 RCD)。漏电保护装置是一种低压安全保护电器。一般场所的漏电保护装置额定漏电动作电流不大于 30 mA，动作时间小于 0.1 s。

漏电保护的意义：一是电气设备发生漏电或接地故障时，能在人尚未触及之前就把电源切断，二是当人体触及带电体时，能在 0.1 s 内切断电源，从而减轻电流对人体的伤害程度。此外，还可以防止漏电引起的火灾事故。

1）漏电保护器的结构

漏电保护器主要组成部分：检测元件、中间放大环节、动作执行机构，如图 9-10(a)

所示。

（1）检测元件。由零序电流互感器组成，检测漏电电流，并发出信号。

（2）放大环节。将微弱的漏电信号放大，按装置不同（放大部件可采用机械装置或电子装置），构成电磁式保护器和电子式保护器。

（3）执行机构。执行机构收到已放大信号后，将开关由闭合位置转换到断开位置，切断电源，将被保护电路脱离电网的跳闸部件。

2）漏电保护器的工作原理

漏电保护器安装在线路中时，一次线圈 L_1 与电源进线相连接，二次线圈 L_2 与漏电保护器中放大环节连接，9-10(a)是其工作原理简图。当用电设备正常运行时，线路中的电流呈平衡状态，互感器中的电流之和为零（互感器可看成大节点，流入与流出应相等）。正常情况下，一次线圈中没有剩余电流，二次线圈也不会有感应电流，漏电保护器的开关装置处于正常闭合状态运行。当设备外壳发生漏电时，如有人触及（图中人体虚线连接），则在故障点产生分流，漏电流经人体→大地→工作接地，返回变压器中性点（未流经零序电流互感器），致使零序互感器中流入、流出的电流之和不为零，一次线圈中产生剩余电流，二次线圈中就有感应电流，当感应电流值达到漏电保护器限定的动作电流值并加以放大后，其足以推动执行机构自动将开关脱扣，切断电源。图9-10(b)所示为单相漏电保护器外形。

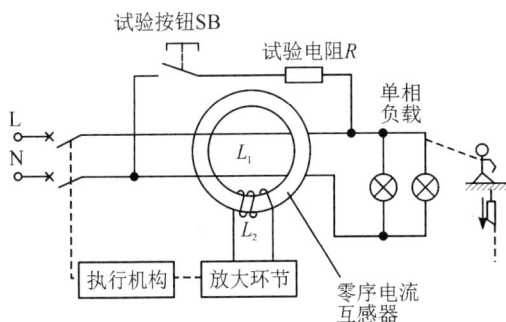

(a) 工作原理简图　　　　　(b) 外形

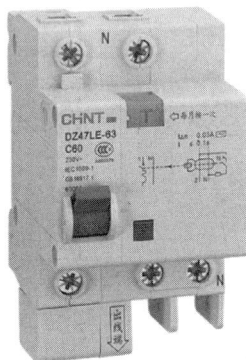

图9-10　漏电保护器

对于三相电路，L_1 可以是三根相线或三根相线加零线（三相四线）。

漏电保护器有开关式和插座式，插座式漏电保护器是将漏电保护开关与插座合二为一，使插座具有触电保护功能，适用于移动电器和家用电器。

对于用电量小的被保护线路和设备，漏电电流一般不超过10 mA，宜选用额定动作电流为30 mA，动作时间小于0.1 s的漏电保护器或插座。对于大型设备及带有多台设备的回路，可选用额定漏电动作电流为50～100 mA，动作时间小于0.1 s的漏电保护开关。

思考与练习

1. 保护接地适用于_____设备及_____的低压电气设备。在保护接地系统中，若电动机发生单相碰壳，漏电流_____，从而保护人员安全。

2. 保护接零适用于＿＿＿＿＿＿＿＿＿＿＿＿＿＿＿＿＿＿＿＿ 的供电系统。为防止保护零线 PE 或 PEN 断线，常采用＿＿＿＿的办法，防止其断线后对人体产生触电危险。

3. 在同一供电系统中，绝不允许有的电气设备采用＿＿＿＿＿＿，另一部分设备采用＿＿＿＿，否则，保护线 PEN 对地电压会升为＿＿＿＿ V（如果两种接地体的电阻相等）。

4. 漏电保护装置又称＿＿＿＿＿＿＿＿＿＿，缩写 RCD。家庭选用漏电保护器的额定漏电动作电流为＿＿＿＿ mA，动作时间小于＿＿＿＿ s。

9.4　防雷、电气防火与触电急救

学习目标

（1）了解避雷装置、原理及应用。
（2）懂得基本电气防火常识。
（3）理解触电类型与防止触电，会触电急救。

1. 避雷装置

防雷（避雷）保护装置是指能使被保护物体避免雷击，将雷电引入自身，并顺利地泄入大地的装置。

避雷装置是应用尖端放电原理做成的，它由接闪器、引下线、接地体构成。它可以将大气中的雷电流直接引入到大地中，避免设备和人身遭受雷击危险。其中，接闪的金属避雷针（杆）、避雷线、避雷网（带）等都称为接闪器。避雷装置接地体的电阻 $R \leqslant 10\ \Omega$。按接闪器不同，避雷装置可分为避雷器、避雷针和避雷线等。它广泛应用于变、配电站（所），高压输电线路，高层建筑物和油库油站。

避雷装置结构如图 9-11 所示。配电变压器安装的避雷器一般装在跌落保险（跌落熔断器）安装架的内侧，与跌落保险相对排列。为方便避雷器的检修与更换，常在跌落保险的下

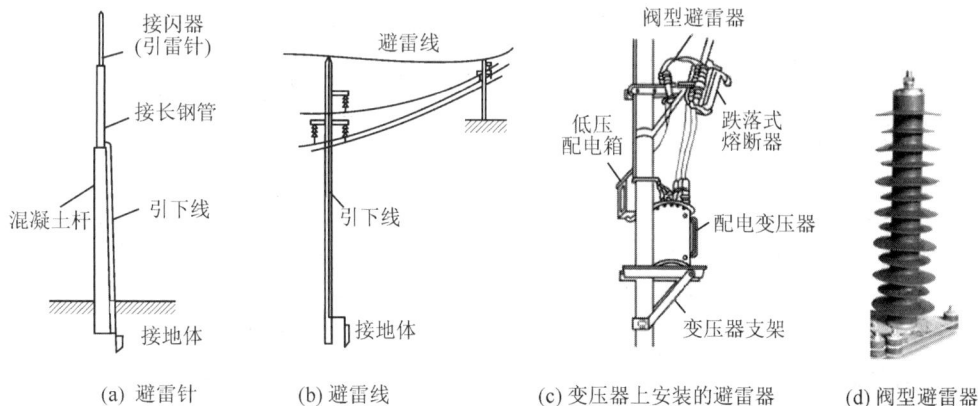

(a) 避雷针　　(b) 避雷线　　(c) 变压器上安装的避雷器　　(d) 阀型避雷器

图 9-11　避雷装置的结构

接线桩处分别引出三根线与三个避雷器相连，以此借助跌落保险来隔离高压电源。

2．电气防火

1）电气火灾发生的主要原因

（1）过载。由于长时间线路、设备的负荷过重，使电气设备过热，以至产生火灾。

（2）安装不合理，维护不及时，使用不当等造成线路短路或断裂，产生电弧引起火灾。

（3）不按电气规程操作，在电源线附近或易燃易爆物品附近从事带电弧火花的操作等。

2）电气火灾扑救方法

当电气设备发生火灾时，首先要切断电源。只有确实无法断开电源时，才允许带电灭火。当电源切断后，电气火灾的扑救方法与一般的火灾扑救相同。如果带电扑救电气火灾，要特别注意以下问题：

（1）严防扑救人员的身体触及带电体而触电。

（2）正确选用灭火剂，防止误用导电的灭火剂与带电体接触而触电。

（3）防止因电气设备接地短路而受到接触电压或跨步电压触电。

带电灭火时，主要采用以下一些特殊的方法。

（1）带油的电气火灾宜用干燥的黄沙灭火。

（2）用不导电的灭火剂灭火，如 CO_2 灭火剂、CCl_4 灭火剂、1211 灭火剂、干粉灭火剂等；不可用泡沫灭火剂或水枪带电灭火。

（3）注意灭火器的机体、喷嘴及人体都要与带电体保持一定距离，灭火人员应尽量穿绝缘靴，戴绝缘手套，有条件的还要穿绝缘服等。

3．触电类型

1）触电对人体的伤害

触电对人身体和内部组织会造成不同程度的损伤，其可分为电击和电伤两种。电流对人体外部造成局部损伤，如电弧烧伤等称为电伤。电流对人体内部组织造成损伤称为电击。

电流对人体的危害程度，与通过人体电流的频率和大小、通电时间长短、电流通过的途径以及人体电阻的大小等多种因素有关。实践证明，50～100 Hz 的电流最危险。当通过人体工频电流为 8～10 mA 时，有针刺、疼痛感，但终能摆脱带电体；当通过人体工频电流为 50 mA 时，就会使人呼吸困难，心脏开始颤动，中枢神经受到损害，数秒钟后就可致命。

触电伤人主要是电流，它的大小与电压和触电者的电阻有关。人体电阻一般在 800 Ω 以上，皮肤较湿、触电时接触紧密时，人体电阻就小。若人体电阻按 800 Ω 计算，当人体触及 36 V 电压时，电流为 45 mA，对人体安全威胁较小。因此，规定交流 36 V 及下电压为安全电压。

2）人体触电类型

常见人体触电类型有：单相触电、两相触电和跨步电压触电三种。

（1）单相触电。当人体直接接触带电设备或线路的一相导体时，电流通过人体发生的触电现象称为单相触电。现在供电系统大多数采用三相四线（或三相五线）制，如果系统的中性点接地，如图 9 - 12(a) 所示，人体承受的电压为相电压 220 V，使人触电，足以危及生命。如果系统的中性点不接地，如图 9 - 12(b) 所示，虽然线路对地绝缘，但线路还存在着对地电容，而且对地绝缘电阻也因环境而异，所以触电电流仍可能达到危及生命的程度。

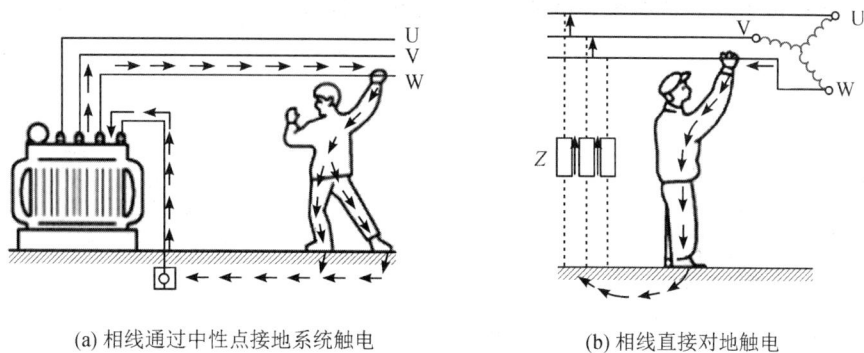

(a) 相线通过中性点接地系统触电　　(b) 相线直接对地触电

图 9-12　单相触电

（2）两相触电。如图 9-13 所示，人体的两个不同部位同时触及两相导体而发生的触电现象称为两相触电。这时人体承受的电压为线电压 380 V，其比单相触电危险更大。

（3）跨步电压触电。当电气设备发生接地故障时，如高压架空输电线断线接地，形成以电流入地点为圆心、电位向周围逐渐减弱的圆形分布区域，当人走近带电导线的接地点时，在人的两脚间形成电位差而触电的现象称为跨步电压触电，如图 9-14 所示。

图 9-13　两相触电

图 9-14　跨步电压触电

4. 触电急救

人体触电后不一定立即死亡，应及时采取急救措施。抢救时，首先要使触电者脱离电源，然后才能迅速对症救治。

1）使触电者脱离低压电源

使触电者脱离低压电源的方法可用"拉""切""挑""拽"来概括。

（1）"拉"。就近拉断电源开关、拔下电源插头或瓷插式保险，如图 9-15(a) 所示。

（2）"切"。用绝缘性能完好的电工钳等工具切断电线。

（3）"挑"。用干木棒、竹竿等将搭落在触电者身上的电线挑开，如图 9-15(b) 所示。

（4）"拽"。救护人可戴上绝缘手套或在手上包缠干燥的衣服、围巾等绝缘物将触电者拖动，使之脱离电源，或站在干燥的木板等绝缘体上将触电者拉离带电体，如图 9-15(c) 所示。

(a) 断开电源开关、拔下插头　　(b) 挑开电源线　　(c) 戴绝缘物拖拽触电者

图 9-15　使触电者脱离低压电源的方法

2）现场救护方法

（1）当触电者脱离电源后，迅速将他移至安静、空气流通的地方，把他的衣领、裤带等解开，使触电者保持呼吸畅通。

（2）如果被救者已失去知觉，但有心跳、呼吸，应使其安静休息，并立即请医生前来救治，同时要严密观察，随时做好人工急救的准备。

（3）如果被救者的呼吸、心脏已经停止，应立即进行人工呼吸和胸外心脏按压抢救，直到医生到来救治为止。

3）人工急救方法

（1）口对口人工呼吸法。方法步骤如图 9-16 所示。

① 使触电者仰卧，松开其衣领、裤带，使头部后仰，清理口腔内异物。

② 救护者一只手捏紧触电者鼻孔，另一只手掰开触电者口腔。

③ 救护者深吸气后，紧贴触电者的嘴往里吹气。

④ 松开触电者鼻、嘴，让其自行呼气约 3～4 s。

⑤ 此过程做到触电者能自主呼吸为止。

(a) 清理口腔阻塞　　(b) 鼻孔朝天头后仰　　(c) 贴嘴吹，胸扩张　　(d) 放开鼻嘴好换气

图 9-16　口对口人工呼吸法

（2）胸外心脏挤压法。方法步骤如图 9-17 所示。

① 与口对口呼吸法一样，先松开触电者的衣领、裤带，使头部后仰，清理口腔内异物。

② 两手相叠，手掌根部置于触电者胸骨下 1/3 部位。

③ 用掌根向下压 3～4 cm，每分钟 60 次左右。

④ 挤压后手掌迅速放松，让其胸廓自行弹起。

⑤ 重复进行，直至触电者的心跳、呼吸恢复。

(a) 中指对凹膛，当胸一手掌　　(b) 掌根用力向下压　　(c) 慢慢向下　　(d) 突然放

图 9 - 17　胸外心脏压挤法

💡 思考与练习

1. 避雷装置是应用_____做成的，它由_____、_____、接地体构成，它能将雷电_____，并顺利地泄入大地。避雷装置接地体的电阻 $R \leqslant$ _____ Ω。

2. 带电灭火时，选用不导电的灭火剂如_____灭火剂、CCl_4 灭火剂、_____灭火剂、1211 灭火剂等，不可用_____带电灭火。

3. 电气火灾发生的主要原因：①_____；②_____；③_____。

4. 触电对人身体和内部组织会造成不同程度的损伤，其可分为_____和_____两种。当通过人体工频电流为_____ mA 时，有刺疼感，但终能摆脱带电体；当电流为_____ mA 时，就会使人呼吸困难，有生命危险。

5. 触电可分为_____、_____、_____三种。

9.5　技能训练　绝缘电阻的测量

📖 实训目标

（1）了解绝缘电阻摇表的选用与检查。

（2）会测量线路与电气设备的绝缘电阻，并能判断线路与设备是否正常。

💡 实训器材

绝缘电阻摇表 ZC25 型 1 只，电缆线 0.5 m，电动机 1 台，钢管，普通导线若干。

💡 相关知识

绝缘电阻表又称兆欧表、摇表，是专门用来测量绝缘电阻值的便携式仪表。在电气安装、检修和试验中得到了广泛的应用，常用的型号有 ZC11 型、ZC25 型等。

1. 绝缘电阻表的选用

测量额定电压在 500 V 及以下的设备或线路的绝缘电阻时，可选用 500 V 摇表；测量额定电压在 500 V 以上的设备或线路的绝缘电阻时，应选用 1000～2500 V 摇表；测量瓷瓶时，应选用 2500～5000 V 摇表。量程的选用，一般测量低压电器设备绝缘电阻时可选用 0～200 MΩ 量程，测量高压电气设备或电缆时可选用 0～2000 MΩ 量程。

2. 绝缘电阻的测量方法

(1) 接线方法。绝缘电阻表有三个接线桩，分别标有"E"（接地）、"L"（线路）和"G"（保护环或屏蔽端子），如图 9-18 所示。其中 L 接在被测物与大地绝缘的导体部分，E 接被测物的外壳或大地，G 接在被测物的屏蔽环上或不需要测量的部分。保护环的作用是消除仪表表面"L"和"E"接线桩间的漏电及被测绝缘物表面漏电的影响。

(2) 测量前对仪表进行开路和短路检查。兆欧表水平放稳，将 L 和 E 接线桩的连线分开，由慢到快直到匀速摇动手柄至 120 r/min，指针应该指到∞处，如图 9-19(a) 所示；再将 L 和 E 接线桩的连线短接，慢慢摇动手柄 1/4 圈，指针应迅速指零，如图 9-19(b) 所示。注意，L 和 E 接线桩的连线短接时手柄摇动时间应很短，否则会损坏兆欧表。如果指针不能指到∞处或零处，说明仪表已损坏，不能正常使用。

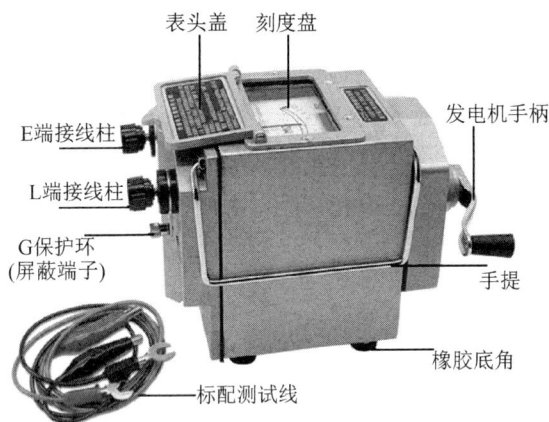

图 9-18　ZC25 型绝缘电阻表　　　　图 9-19　仪表检查

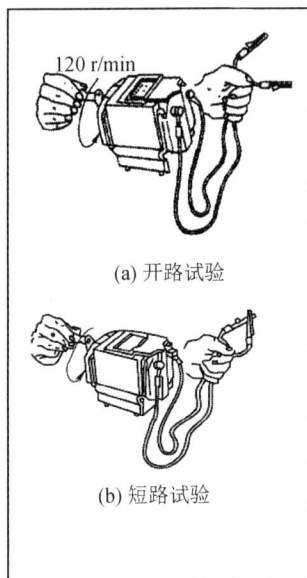

(3) 按要求接好线后顺时针摇动兆欧表手柄至匀速 120 r/min，通常要摇动手柄 1 分钟，待指针稳定后指针所指示的数值即为被测物的绝缘电阻值。一般地，1 kV 以下的低压线路的线路间、线路对地的绝缘电阻应在 0.5 MΩ 以上；低压类电动机绕组的绝缘电阻也应在 0.5 MΩ 以上。如为 0，说明绕组绝缘已击穿，如低于 0.5 MΩ 但不为 0，说明绕组受潮，应作烘干及浸绝缘漆处理。

(4) 吸收比测定。在同一次试验中，用摇表测得 60 s 时的绝缘电阻值与 15 s 时的绝缘电阻值之比称为吸收比。对于容量较大的电气设备，可用吸收比来判断设备是否因为潮湿的原因影响了绝缘电阻，绝缘受潮时吸收比最小值为 1，干燥时吸收比均大于 1。《电机实验技术及设备手册》规定：常温下吸收比应大于 1.3。

实训内容与步骤

1. 测量内容与接线方法

（1）测量线路对地（钢管）的绝缘电阻，如图 9 - 20(a) 所示。

（2）测量电缆的绝缘电阻，如图 9 - 20(b) 所示。

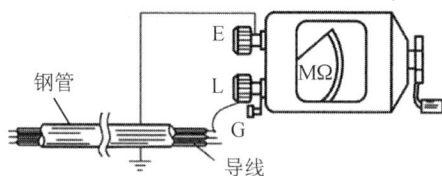

(a) 测量线路对地的绝缘电阻

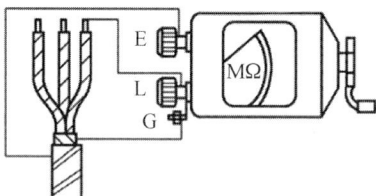

(b) 测量电缆的绝缘电阻

图 9 - 20　线路对地绝缘电阻和电缆绝缘电阻的测量

（3）测量电动机绕组间的绝缘电阻和绕组对地（外壳）的绝缘电阻，如图 9 - 21 所示。

（4）测量两绞线间和常用电工工具的绝缘电阻。

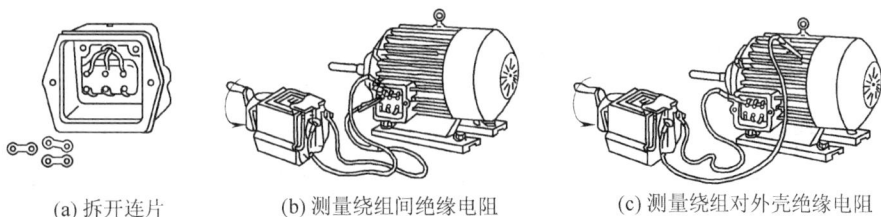

(a) 拆开连片　　　(b) 测量绕组间绝缘电阻　　　(c) 测量绕组对外壳绝缘电阻

图 9 - 21　电动机绝缘电阻测量

2. 测量绝缘注意事项

（1）被测电气设备和电路的检查。看其是否已全部切断电源，绝对不允许设备和线路带电时用绝缘电阻表去测量。对被测设备或线路中的电容应先放电再测量，以免危及人身安全、损坏仪表，同时注意清除测量处的污物，保证测量结果的准确性。

（2）绝缘电阻表与被测物之间的连接线应用单股线，不可用绞线。

（3）测量线路间的绝缘电阻，应卸下所有用电器如灯泡、电视、电动机等。

（4）测量具有大电容设备的绝缘电阻，读数后不能立即停止摇动绝缘电阻表，否则已被充电的电容器会对绝缘电阻表放电，可能损坏仪表。应在读数后一方面降低转速，一方面拆去接地端线头。在绝缘电阻表停止转动和被测物放完电以前，不能用手触及被测设备的导电部分，以防电击。

3. 使用绝缘电阻表查找故障点的技巧

在测量电动机绕组对地或绕组间（绕组间的连接必须拆开）绝缘电阻时，常会遇到绕组外观整体是好的，但绝缘电阻却为 $0\ \Omega$，说明绕组在某处已击穿只是面积不大。如果将其放置在安静且光线较弱的地方测量，可以听到击穿点微弱的放电声，如果击穿点靠外，还可以看到较弱的放电现象（电动机应拆开）。这样就可以较容易地找到击穿点进行绝缘修复处理了。如果指针摇摆不定，说明绝缘已被击穿，应作处理。

💡思考与练习

1. 绝缘电阻表与被测物之间的连接线应采用_____导线。

2. 绝缘电阻表使用前的检查方法是将 L、E 接线桩的输出线_____，空摇兆欧表，其指针应_____，如瞬时短接，其指针应_____。

3. 在测量电动机的绕组绝缘电阻时，绝缘电阻表的指针指在"0"处，说明_____。如果是测量绕组间的绝缘电阻，应先将_____拆开。

4. 测量电缆绝缘电阻时，L 端接_____，E 端接_____，G 端接_____。

5. 测量一般电气设备时，L 端接_____，E 端接_____，G 端接_____。

6. 绝缘电阻表测量设备绝缘时，其手柄的标准转速应为_____ r/min。

本 章 小 结

1. 远距离高压输电的目的是减少输电线路上的电能损失。

2. 将区域发电厂、变电所和电力用户联系起来构成电力系统，可以提高发电厂的设备利用率，合理调配各发电厂的负载，以提高供电的可靠性和经济性。

3. 安全电压是指人体持续接触而不会使人直接致死或致残的电压。通常规定交流36 V以下及直流 48 V 以下为安全电压，安全电压必须由双绕组变压器降压获得。我国工频安全电压等级为五级，分别是 42 V、36 V、24 V、12 V、6 V，特殊环境手持电动工具可采用42V电压供电。水下作业应使用 6 V 电压。

4. 我国安全色标准规定黄、绿、红、蓝四种颜色为安全色。

5. 保护接地适用于高压电气设备及电源中性线不直接接地的低压电气设备；保护接零适用于三相四线制或三相五线制中的中性线直接接地的供电系统。工作接地、保护接地的接地体电阻 $R \leqslant 4\ \Omega$，公共接地的接地电阻取各接地要求中的最小值，一般 $R \leqslant 1\ \Omega$。

在同一供电系统中，绝不允许一部分电气设备采用保护接地而另一部分设备采用保护接零，否则会发生严重后果。

6. 漏电保护器是利用漏电保护装置来防止电气事故的一种安全技术措施。一般场所的漏电保护装置额定漏电动作电流不大于 30 mA，动作时间小于 0.1 s。

7. 人体触电可分为电击和电伤两种。电流对人体的危害程度，与通过人体电流的频率和大小、通电时间长短、电流通过的途径以及人体电阻的大小等多种因素有关。实践证明，50～100 Hz 的电流最危险，当通过人体电流达到 50 mA 时，就会致命。

8. 常见人体触电方式：单相触电、两相触电和跨步电压触电三种。使触电者脱离低压电源的方法可用"拉""切""挑""拽"来概括。

9. 人工急救方法：口对口人工呼吸法和胸外心脏按压法。

10. 绝缘电阻表的三个接线桩连接方法是：L 接在被测物与大地绝缘的导体部分，E 接被测物的外壳或大地，G 接在被测物的屏蔽环上或不需要测量的部分。测量时顺时针摇动兆欧表手柄至匀速 120 r/min，持续 1 min。一般地，低压线路的和低压设备的绝缘电阻都应在 0.5 MΩ 以上。

参 考 文 献

［1］　刘伦富，杨啸，张道平. 电工电子技术基础与应用［M］. 2 版. 北京：机械工业出版社，2022.

［2］　秦曾煌. 电工学学习指导［M］. 5 版. 北京：高等教育出版社，2001.

［3］　邵展图. 电工基础习题册［M］. 5 版. 北京：中国劳动社会保障出版社，2014.

［4］　周绍敏. 电工技术基础与技能学习辅导与练习［M］. 2 版. 北京：高等教育出版社，2014.

［5］　周绍敏. 电工技术基础与技能［M］. 2 版. 北京：高等教育出版社，2014.

［6］　艾武，李承. 电路与磁路［M］. 2 版. 武汉：华中科技大学出版社，2002.

第 1 章　电路基础知识

1.1　知　识　要　点

（1）电路一般由电源、负载、开关和连接导线四个基本部分组成。电源把非电能转换成电能，是电路的能量源泉；负载把电能转换成其他形式的能量；开关是电路的控制元件；导线把各组成部分连接起来。

（2）电荷定向移动形成电流，正电荷的运动方向为电流的方向。形成电流必须具备两个条件：① 有能自由移动的电荷；② 导体两端必须保持一定的电压且电路必须闭合。

电流的大小是指单位时间内通过导体横截面的电荷量，计算式为 $I = Q/t$。

若 1 秒（s）内通过横截面的电荷量为 1 库仑（C），则电流 I 的大小为 1 安培（A）。

（3）电压就是电路中任意两点间的电位差，即 $U_{ab} = U_a - U_b$，故电压也称电位差，电压的方向为由高电位指向低电位。电位是相对数值，随参考点的改变而改变；电压是绝对数值，不随参考点的改变而改变。

（4）电动势只存在于电源内部，而电压不仅存在于电源内部，也存在于电源两端；

在有载情况下，电源端电压总是低于电源电动势，只有当电源开路时，电源端电压才与电源电动势相等。

（5）导体的电阻由本身因素（电阻率 ρ、长度 l 和截面积 S）决定，也受环境温度影响。

电阻表示导体对电流的阻碍作用，其计算式：

$$R = \rho \frac{l}{S}$$

式中：比例系数 ρ 称为导体材料的电阻率，单位是欧姆米（$\Omega \cdot m$），它与材料性质和材料所处的环境温度有关。在一定的温度下，同一种导体材料的 ρ 是常数。电阻率的大小反映了导体材料的导电能力，电阻率 ρ 越大，说明导体材料的导电性能越差。

金属的电阻值随温度的升高而增大。

应用欧姆定律可计算电阻值，即 $R = \dfrac{U}{I}$。可利用加在电阻两端的电压和通过电阻的电流来计算电阻的大小，但不能说电阻是由电压和电流的大小决定的。电压 U 和相应的电流 I 的比值总是不变的。

（6）（欧姆定律）导体中的电流与它两端的电压成正比，与它的电阻成反比，即

$$I = \frac{U}{R}$$

式中，I、U、R 的单位分别是安培（A）、伏特（V）、电阻（Ω）。

欧姆定律揭示了由导体两端电压决定导体中电流的规律性。

欧姆定律适用于金属或电解液导电。

(7) 电路中的能量转换。电流通过用电器时将电能转化为其他形式的能量称为电流做功,电流做的功即电功;电流在单位时间内所做的功称为电功率。

转换电能的电功的计算式:$W=UIt$。

电功率的计算式:$P=UI$。推论:$P=U^2/R$ 或 $P=I^2R$。

电流热效应:电功转换为电热,实质是电功。

电热:$Q=I^2Rt$。

电热功率:$P_热=I^2R$。

以上公式中,电能 W 的单位为 J(焦),电功率 P 和热功率 $P_热$ 的单位为 W(瓦),电热 Q 的单位为 J,U、I、R、t 的单位分别为 V、A、Ω、s。

1 度(电)=1 kW·h=$3.6×10^6$ J。

若负载为纯电阻,则其电能与电热在数值上总是相等的;否则,电能大于电热。

(8) 电气设备长期安全工作时所能承载的电压、电流、功率等的最大值统称为额定值。

(9) 测电笔常用于判别火线、零线,检查低压导体和电气设备是否带电等。低压测电笔测试电压的范围为 60~500 V。

(10) 每种型号的导线都有其安全载流量,在使用过程中,光、电、热、氧等因素的长期作用会使其绝缘材料老化(高压电器主要是电老化,低压电器主要是热老化)。

1.2　解题示例与分析

解题前要复习,复习书中的有关内容,熟记基本公式。做适当的练习题可以巩固、复习所学的知识,加深对基本概念、基础知识及分析计算方法的理解,培养学生分析问题、表达思想和解决问题的能力。一般解题方法与步骤概括如下:

(1) 审明题意,找出已知量和未知量。

(2) 判断要应用的概念、公式、定理、定律,将已知量和未知量联系起来。要注意选用公式的条件是否适用。

(3) 确定解法,按题意要求,画出电路图、相量图等,写出公式,建立方程或方程组。

(4) 统一各物理量的单位,将已知量代入公式进行计算,求解结果。

(5) 如解题结果中有正、负号,要说明正、负号的实际意义。

【例1】 在图 1-1 中测得 10 s 内通过电解液某一截面向左移动的电荷量为 6 C,向右移动的电荷量也为 6 C,则此电解液中电流强度为多少?

【分析】 图中向左移动的电荷和向右移动的电荷是异种电荷,它们形成的电流方向相同。向左移动的是正电荷,电流方向与其移动方向相同,因此,电流方向向左。

解 根据公式 $I=Q/t$ 得向左移动的正电荷形成的电流为

$$I_1=\frac{Q_1}{t}=\frac{6}{10}\ \text{A}=0.6\ \text{A}$$

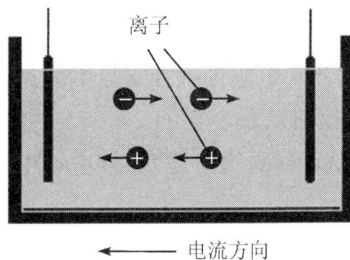

图 1-1

同理，向右移动的负电荷形成电流为

$$I_2=0.6\ \text{A}$$

电解液中电流强度为

$$I=I_1+I_2=0.6\ \text{A}+0.6\ \text{A}=1.2\ \text{A}$$

【例2】　一段长度为 l、横截面积为 S 的铜导线，将它均匀拉长 1 倍后，此时电阻值为 R_1，若将其对折后电阻值为 R_2，试求 $\dfrac{R_1}{R_2}$ 的值。

【分析】　一段导线，无论对折还是拉长，其体积 $V=Sl$ 总是不变的。

解　设该铜导线的原电阻为 R，根据电阻定律 $R=\rho\dfrac{l}{S}$ 得

$$R_1=\rho\frac{2l}{S/2}=4\rho\frac{l}{S}=4R$$

$$R_2=\rho\frac{l/2}{2S}=\frac{1}{4}\rho\frac{l}{S}=\frac{1}{4}R$$

则

$$\frac{R_1}{R_2}=16$$

【例3】　一个电热水壶，标有"1.2 kW、220 V"，它正常工作时，电阻多大？额定电流 I_e 多大？若电源电压只有 200 V，它的实际功率多大？

【分析】　电热器件的电阻不变，根据功率公式 $P=UI$ 和 $P=U^2/R$ 可求解。

解　电热水壶的工作电阻为

$$R=\frac{U_e^2}{P_e}=\frac{220^2}{1200}\ \Omega\approx40.3\ \Omega$$

额定电流：

$$I_e=\frac{P_e}{U_e}=\frac{1200}{220}\ \text{A}\approx5.5\ \text{A}$$

电源电压 200 V 时，有

$$P=\frac{U^2}{R}=\frac{200^2}{40.3}\ \text{W}\approx993\ \text{W}$$

1.3　综　合　练　习

一、判断题

1. 电阻两端电压为 5 V 时，电阻值为 5 Ω；当电压升至 10 V 时，电阻值将为 10 Ω。　　　　（　　）

2. 电荷有规律的运动形成电流。　　　　（　　）

3. 甲灯比乙灯亮，说明甲灯中的电压大于乙灯中的电压。　　　　（　　）

4. 加在用电器上的电压改变了，它消耗的功率也会改变。　　　　（　　）

5. 白炽灯灯丝烧断后，重新搭上使用，白炽灯将变得更亮。　　　　（　　）

6. 导体的长度和横截面积都增大一倍，其电阻值也增大一倍。　　　　（　　）

7. 电流的方向就是自由电荷移动的方向。　　　　（　　）

8. 负载短路时流过负载的电流很大，会烧坏负载。　　　　　　　　　（　　）

9. 线性电阻就是指纯电阻。　　　　　　　　　　　　　　　　　　　（　　）

10. 导体的电阻越小，它的导电性能越好。　　　　　　　　　　　　　（　　）

11. 纯金属材料的电阻率随温度的升高而减小。　　　　　　　　　　　（　　）

12. $R=U/I$ 中，R 是元件参数，它的值是不由电压和电流的大小决定的。（　　）

13. 欧姆定律只适用于线性电路，不适用于非线性电路。　　　　　　　（　　）

14. 一只灯泡接入只有额定电压一半的电路中，工作时实际功率只有额定功率的 1/4。

　　　　　　　　　　　　　　　　　　　　　　　　　　　　　　　　（　　）

15. 额定值为"220 V、100 W"的灯泡接入 1000 kW、220 V 的电源上，灯泡会烧坏。

　　　　　　　　　　　　　　　　　　　　　　　　　　　　　　　　（　　）

16. 一段导线的电阻值为 1 Ω，把它截成相同的两段且并联，阻值将变为 2 Ω。（　　）

17. 电阻上的电流增大到原来的 2 倍，则电阻消耗的功率是原来功率的 2 倍。（　　）

18. 一个 200 Ω 的电阻接在 10 V 电压上，此时它的电功率为 0.5 W。　（　　）

二、填空题

1. 导体中的电流与这段导体两端的_____成正比，与导体的_____成反比。

2. 两电阻的伏安特性如图 1-2 所示，则 R_1 比 R_2_____（选填"大""小"），其中 R_1 =_____Ω。

3. 如图 1-3 所示，在 $U=0.5$ V 处，R_1_____R_2（选">""=""<"），其中，R_1 是_____电阻，在此处的电阻值是_____Ω，R_2 是_____电阻。

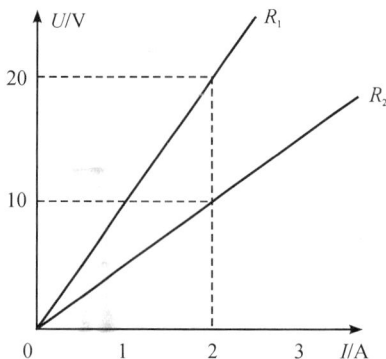　　　　　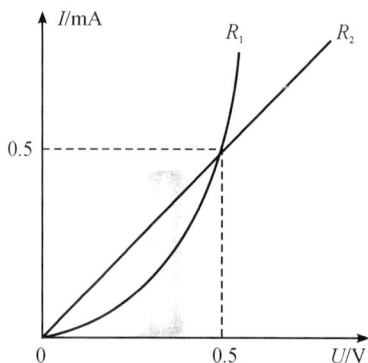

图 1-2　　　　　　　　　　　　　　　　图 1-3

4. 已知电炉丝的电阻是 44 Ω，通过的电流是 5 A，则电炉所加的电压是_____V。

5. 额定功率为 5 W、阻值为 8 Ω 的电阻，使用时的端电压不能超过_____V。

6. 若灯泡电阻为 20 Ω，通过的电流为 100 mA，使用 10 小时电流所做的功为_____J，灯泡消耗的电能为_____度。

7. 1 度电可供"220 V、40 W"的灯泡正常使用_____小时。

8. "220 V、1 kW"的电热设备接在 110 V 电源上工作时功率为_____。

9. 段电炉丝对折使用，其功率将_____倍，若将其长度减少一半使用，则其功率将_____。

10. 通过电阻的电流增大到原来的 2 倍，它在相同时间消耗的电能将_____倍。

三、选择题

1. 甲、乙两只灯泡，甲灯标注"36 V、40 W"的字样，乙灯标注"110 V、40 W"的字样，当它们分别在其额定电压下工作时(   )。

A. 两只灯一样亮   B. 甲灯比乙灯更亮

C. 乙灯比甲灯更亮   D. 无法判定

2. 一段电阻为 8 Ω 的导线，将它对折，则电阻值是(   )。

A. 5 Ω   B. 2 Ω   C. 4 Ω   D. 16 Ω

3. 两根铜导线，长度之比为 3∶5，直径之比为 2∶1，则它们的电阻之比为(   )。

A. 6∶5   B. 3∶20   C. 1∶6   D. 3∶10

4. 一段导线两端所加电压为 U 时，通过的电流为 I，若将该导体均匀拉长为原来的 2 倍，要使电路中的电流仍为 I，则导体两端所加的电压应为(   )。

A. $U/2$ B. $3U$ C. $6U$ D. $4U$

5. 一般金属导体的温度系数是正温度系数，当环境温度升高时，电阻值将(   )。

A. 减小   B. 增大   C. 不变   D. 不能确定

6. 单位是瓦(W)的物理量为(   )。

A. 电压   B. 电流   C. 电能   D. 电功率

7. 额定功率为 1 W、阻值为 100 Ω 的电阻，允许通过的最大电流是(   )。

A. 0.01A   B. 0.1 A   C. 1 A   D. 10 A

8. 一个电阻元件，当通过它的电流减为原来的一半时，它的功率为原来的(   )。

A. 2 倍   B. 1/2   C. 1/4   D. 4 倍

9. 如果在 1 min 内导体中通过 120 C 的电荷量，那么导体中的电流大小为(   )。

A. 2 A   B. 1 A   C. 20 A   D. 12 A

10. 下列各种规格的白炽灯中，正常发光时电阻最大的是(   )。

A. 220 V、100 W   B. 110 V、100 W

C. 220 V、40 W   D. 110 V、40 W

参考答案

第2章　简单直流电路分析

2.1　知　识　要　点

（1）全电路欧姆定律的表达式：

$$I = \frac{E}{R+r}$$

① 通路状态（电路闭合）时，内电阻电压降 $U_内 = Ir$，端电压 $U = E - Ir$，电源输出功率 $P = IE$，负载消耗功率 $P = UI$，内电阻消耗功率 $P_内 = I^2 r$，则 $IE = UI + I^2 r$。

电源端电压 U 随负载电阻的增大（电流 I 减小）而增大。

② 开路状态时，端电压 $U = E$，$I = 0$。

③ 短路状态时，短路电流 $I_短 = E/r$，端电压 $U = 0$，电源输出功率被内电阻消耗的功率 $P_内 = I^2 r$。

注意：在计算电路的功率时，若 U、I 的方向相同，$P = UI > 0$，说明元件吸取或消耗功率，如电阻；若 U、I 的方向相反，$P = UI < 0$，说明元件产生功率，如电源的 U 与 I 的方向相反。

（2）负载电阻 R 获得最大功率的条件是：负载电阻与电源的内阻相等，即 $R = r$，这种情况也称为阻抗匹配。此时负载获得的最大功率为

$$P_m = \frac{E^2}{4R} = \frac{E^2}{4r}$$

负载获得最大功率也是电源输出最大功率，这个条件也是电源输出最大功率的条件。

通常把通过大电流的负载称为大负载，把通过小电流的负载称为小负载。

（3）串联与并联电路的特点见表 2-1。

表 2-1　串联与并联电路的特点

物理量	串　联	并　联
电压 U	$U = U_1 + U_2 + U_3 + \cdots$	各电阻上的电压相等
等效电阻 R	$R = R_1 + R_2 + R_3 + \cdots$	$\frac{1}{R} = \frac{1}{R_1} + \frac{1}{R_2} + \cdots + \frac{1}{R_n}$
电流 I	各电阻中的电流相等	$I = I_1 + I_2 + I_3 + \cdots$
功率 P	$P = I^2 R$，P 与 R 成正比，即 $\frac{P_1}{P_n} = \frac{R_1}{R_n}$	$P = U^2/R$，P 与 R 成反比，即 $\frac{P_1}{P_n} = \frac{R_n}{R_1}$

（4）两个电阻 R_1、R_2 串联，其分压式：

$$U_1 = \frac{R_1}{R_1+R_2}U, \quad U_2 = \frac{R_2}{R_1+R_2}U$$

（5）两个电阻 R_1、R_2 并联，其分流式：

$$I_1 = \frac{R_2}{R_1+R_2}I, \quad I_2 = \frac{R_1}{R_1+R_2}I$$

（6）若 n 个阻值相同（设为 R_0）的电阻并联，则总阻值 $R = R_0/n$。并联电路的总电阻值小于其中任何一个电阻的阻值。

（7）应用串联电阻的分压特点可扩大电压表的量程，串联的电阻越大，其扩大的量程越大。串联的分级电阻越多，其量程等级（挡位）越多。分压电阻分担的电压：

$$U_R = U - U_g$$

式中，U 为需要扩大的量程电压；表头电压 $U_g = I_g R_g$，I_g 为微安表或毫安表的最大电流。

（8）应用并联电阻的分流特点可扩大电流表的量程，并联的电阻越小，其扩大的量程越大。

（9）根据欧姆定律可进行伏安法测电阻，电流表外接时电阻值比实际值要小，电流表内接时电阻值比实际值要大。

利用电桥平衡条件可较准确地测量电阻值。直流电桥平衡的条件是：对臂电阻乘积相等。

生产中常用万用表电阻挡粗略测量电阻值。应根据不同测量要求选用不同的测量方法。

（10）计算电路中某点的电位，从待求点出发通过一定的路径绕行到零电位点，待求点的电位等于此路径上全部电压降的代数和。如果元件上电压的方向与绕行方向一致，则待求点的电位为正，相反为负。电位与所绕行的路径无关。

选择不同的零电位点，电路中各点的电位有所不同。

2.2　解题示例与分析

【例 1】　电路如图 2-1 所示，试求：

（1）图 2-1(a)中的 U_{AB}；

（2）在图 2-1(b)中 A、B 两端点接入内阻为 10 kΩ 的电压表时的读数；

（3）在图 2-1(b)中 A、B 两端点接入内阻为 100 kΩ 的电压表时的读数。

【分析】　本题可根据串联电路分压及并联的等效电阻小于任一电阻的特点求解。

解　设电源电动势 $E = 24$ V。

（1）　　　　　　　$U_{AB} = \frac{R_2}{R_1+R_2}E = \frac{2}{10+2} \times 24 \text{ V} = 4 \text{ V}$

（2）A、B 间接入内阻为 10 kΩ 的电压表时：

$$R_{AB} = 2 \text{ kΩ} \mathbin{/\mkern-5mu/} 10 \text{ kΩ} = 5/3 \text{ kΩ}$$

$$U_{AB1} = \frac{R_{AB}}{R_1+R_{AB}}E = \frac{5/3}{10+5/3} \times 24 \text{ V} = 3.43 \text{ V}$$

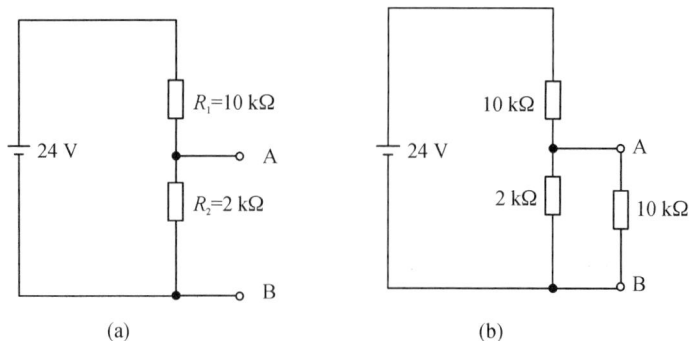

图 2-1

（3）A、B 间接入内阻为 100 kΩ 的电压表时：

$$U_{AB2} = 3.93 \text{ V}$$

可见，电压表的内阻越大，对电路的影响越小，测量值越精确。

【例 2】 在 12 V 的电源上使"6 V、50 mA"的小灯泡正常发光，应采用图 2-2 中的哪种接法？

【分析】 从图 2-2 上看，似乎图(b)的连接方法可行，因为下方 120 Ω 电阻恰能分配到 6 V 电压。这种想法的错误在于没有考虑小灯泡的并联作用。按照小灯泡的规格，它正常发光时的阻值是 6/0.05 Ω＝120 Ω，它和下方电阻并联后分压小于 6 V。

解 由分析知小灯泡的电阻 R＝120 Ω。图 2-2(b)中，小灯泡与 120 Ω 电阻并联后的等效电阻为 60 Ω，通过分压得到的电压 U＝12×60/(120＋60) V＝4 V。因此，图 2-2(b)所示的连接方式中，小灯泡不能正常工作。图 2-2(a)中小灯泡与上方 120 Ω 电阻串联分压刚好得到 6 V 电压，符合要求。

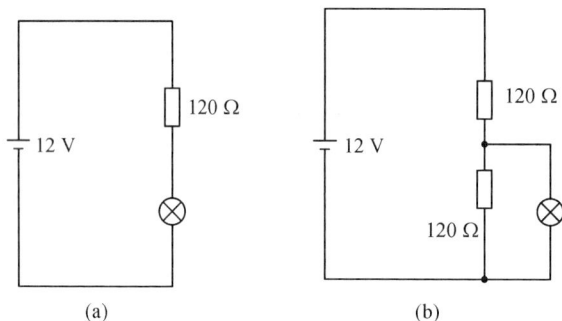

图 2-2

【例 3】 A、B 两灯泡的额定值分别为"220 V、100 W"和"220 V、40 W"，将它们分别并联、串联接入 220 V 的电源电路中，哪只较亮？

【分析】 在电路中，消耗功率大的灯泡较亮。根据功率的推论公式 $P = U^2/R$ 可判断用电器的电阻。根据串联电路的分压特点及 $P = UI$，分得电压多的灯泡较亮。

解 两灯泡并联接入 220 V 的电路中，都能在额定电压下工作，A 灯功率大，较亮。

A、B 两灯泡的电阻比较：$R_A = \dfrac{220^2}{100} \ \Omega < R_B = \dfrac{220^2}{40} \ \Omega$。

两灯泡串联时，电流相等，B 灯泡电阻大，分得的电压较大，因此，40 W 的 B 灯泡较亮。

【例 4】　如图 2-3 所示，电源电动势为 E，内阻为 r。

（1）当可变电阻 R_3 的滑动触点向右移动时，图中各电表的示数如何变化？说明原因。

（2）可变电阻 R_3 的滑动触点移至最左端时各电表的示数情况是怎样的？

（3）断开 R_1，各电表的示数情况是怎样的？

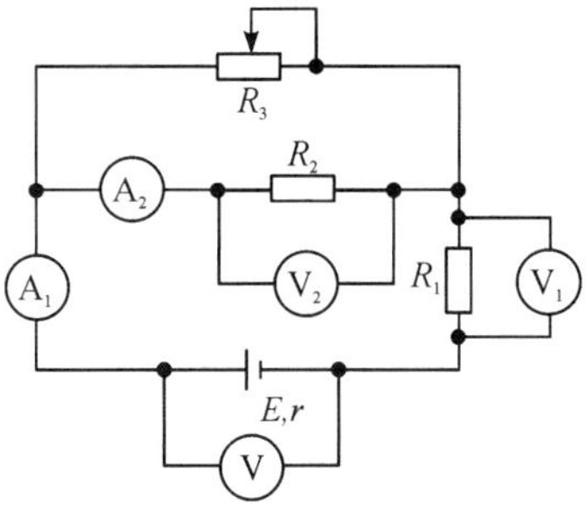

图 2-3

【分析】　闭合电路中电源电动势和内电阻一般看作不变的物理量。端电压 U、电路电流 I、电源输出功率 P 等随外电路电阻的变化而变化。常将闭合电路的欧姆定律、一段导体的欧姆定律、端电压与电动势 E、$U_内$ 的关系联合起来解决问题。

解　（1）可变电阻 R_3 的滑动触点向右移动时，R_3 增大，整个外电路的电阻 R 增大，根据闭合电路的欧姆定律 $I=\dfrac{E}{R+r}$ 知，表 A_1 示数减小。

端电压 $U=E-Ir$，I 减小，$U_内=Ir$ 减小，端电压 U 增大，表 V 示数增大。

根据一段导体的欧姆定律，$U_1=IR_1$，I 减小，则表 V_1 示数减小；

根据 $U_2=U-U_1$，U 增大，U_1 减小，则表 V_2 示数增大；

根据 $I_2=U_2/R_2$，U_2 增大，R_2 不变，则表 A_2 示数增大。

（2）可变电阻 R_3 的滑动触点移到最左端时，R_3 被短接，R_2 支路也被短接，表 V_2、A_2 示数为 0。整个外电路电阻 R 大幅减小，则表 A_1 示数增大，表 V 示数减小，表 V_1 示数增大。

（3）断开 R_1，外电路开路，电流消失，则表 A_1、A_2、V_2 示数均为零，但表 V、V_1 测的是电源端电压，大小等于电动势，示数为 E。

【例 5】　一台直流电动机，线圈的电阻是 0.6 Ω，当它两端所加的电压为 200 V 时，通过的电流是 5 A。这台电动机发热的功率与对外做功的功率各是多少？不考虑轴承和空气阻力等损失，该电动机的效率是多少？

【分析】　本题涉及三个不同的功率：电动机从电源吸取（消耗）的电功率 P、电动机线圈消耗功率转换成的热量 $P_热$ 和对外做功转化为输出的机械能的功率 $P_机$。三者之间遵从能量守恒定律，即 $P=P_热+P_机$。

解　由电流热效应知，电动机发热的功率

$$P_热=I^2R=5^2\times0.6\ W=15\ W$$

电动机从电源吸取（消耗）的电功率：

$$P = UI = 200 \times 5 \text{ W} = 1000 \text{ W}$$

不考虑轴承和空气阻力等机械损失，根据能量守恒定律，电动机对外做功的功率（即输出功率）为

$$P_{机} = P - P_{热} = 1000 \text{ W} - 15 \text{ W} = 985 \text{ W}$$

电动机的效率：

$$\eta = \frac{P_{机}}{P} = \frac{985}{1000} \times 100\% = 98.5\%$$

【例 6】　如图 2-4 所示，已知电源电动势 $E_1 = 18$ V，$E_3 = 5$ V，内电阻 $r_1 = 1$ Ω，$r_2 = 1$ Ω，外电阻 $R_1 = 4$ Ω，$R_2 = 2$ Ω，$R_3 = 6$ Ω，$R_4 = 10$ Ω，电压表的读数为 28 V。求电源电动势 E_2 和电路中 A、B、C、D 各点的电位。

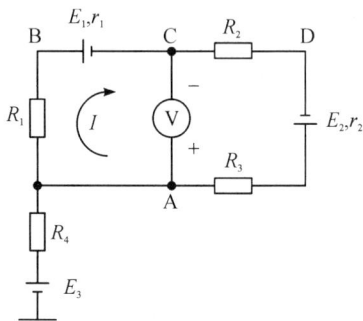

图 2-4

【分析】　电压表的内阻很大，可认为是无限大，没有电流通过电压支路。此电路就只有一个回路 ABCDA。设回路电流为 I，可利用 ABC 支路与 U_{AC} 的关系求出回路电流 I；同理可利用 ADC 支路与 U_{AC} 的关系求出 E_2。

解　设回路 ABCDA 的电流为 I。以 C 点为参考点，$U_A = U_{AC}$，绕行支路 ABC，计算电压 U_{AC}：

$$U_{AC} = IR_1 + Ir_1 + E_1$$

则

$$I = \frac{U_{AC} - E_1}{R_1 + r_1} = \frac{28 - 18}{4 + 1} \text{ A} = 2 \text{ A}$$

绕行支路 ADC，计算电压 U_{AC}：

$$U_{AC} = -(R_3 + r_2 + R_2)I + E_2$$

代入已知数据得

$$E_2 = 46 \text{ V}$$

接地点为零电位点，E_3、R_4 不构成回路，该支路电流 $I_4 = 0$，则 A、B、C、D 各点的电位分别为

$$U_A = I_4 R_4 + E_3 = (0 \times 10 + 5) \text{ V} = 5 \text{ V}$$
$$U_B = -IR_1 + U_A = (-2 \times 4 + 5) \text{ V} = -3 \text{ V}$$
$$U_C = -Ir_1 + U_B - E_1 = (-2 \times 1 - 3 - 18) \text{ V} = -23 \text{ V}$$
$$U_D = -IR_2 + U_C = (-2 \times 2 - 23) \text{ V} = -27 \text{ V}$$

2.3　综合练习

一、判断题

1. 电压、电位和电动势的单位一样，所以它们表示的意义也一样。（　　）

2. 当外电路开路时，电源端电压等于电源电动势。（　　）

3. 电源短路电流最大，此时对外输出电功率最大。（　　）

4. 电源电动势大小由电源本身决定，与外电路无关。（　　）

5. 多个电阻并联时，总电阻值的倒数等于各个电阻值之和。（　　）

6. 两个电阻，R_1 比 R_2 小，将它们串联，小电阻对电流的阻碍作用也小，故 R_1 中通过的电流比 R_2 中通过的电流大些。（　　）

7. 几个电阻并联后的总电阻值一定小于其中任意一个电阻的阻值。（　　）

8. "220 V、60 W"的白炽灯与"220 V、40 W"的白炽灯串联后接到 220 V 电源上，40 W 的白炽灯要比 60 W 的灯亮。

9. 在电阻分压电路中，电阻值越大，其两端的电压就越高。（　　）

10. 在电阻分流电路中，电阻值越大，流过它的电流也就越大。（　　）

11. 当负载电阻值与电源内阻相等时，电源输出功率最大，电源的利用率也最高。

（　　）

12. 当负载电阻值与电源内阻相等时，负载获取的功率最大，因此实际电路中都应使负载电阻尽可能接近电源内阻。（　　）

13. 在线性电路中，电源电动势发出的功率等于负载消耗的功率。（　　）

14. 电路中 a、b 两点电位相等，用导线将这两点连接起来并不影响电路的工作。

（　　）

15. 选择不同的零电位点，电路中各点的电位将发生变化，但电路中任意两点间的电压却不会改变。（　　）

16. 电源电动势是电场力将单位正电荷由正极移向负极所做的功。（　　）

17. 电动势的方向规定为自电源负极通过电源内部指向正极。（　　）

18. 当应用伏安法测量电阻时，如果被测电阻很小，则应采用安培表外接法。（　　）

19. 电流表的内阻抗较大，电压表的内阻抗较小。（　　）

20. 常用的电压表是由微安表或毫安表串联电阻改装而成的。（　　）

21. 短路元件电压为零，其电流一定为零；开路元件电流为零，其电压不一定为零。

（　　）

22. 两个额定电压相同的用电器，电阻大的功率大。（　　）

二、填空题

1. 220 V 的输电线路的电阻为 2 Ω，电流为 10 A，则终端用电器的电压为＿＿＿＿ V。

2. 电源＿＿＿＿随＿＿＿＿变化的关系称为电源的外特性。

3. 电路通常有＿＿＿＿、＿＿＿＿和＿＿＿＿三种状态。

4. 通常把＿＿＿＿的负载称为小负载，把＿＿＿＿的负载称为大负载。

5. 由电池对外电路负载电阻供电，当负载电阻的阻值增加到原来的 3 倍，电流都变为原来的一半时，原来内、外电阻的阻值比为_____。

6. 电源电动势为 2 V，内电阻为 0.1 Ω，当外电路断路时，电路中的电流和端电压分别为_____、_____；当外电路短路时，电路中的电流和端电压分别为_____、_____；当外电路连接 1.9 Ω 的电阻时，电路中的电流和端电压分别为_____、_____。

7. 给内阻为 9 kΩ、量程为 1 V 的电压表_____联电阻后，量程扩大为 10 V，则该电阻的阻值为_____。

8. 将内阻为 1 kΩ、最大电流 $I_g = 100\ \mu A$ 的表头改为 1 mA 电流表，应_____联一个阻值为_____的电阻。

9. 如图 2-5 所示，电流表内阻 $R_A = 600\ \Omega$，满偏电流 $I_A = 400\ \mu A$，电阻 $R_1 = 400\ \Omega$，$R_2 = 9\ 400\ \Omega$。当开关 S 闭合时，即改成_____，量程是_____。

10. 如图 2-6 所示，图中电阻值均为 12 Ω，则 A、B 间的总电阻应为_____。

11. 如图 2-7 所示的电路中，电阻 R 的阻值为_____。

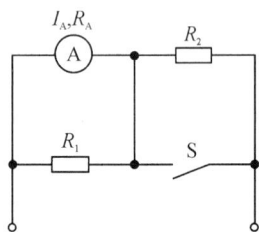

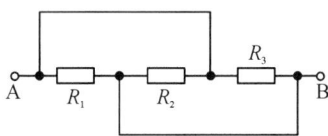

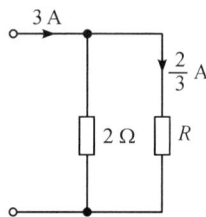

图 2-5   图 2-6   图 2-7

12. 如图 2-8 所示的电路中，$R_1 = 2R_2$，$R_2 = 4R_3$，R_2 两端的电压为 10 V，则电源电压为_____。

13. 如图 2-9 所示，流过 R_2 的电流为 3 A，流过 R_3 的电流为_____，则 U 为_____。

14. 图 2-10 所示的电路中，如果电压表的读数为 10 V，电流表的读数为 0.1 A，电流表的内阻为 0.2 Ω，则待测电阻 R_X 的阻值为_____。

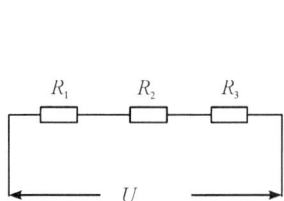

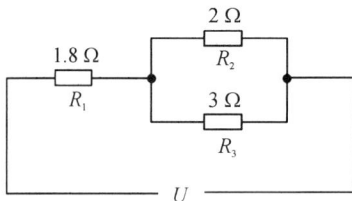

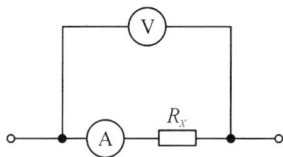

图 2-8   图 2-9   图 2-10

15. 两个电阻并联，$R_1 = 200\ \Omega$，通过 R_1 的电流为 0.2 A，通过整个并联电路的电流为 0.8 A，则 $R_2 =$ _____，通过 R_2 的电流为_____。

16. 把 5 Ω 的电阻和 10 Ω 的电阻串联接在 15 V 的电路中，则 5 Ω 电阻消耗的电功率是_____。若把它们并联接在另一电路中，5 Ω 电阻消耗的电功率是 10 W，则 10 Ω 电阻消耗的电功率是_____。

17. 电阻 R_1 和 R_2 串联后接入电路中，若它们消耗的总电功率为 P，则电阻 R_1 消耗的电功率 $P_1 =$_____，电阻 R_2 消耗的电功率 $P_2 =$_____。

18. 已知电源电压为 12 V，4 只额定功率相同的灯泡的工作电压都为 6 V，要使灯泡正常工作，正确接法是_____。

19. 如图 2–11 所示，当 S 闭合时，$U_A =$_____，$U_{AB} =$_____；当 S 断开时，$U_{AB} =$_____。

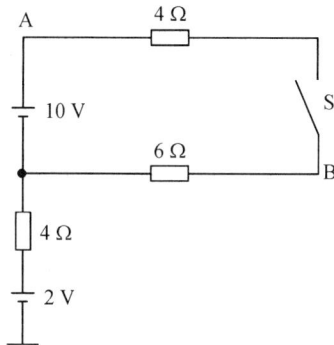

图 2–11

20. 滑线式电桥如图 2–12 所示，当滑片滑到 D 点，灵敏电流计的读数为_____时，称桥处于平衡状态。若这时测得 $l_1 = 40$ cm，$l_2 = 60$ cm，$R = 10$ Ω，则 $R_X =$_____。

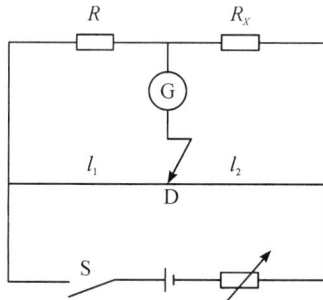

图 2–12

三、选择题

1. 如图 2–13 所示的电路中，关于元件 A、B 的功率，下列说法正确的是(　　)。

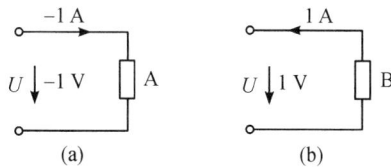

图 2–13

A. 元件 A 吸取功率，元件 B 产生功率

B. 元件 A 产生功率，元件 B 吸取功率

C. 元件 A 吸取功率，元件 B 吸取功率

D. 元件 A 产生功率，元件 B 产生功率

2. 在电源电压不变的系统中，加大负载指的是（　　　　）。

A. 负载电阻加大　　　　　　　　B. 负载电压增大

C. 负载功率增大　　　　　　　　D. 负载电流减小

3. 标明"100 Ω、4 W"和"100 Ω、25 W"的两电阻串联时，允许增加的最大电压为（　　　）。

A. 40 V　　　　　　B. 100 V　　　　　　C. 140 V　　　　　　D. 70 V

4. 标明"100 Ω、16 W"和"100 Ω、25 W"的两电阻并联时，两端允许增加的最大电压为（　　　）。

A. 40 V　　　　　　B. 50 V　　　　　　C. 90 V　　　　　　D. 10 V

5. 已知 $R_1 > R_2 > R_3$，将它们并联接在电压为 U 的电源上，获得最大功率的是（　　　）。

A. R_1　　　　　　B. R_2　　　　　　C. R_3　　　　　　D. 一样大

6. 两个电阻 R_1、R_2 串联，已知 $R_1 = 4R_2$，R_1 消耗的功率为 1 W，则 R_2 消耗的功率为（　　　）。

A. 5 W　　　　　　B. 20 W　　　　　　C. 0.25 W　　　　　　D. 400 W

7. 两个电阻 R_1、R_2 并联，已知 $R_1 = 4R_2$，R_1 消耗的功率为 1 W，则 R_2 消耗的功率为（　　　）。

A. 2 W　　　　　　B. 1 W　　　　　　C. 4 W　　　　　　D. 0.5 W

8. 用电压表测得电路两端电压为 0 V，这说明（　　　）。

A. 外电路断路　　　　　　　　B. 外电路短路

C. 外电路上电流比较小　　　　D. 电源内电阻为 0

9. 现有内阻 $R_g = 1.8$ kΩ 的电压表，要将它的量程扩大为原来的 10 倍，则应（　　　）。

A. 用 18 kΩ 的电阻与电压表串联

B. 用 180 Ω 的电阻与电压表并联

C. 用 16.2 kΩ 的电阻与电压表串联

D. 用 180 Ω 的电阻与电压表串联

10. 阻值为 R 的两个电阻串联接在电压为 U 的电路中，每个电阻获得的功率为 P；若将两个电阻改为并联，仍接在电压为 U 的电路中，则每个电阻获得的功率为（　　　）。

A. P　　　　　　B. $2P$　　　　　　C. $4P$　　　　　　D. $P/2$

11. 额定值为"40 V、200 W"的电热电器，现将它连入 220 V 的电路中，应（　　　）才能使它正常工作。

A. 并联一个阻值为 8 Ω 的电阻

B. 并联一个阻值为 36 Ω 的电阻

C. 串联一个阻值为 36 Ω 的电阻

D. 串联一个阻值为 8 Ω 的电阻

12. 电源电动势的大小表示（　　　）做功本领的大小。

A. 电场力　　　　　　B. 非电场力　　　　　　C. 磁场力

13. 电路中 a、b 两点的电压 $U_{ab} = 8$ V，a 点电位 $U_a = 4$ V，b 点电位 U_b 为（　　　）。

A. 4 V　　　　　　　　B. －4 V　　　　　　　C. 2 V　　　　　　　　D. 6 V

14. 如图 2 - 14 所示的电路中，电压与电流的关系为(　　)。

A. $U=-E+IR$　　　B. $U=-E-IR$　　　C. $U=E+IR$

15. 如图 2 - 15 所示的电路中，B 点的电位为(　　)。

A. 3 V　　　　　　　　B. －1 V　　　　　　　C. 1 V　　　　　　　　D. －3 V

16. 如图 2 - 16 所示的电路中，a、b 间的电阻为(　　)。

A. 8 Ω　　　　　　　　B. 18 Ω　　　　　　　C. 5 Ω　　　　　　　　D. 12 Ω

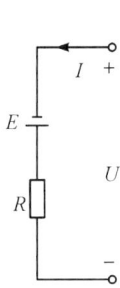　　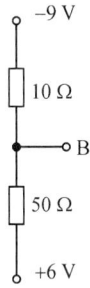　　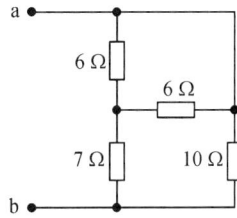

图 2 - 14　　　　　　　图 2 - 15　　　　　　　　图 2 - 16

参考答案

第3章　复杂直流电路分析

3.1　知识要点

（1）支路、节点、回路和网孔。

支路：由一个或几个元件首尾相接构成无分支的电路。

节点：三条或三条以上支路的交汇点。

回路：电路中任一闭合的路径。

网孔：电路中的每一个网格，即在回路内部不含有支路的回路。

（2）基尔霍夫定律是电路的基本定律，复杂电路常用基尔霍夫定律和欧姆定律联合求解。

基尔霍夫定律包括：基尔霍夫第一定律——节点电流定律（KCL）和基尔霍夫第二定律——回路电压定律（KVL）。

① 节点电流定律：任一时刻，在电路的任一节点上，电流的代数和等于零，即

$$\sum I = 0 \quad 或 \quad \sum I_{入} = \sum I_{出}$$

它可以推广应用于任意封闭面。它反映了节点上各支路电流之间的关系，是电荷守恒的逻辑推论。

② 回路电压定律：任一时刻，从电路中一点出发绕回路一周，各段电压代数和等于零，即

$$\sum U = 0$$

采用表达式 $\sum U = 0$ 时，电动势是作为电压来处理的，所以，元件上的电压、电动势均集中在等式一边。

各段电压正、负号的规定：电压方向与设定的回路绕行方向一致为正，相反为负。

回路电压定律的另一种表达形式：在任意一个闭合回路中，各段电阻上电压降的代数和等于各电源电动势的代数和，即

$$\sum E = \sum IR$$

在这种表达形式中，要注意电动势 E 的方向为由电源负极指向正极。

采用 $\sum E = \sum IR$ 时，各段电压与电动势正、负号的规定：与设定的回路绕行方向一致为正，相反为负。

回路电压定律反映了回路中各元件的电压之间的关系，它可以推广应用到不闭合的假想回路，是能量守恒的逻辑推论。

（3）支路电流法是以支路电流为未知量，应用基尔霍夫定律列出节点电流方程和回路

电压方程，联立方程求解各支路电流。如果电路有 n 个节点、m 条支路，可列出 $n-1$ 个独立节点电流方程和 $m-(n-1)$ 个独立回路电压方程来联立求解。

列方程前，要先标出各支路电流的参考方向，对未知电流的方向可设参考方向。求解出各支路电流后要确定各支路电流的实际方向。当支路电流的计算结果为正值时，说明支路电流方向与假设的参考方向相同；当计算结果为负值时，说明支路电流方向与假设的参考方向相反。

（4）内阻为零的电压源称为理想电压源，它能提供恒定不变的电压。内阻为无穷大且能提供恒定电流的电源称为理想电流源。实际电源有电压源和电流源两种模型。理想电压源与电阻串联构成电压源，理想电流源与电阻并联构成电流源。

（5）电压源与电流源的外特性相同时，对外电路来说，这两个电源是等效的。

电压源变换为电流源：$I_S=U_S/r$，内阻 r 的阻值不变，理想电流源 I_S 与 r 并联。

电流源变换为电压源：$U_S=rI_S$，内阻 r 的阻值不变，理想电压源 U_S 与电阻 r 串联。

电压源与电流源可以等效变换，但这种等效变换只是指对外电路等效，对电源内部是不等效的。注意，恒压源和恒流源之间是不能等效变换的。

（6）戴维南定理：任何线性有源二端网络都可以用一个等效电压源代替，该等效电压源的电动势等于该二端网络的开路电压，它的内阻等于该二端网络内所有电源不起作用时的输入端电阻。它适用于求解复杂电路中某一支路的电流。

应用戴维南定理解题的方法与步骤如下：

① 将待求解支路移开，形成有源二端网络。

② 求出有源二端网络的开路电压 U_{AB}，并令 $E_0=U_{AB}$。

③ 求所有电源都不起作用时无源二端网络的等效电阻 R_{AB}，并令 $R_0=R_{AB}$。

④ 画出戴维南等效电路，并与待求解支路相接，然后根据全电路的欧姆定律，求出待求解支路中的电流。

（7）叠加定理适用于线性电路，其内容是：电路中任一支路的电流（或电压）等于每个电源单独作用时产生的电流（或电压）的代数和。

应用叠加定理解题的方法与步骤如下：

① 分别作出一个电源单独作用的分图，去除其余电源（独立恒压源短路，独立恒流源开路），但保留其内阻。

② 分别求出每个电源单独作用时各支路电流或电压分量。

③ 求出各支路电流或电压分量的代数和，这就是各个电源共同作用时各支路的电流或电压。

需要指出，叠加定理只能对电流、电压这两个基本物理量进行叠加，不能用来对功率进行叠加。

3.2　解题示例与分析

分析复杂直流电路可应用基尔霍夫定律、欧姆定律、叠加定理、戴维南定理及等效变换等方法。一般来说，要求出各支路电流，应采用支路电流法；对于某一支路的电流，一般采用戴维南定理求解，或者将电路等效化简后用叠加定理求解。复杂直流电路的各种分析求解方法本质上是相通的，但求解过程有繁简之分。对于一个问题究竟采用哪一种方法，应具体问题具体分析。

【例1】　在图3-1所示的电路中，已知电源电动势 $E_1 = 20$ V，$E_2 = 40$ V，电源内阻不计，电阻 $R_1 = 4$ Ω，$R_2 = 10$ Ω，$R_3 = 40$ Ω。求各支路中通过的电流。

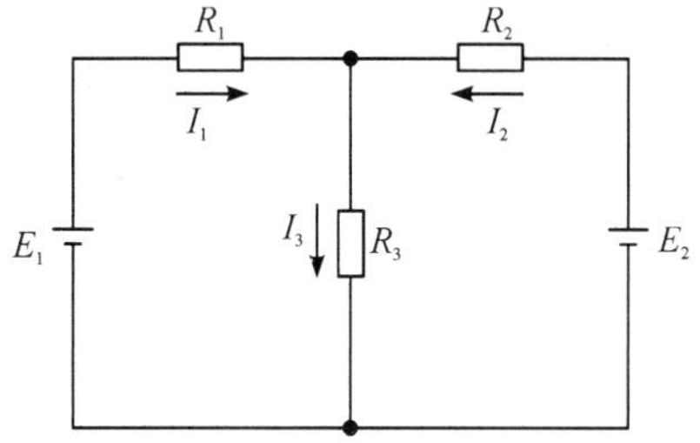

【分析】　求各支路中的电流可用支路电流法，求解方法直接。本题电路有3条支路，需要列出3个方程。电路有两个节点，可用节点电流定律列出 l 个电流方程，用回路电压定律列出两个回路电压方程。联合方程可求解三个未知数。

图3-1

解　设各支路电流为 I_1、I_2、I_3，方向如图3-1所示，取顺时针方向为回路绕行方向，则

$$I_1 + I_2 = I_3 \qquad ①$$
$$I_1 R_1 + I_3 R_3 - E_1 = 0 \qquad ②$$
$$-I_2 R_2 - I_3 R_3 + E_2 = 0 \qquad ③$$

将已知条件数据代入①、②、③式，整理化简，得

$$I_1 + I_2 = I_3$$
$$I_1 + 10 I_3 - 5 = 0 \qquad ④$$
$$I_2 + 4 I_3 - 4 = 0 \qquad ⑤$$

由式④、⑤得

$$I_1 = 5 - 10 I_3 \qquad ⑥$$
$$I_2 = 4 - 4 I_3 \qquad ⑦$$

将式⑥、⑦代入①式化简，得

$$I_3 = 0.6 \text{ A}$$

将 I_3 的值分别代入式⑥、⑦，得

$$I_1 = -1 \text{ A}$$
$$I_2 = 1.6 \text{ A}$$

式中的"－"表示 I_1 的实际方向与标定的参考方向相反。

【例2】　用叠加定理求例1中 R_3 支路的电流。

解　（1）画出 E_1、E_2 单独作用的电路图，如图3-2(a)、(b)所示。

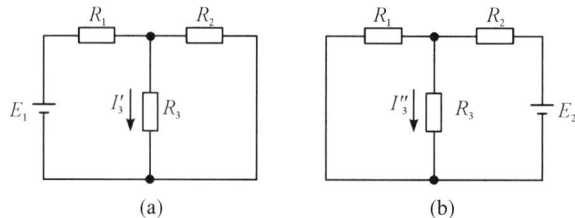

(a) 　　　　　　　　　　　(b)

图3-2

（2）分别计算出各电源单独作用时 R_3 支路的电流。

在图 3-2(a)中：

$$R'_{23} = R_3 \mathbin{/\mkern-5mu/} R_2 = \frac{10 \times 40}{10 + 40}\ \Omega = 8\ \Omega$$

$$I'_3 = \frac{E_1}{R_1 + R'_{23}} \times \frac{R_2}{R_3 + R_2} = \frac{20}{4 + 8} \times \frac{10}{10 + 40}\ \mathrm{A} = \frac{1}{3}\ \mathrm{A}$$

在图 3-2(b)中：

$$R''_{13} = R_3 \mathbin{/\mkern-5mu/} R_1 = \frac{40 \times 4}{40 + 4}\ \Omega = \frac{40}{11}\ \Omega$$

$$I''_3 = \frac{E_2}{R_2 + R''_{13}} \times \frac{R_1}{R_3 + R_1} = \frac{40}{10 + 40/11} \times \frac{4}{4 + 40}\ \mathrm{A} = \frac{4}{15}\ \mathrm{A}$$

(3) 计算 R_3 支路电流分量的代数和：

$$I_3 = I'_3 + I''_3 = \frac{1}{3}\ \mathrm{A} + \frac{4}{15}\ \mathrm{A} = 0.6\ \mathrm{A}$$

【例 3】　用电源等效变换求例 1 中 R_3 支路的电流。

解　对于两个网孔的电路中一个支路的电流，用电源等效变换的方法求解较简单。等效变换电路如图 3-3 所示，则

$$I_{S1} = \frac{E_1}{R_1} = \frac{20}{4}\ \mathrm{A} = 5\ \mathrm{A}$$

$$I_{S2} = \frac{E_2}{R_2} = \frac{40}{10}\ \mathrm{A} = 4\ \mathrm{A}$$

$$R_{12} = R_1 \mathbin{/\mkern-5mu/} R_2 = \frac{10 \times 4}{10 + 4}\ \Omega = \frac{20}{7}\ \Omega$$

$$I_3 = (I_{S1} + I_{S2}) \times \frac{R_{12}}{R_3 + R_{12}} = \frac{(5 + 4) \times 20/7}{40 + 20/7}\ \mathrm{A} = 0.6\ \mathrm{A}$$

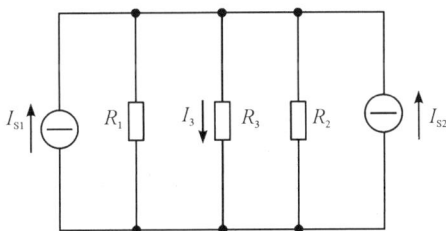

图 3-3

【例 4】　如图 3-4(a)所示的电桥电路，已知 $R_1 = 8\ \Omega$，$R_2 = 2\ \Omega$，$R_3 = 5\ \Omega$，$R_4 = 20\ \Omega$，$E = 10\ \mathrm{V}$，电源内阻不计，$R_5 = 14.4\ \Omega$，求电阻 R_5 上通过的电流。

解　(1) 先移开 R_5 支路，如图 3-4(b)所示，求开路电压 U_{AB}：

$$U_{AB} = -I_1 R_1 + I_2 R_3 = -\frac{E}{R_1 + R_2} R_1 + \frac{E}{R_3 + R_4} R_3$$

$$= -\frac{10}{8 + 2} \times 8 + \frac{10}{5 + 20} \times 5\ \mathrm{V} = -6\ \mathrm{V}$$

(2) 将电压源短路，如图 3-4(c)所示，求等效电阻 R_{AB}：

$$R_{AB} = R_1 /\!/ R_2 + R_3 /\!/ R_4 = \frac{R_1 R_2}{R_1 + R_2} + \frac{R_3 R_4}{R_3 + R_4} = \frac{8 \times 2}{8 + 2} + \frac{5 \times 20}{5 + 20} = 5.6 \ \Omega$$

（3）画出戴维南等效电路，并将 R_5 接入等效电路，如图 3-4(d)所示，则

$$E_0 = U_{BA} = -U_{AB} = 6 \ V$$

$$r = R_{AB} = 5.6 \ \Omega$$

$$I_5 = \frac{E_0}{R_5 + r} = \frac{6}{5.6 + 14.4} = 0.3 \ A$$

电流 I_5 的方向为由 B 流向 A。

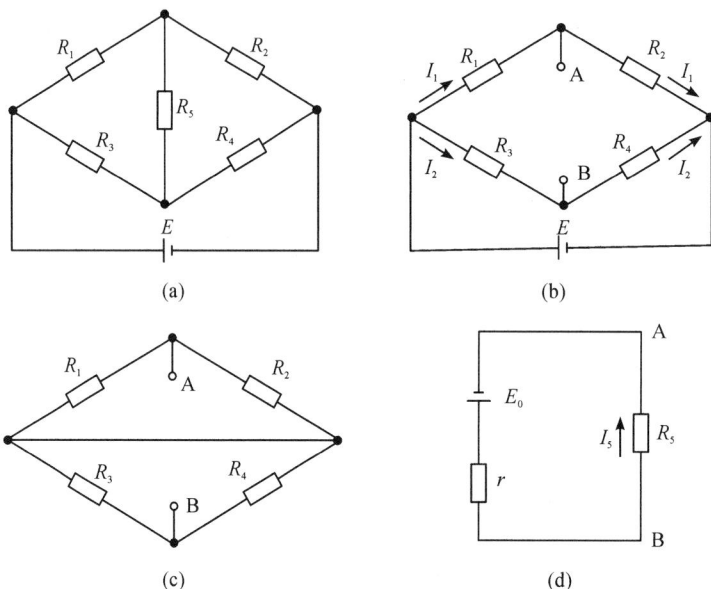

图 3-4

【例5】　如图 3-5 所示的电路中，已知电压源电动势 $E_1 = E_2 = 30 \ V$，电流源电流 $I_{S1} = I_{S2} = 2 \ A$，电阻 $R_1 = 3 \ \Omega$，$R_2 = 6 \ \Omega$，$R_3 = 5 \ \Omega$。求电阻 R_3 上通过的电流。

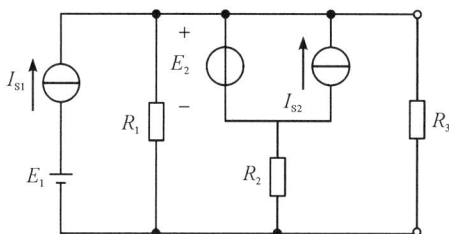

图 3-5

【分析】　图 3-5 所示电路中电源较多，看起来很复杂，它们主要是电流源与电压源的串、并联问题，清楚了它们的规律，本题就简单了。

任何一个元件或一条支路与理想电压源并联，对该理想电压源所作用的外电路毫无影响，只是对理想电压源的输出电流或功率产生影响。因此，对外电路来说，可只由该理想电压源作用于它，而将所有并联的元件或支路移去，如图 3-6 所示。

同理，任何一个元件或一条支路与理想电流源串联，对该理想电流源所作用的外电路毫无影响。因此，对外电路来说，可只由该理想电流源作用于它，而将所有串联的元件或支路移去，如图 3-7 所示。

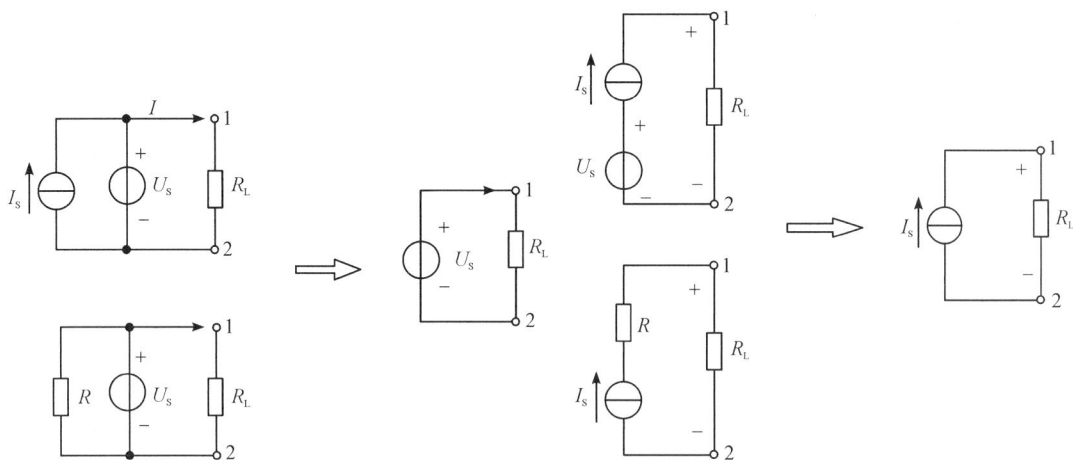

图 3-6

图 3-7

解　先将待求支路电阻 R_3 移除，进行等效化简。由分析知，与理想电流源 I_{S1} 串联的电压源 E_1 及与理想电压源 E_2 并联的电流源 I_{S2} 均对外电路不起作用，因此，可将它们去掉（电压源短路，电流开路），电路如图 3-8(a) 所示。再将图 3-8(a) 中电压源等效变换为电流源，如图 3-8(b) 所示，则

$$I'_{S2} = \frac{E_2}{R_2} = \frac{30}{6} \text{ A} = 5 \text{ A}$$

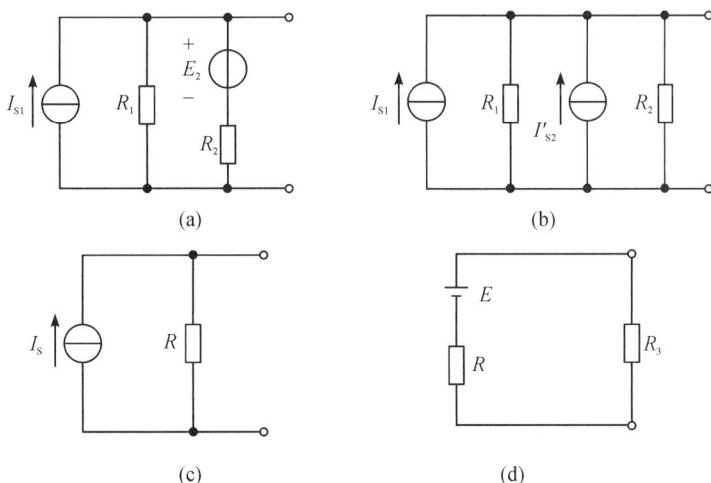

(a)

(b)

(c)

(d)

图 3-8

将图 3-8(b) 进一步化简合并成图 3-8(c) 所示的电路，则

$$I_S = I_{S1} + I'_{S2} = 2 \text{ A} + 5 \text{ A} = 7 \text{ A}$$

$$R = R_1 /\!/ R_2 = \frac{R_1 R_2}{R_1 + R_2} = \frac{3 \times 6}{3 + 6} \ \Omega = 2 \ \Omega$$

最后，等效成电压源，接入 R_3，如图 3-8(d) 所示，则

$$E = I_S R = 7 \times 2 \ \text{V} = 14 \ \text{V}$$

$$I_3 = \frac{E}{R_3 + R} = \frac{14}{5 + 2} \ \text{A} = 2 \ \text{A}$$

3.3　综合练习

一、判断题

1. 负载在额定功率下的工作状态或在正常工作时的状态称为满载。　　　　（　　）
2. 用万用表测量电阻时，每换一次量程，都应重新调一次零。　　　　（　　）
3. 没有构成闭合回路的单支路电流为零。　　　　（　　）
4. 每一条支路中的元件只能有一只电阻或一个电源。　　　　（　　）
5. 电桥电路是复杂直流电路，平衡时又是简单直流电路。　　　　（　　）
6. 节点之间必然要有元件。　　　　（　　）
7. 网孔是最简单的不能再分割的回路，网孔一定是回路，回路不一定是网孔。（　　）
8. 基尔霍夫第一定律是指沿回路绕行一周，各段电压的代数和一定为零。　（　　）
9. 应用基尔霍夫定律分析回路电压时，电动势方向与所选回路的循环方向一致为正。

　　　　（　　）
10. 内阻为零的电源是理想电源。　　　　（　　）
11. 理想电压源与理想电流源可以等效变换。　　　　（　　）
12. 电源等效变换仅对电源外部电路等效。　　　　（　　）
13. 恒压源输出的电压是恒定的，不随负载变化。　　　　（　　）
14. 电流源与电压源实际等效变换时要保证电源内部等效。　　　　（　　）
15. 戴维南定理和叠加定理只适用于线性电路。　　　　（　　）
16. 内阻为零的电压源称为理想电压源。　　　　（　　）
17. 内阻为无穷大且能提供恒定电流的电源称为理想电流源。　　　　（　　）
18. 有 n 个节点可列出 $n-1$ 个独立节点电流方程。　　　　（　　）
19. 任何一个两孔插座对外都可视为一个有源二端网络。　　　　（　　）
20. 只要电路有两个引出端，无论内部结构如何，都可称为有源二端网络。（　　）

二、填空题

1. 基尔霍夫第一定律又称＿＿＿＿＿＿＿，其内容是＿＿＿＿＿＿＿＿＿＿＿，表达式为＿＿＿＿＿＿＿或＿＿＿＿＿＿＿。

2. 基尔霍夫第二定律又称＿＿＿＿＿＿，其内容是＿＿＿＿＿＿＿＿＿＿，表达式为＿＿＿＿＿＿＿。采用这种表达式时，电动势是作为电压来处理的，元件上的电压、电动势均集中在等式一边。因此，各段电压正、负号的规定为：电压方向与设定的回路绕行方向一致为＿＿＿＿，相反为＿＿＿＿。它的第二种表达形式为：在任意一个闭合回路中，各段电阻上＿＿＿＿的代数和等于各电源＿＿＿＿的代数和，即＿＿＿＿＿＿＿。采用这种形

式时，各段电压与电动势正、负号的规定为：_____、_____与设定的回路绕行方向一致为正，相反为负。电动势的方向是_____。

3. 电流 I_3 的方向如图 3-9 所示，则电流 I_3 应为_____ A。

4. 在如图 3-10 所示的电路中，电流 I 应为_____ A。

5. 在如图 3-11 所示的电路中，$U_S =$ _____，$I =$ _____。

6. 电压源的内阻为 2 Ω，$E = 10$ V，把它等效变换成电流源，电流源的电流是_____ A，电阻为_____ Ω。

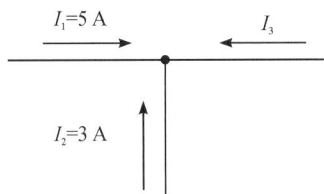

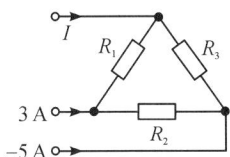

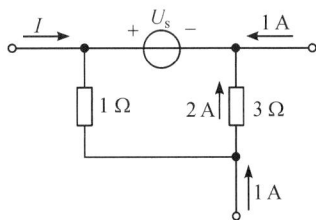

图 3-9　　　　　　　　　　　图 3-10　　　　　　　　　　图 3-11

7. 图 3-12 所示为含源二端网络 M，在端点 A、B 间接入电压表时，其读数为 100 V，在 A、B 间接 10 Ω 电阻时，测得电流为 5 A，则 A、B 两点间的开路电压为_____ V，两点间的等效电阻为_____。

8. 实验测得某含源二端线性网络的开路电压为 6 V，短路电流为 2 A，当外接负载电阻为 3 Ω 时，其端电压是_____。

9. 网络 M、N 如图 3-13 所示，已知 $I_1 = 3$ A，$I_2 = 1$ A，则 I_3 应为_____。

10. 如图 3-14 所示电路，将其化简为等效电压源，则电动势 U_S 为_____ V，内阻 R 为_____ Ω。

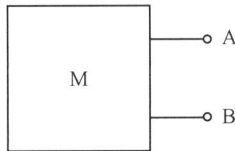

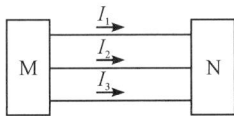

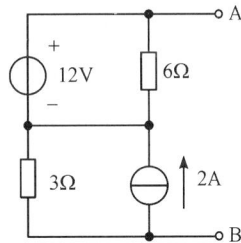

图 3-12　　　　　　　　　　图 3-13　　　　　　　　　　图 3-14

三、选择题

1. 制造标准电阻器的材料一定是（　　）。

A. 高电阻率材料　　　　　　　　B. 低电阻率材料

C. 高温度系数材料　　　　　　　D. 低温度系数、高电阻率材料

2. 下列有关用万用表测量电阻的说法中，正确的是（　　）。

A. 刻度是线性的

B. 指针偏转到最右端时，电阻为无穷大

C. 指针偏转到最左端时，电阻为无穷大

D. 未测量时指针停在零刻度线处

3. 某同学用万用表的欧姆挡测量未知电阻时，把选择开关置于 $R \times 100$ 挡，测量时指针指示在刻度线"3"的位置，为了较准确地测出未知电阻的值，在如下可能的操作中，该同学应继续操作的步骤是(　　)。

A. 将选择开关置于 $R \times 10$ 挡

B. 将选择开关置于 $R \times 10$ 挡，并重新调零

C. 将选择开关置于 $R \times 10k$ 挡，并重新调零

D. 将选择开关置于 $R \times 1k$ 挡，并重新调零

4. 应用支路电流法解题时，若电路有 5 条支路、3 个节点，则要列出(　　)独立方程。

A. 3 个　　　　　　B. 5 个　　　　　　C. 8 个　　　　　　D. 7 个

5. 线性电路是指(　　)的电路。

A. 完全由线性元件、独立源或线性受控源构成

B. 含有储能元件

C. 伏安特性曲线是一条直线

D. 伏安特性曲线是一条曲线

6. 当电路中某一电源单独作用时，其余电源作用应置零，即电压源用＿＿＿＿代替，电流源用＿＿＿＿代替。(　　)

A. 开路；导线　　　　　　　　　B. 导线；导线

C. 开路；开路　　　　　　　　　D. 导线；开路

7. 应用基尔霍夫电压定律 $\sum E = \sum IR$ 解题时，错误的是(　　)。

A. 应首先假定支路电流的正方向

B. 回路的绕行方向任意指定

C. 当电动势的方向与回路的绕行方向一致时，电阻电压为正值

D. 当电阻中的电流方向与回路的绕行方向一致时，电阻电压为负值

8. 如图 3-15 所示，有源二端网络的等效电源电动势 E_{AB} 为(　　)。

A. $E_2 - E_1$　　　　　　　　　　B. $E_1 + E_2$

C. $E_2 + \dfrac{E_1}{R_1 + R_2} R_3$　　　　　　D. $E_2 - \dfrac{E_1}{R_1 + R_3}$

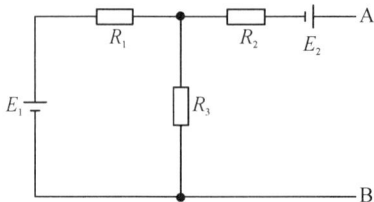

图 3-15

9. 在如图 3-16 所示的二端网络中，电压 U 与电流 I 之间的关系为(　　)。

A. $U=10-5I$　　　B. $U=10+5I$　　　C. $U=5I-10$　　　D. $U=-5I-10$

10. 在如图 3-17 所示的电路中,电源的电动势均为 E,内阻不计,所有电阻均相等,则电压表的读数为(　　)。

A. 0　　　　　　　B. E　　　　　　　C. $2E$　　　　　　　D. $3E$

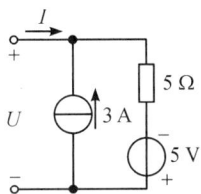 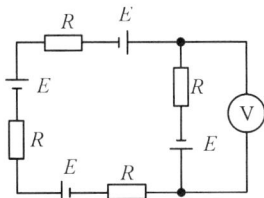

图 3-16　　　　　　　　　　　图 3-17

四、计算题

如图 3-18 所示的电路中,已知电源电动势 $E_1=6$ V,$E_2=1$ V,不计电源内阻,电阻 $R_1=1$ Ω,$R_2=2$ Ω,$R_3=3$ Ω。

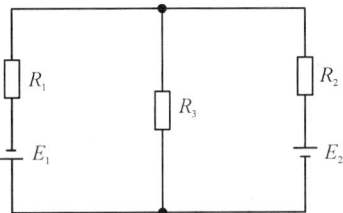

图 3-18

1. 试用支路电流法求各支路上的电流。
2. 试用叠加定理求 R_3 支路上的电流。
3. 试用戴维南定理求 R_3 支路上的电流。
4. 试用等效变换求 R_3 支路上的电流。

参考答案

第 4 章　电　　容

4.1　知　识　要　点

（1）电容器是一种能够储存电荷的器件，两个相互靠近又彼此绝缘的导体可构成一个电容器。

（2）电容器电容量的定义式为 $C=Q/U$，它是表示电容器容纳电荷能力的物理量。对于同一电容器，比值 C 不变；对于不同电容器，比值 C 不同。

平行板电容器的电容量：

$$C=\varepsilon S/d$$

式中，S 表示平行板电容器两极板的正对面积，d 表示极板间的距离，ε 表示两极板间电介质的介电常数。

（3）公式 $C=Q/U$ 与 $C=\varepsilon S/d$ 比较：后者是计算平行板电容器电容的公式，只适用于平行板电容器，它描述了平行板电容器电容由哪些因素决定；前者称为电容的定义式，适用于任何电容器。

电容量是电容器的固有特性，电容器是否带电或加电压都不会改变电容量。只有当电容器两极板间的正对面积 S、极板间的距离 d 或极板间电介质的介电常数 ε 变化时，电容才会改变。

（4）电容器上标明的额定电压（也称耐压），是指直流电压值。如果该电容器用在交流电路中，则交流电压的最大值应不超过它的额定电压值。

（5）电容器是一种储能元件，充电时把能量储存起来，放电时把储存的能量释放出来，储存在电容器中的电场能量 $W_C=CU^2/2$。

（6）电容器串、并联的特点见表 4-1。

表 4-1　电容器串、并联的特点

名　称	串　　联	并　　联
等效电容	等效电容的倒数等于各电容器的电容的倒数之和： $$\frac{1}{C}=\frac{1}{C_1}+\frac{1}{C_2}+\frac{1}{C_3}$$ 两个电容器 C_1、C_2 串联： $$C=\frac{C_1C_2}{C_1+C_2}$$ n 个容量均为 C 的电容串联：$C_0=C/n$	等效电容等于各并联电容之和： $$C=C_1+C_2+C_3+\cdots+C_n$$ n 个容量均为 C 的电容并联： $$C_0=nC$$

名　称	串　联	并　联
电荷量	各电容器上所带的电荷量相等,并等于等效电容器所带的电荷量: $$Q=Q_1=Q_2=Q_3=\cdots=Q_n$$	总电荷量为各电容上电荷量之和: $$Q=Q_1+Q_2+Q_3+\cdots+Q_n$$
电压	总电压等于各电容上的电压之和: $$U=U_1+U_2+U_3+\cdots+U_n$$ 电压分配与电容成反比,C_1、C_2 串联: $$U_1=U\frac{C_2}{C_1+C_2}, \quad U_2=U\frac{C_1}{C_1+C_2}$$	各电容上的电压相等

(7) 电容器的充、放电与电容器的检测。

电容器充、放电过程中,当电容器极板上所储存的电荷发生变化时,电路中就有电流流过;若电容器极板上所储存的电荷恒定不变,则电路中就没有电流流过。电容器充、放电的时间常数 $\tau=RC$。τ 的单位为 s。τ 越大,充、放电越慢。

利用电容器的充、放电特性,用万用表的 $R\times 100$ 或 $R\times 1k$ 电阻挡可检测大容量电容器质量的好坏。

将万用表两表笔连接在电容器的两电极上,若指针迅速右偏后逐渐返回至初始位置(左端∞处),则说明电容器的质量好,没有漏电;若指针右偏后不返回至初始位置而是停留在刻度盘某处,说明电容器漏电现象较严重,其指示值就是电容器的介质漏电电阻;若指针向右满偏后不返回,说明电容器已击穿短路;若指针不偏转,说明电容器内部断路。

4.2　解题示例与分析

在求解与电容器相关的问题时,应注意以下几点。

(1) 平行板电容器的电容由式 $C=\varepsilon S/d$ 确定。

(2) 电容器所带电荷量 Q 及两极板间的电压 U 由电容定义式 $C=Q/U$ 确定。当电容器与电源连接时,电压 U 应保持不变;当电容器充电后与电源脱离时,电荷量 Q 保持不变。

(3) 串联电容器组的耐压值的计算:对于耐压值不同的电容器,可先计算出各个电容器在各自耐压下所带的电荷量(这是最大值),取其中最小者作为串联电容器组的电荷量,由公式 $U=Q_{最小}/C_{总}$ 确定该电容器组的耐压值。

并联电容器组耐压值的计算:取并联电容器组中耐压值最小的为该组的耐压值。

【例 1】　电路如图 4-1 所示,电容器的额定值分别是:C_1 为 100 pF、25 V,C_2 为 200 pF、16 V。电阻 $R_1=30$ kΩ,$R_2=70$ kΩ,电源电压 $U=100$ V。电容 C_1、C_2 接在电路中能否安全工作? 若能,它们所带的电荷量分别是多少?

【分析】　电容接在电路中能否安全工作主要看它承受的电压是否超过它们的额定电压。本题中,C_1、C_2 串联接在 R_1 的两端,则串联组的电压等于 R_1 两端的电压,该电压按

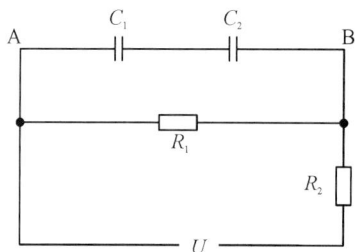

图 4 - 1

规律分压到 C_1、C_2。

解法 1 根据电阻串联电压分配规律得

$$U_{AB} = \frac{R_1}{R_1 + R_2} U = \frac{30}{30 + 70} \times 100 \text{ V} = 30 \text{ V}$$

根据电容器串联电压分配规律(电压与电容成反比),电容 C_1、C_2 两端的电压分别为

$$U_1 = \frac{C_1}{C_1 + C_2} U_{AB} = \frac{200 \times 10^{-12}}{100 \times 10^{-12} + 200 \times 10^{-12}} \times 30 \text{ V} = 20 \text{ V}$$

$$U_2 = U_{AB} - U_1 = 30 \text{ V} - 20 \text{ V} = 10 \text{ V}$$

它们两端所承受的电压均比它们的额定电压小,因此能安全工作。

串联电容器所带的电荷量相等,则

$$Q = Q_1 = Q_2 = C_2 U_2 = 200 \times 10^{-12} \times 10 \text{ C} = 2 \times 10^{-9} \text{ C}$$

解法 2 先求 C_1、C_2 串联的等效总电容及电荷量,再据公式 $U = Q/C$ 分别求电压。

电容 C_1、C_2 串联构成的电容器组的总电容为

$$C = \frac{C_1 C_2}{C_1 + C_2} = \frac{100 \times 200}{100 + 200} \text{ pF} = \frac{200}{3} \text{ pF}$$

电容 C_1、C_2 所带的电荷量为

$$Q = Q_1 = Q_2 = C U_{AB} = \frac{200}{3} \times 10^{-12} \times 30 \text{ C} = 2 \times 10^{-9} \text{ C}$$

电容 C_1、C_2 两端的电压分别为

$$U_1 = \frac{Q_1}{C_1} = \frac{2 \times 10^{-9}}{100 \times 10^{-12}} \text{ V} = 20 \text{ V}$$

同理,可得

$$U_2 = 10 \text{ V}$$

【例 2】 已知电容器 C_1、C_2 的标称值分别为 20 μF、300 V 和 5 μF、450 V,求它们串联后允许加载电压的最大值 U_m。

【分析】 在电容串联电路中,电容上的电压与其容量大小成反比。因此,以电容量小的额定电压为基础求大电容的承载电压即可。也可用串联电容器组的电荷量与总电容之比求解。

解法 1 根据题意及电容器串联电压分配规律:

$$\frac{U_1}{U_2}=\frac{C_2}{C_1}$$

因为，C_2 的额定容量最小，取 $U_2=450$ V，得

$$U_1=\frac{450}{4}\text{ V}=112.5\text{ V}$$

所以，
$$U_m=450\text{ V}+112.5\text{ V}=562.5\text{ V}$$

解法 2 电容 C_1、C_2 串联构成电容器组的总电容为

$$C=\frac{C_1C_2}{C_1+C_2}=\frac{5\times20}{5+20}\ \mu\text{F}=4\ \mu\text{F}$$

电容 C_1、C_2 所带的电荷量为

$$Q_1=C_1U_1=20\ \mu\text{F}\times300\text{ V}=6000\ \mu\text{F}\cdot\text{V}$$

$$Q_2=C_2U_2=5\ \mu\text{F}\times450\text{ V}=2250\ \mu\text{F}\cdot\text{V}$$

根据串联电容器所带的电荷量相等的特点，取最小电荷量，则

$$U_m=\frac{Q_2}{C}=\frac{2250\ \mu\text{F}\cdot\text{V}}{4\ \mu\text{F}}=562.5\text{ V}$$

【例 3】 如图 4-2 所示的电路中，$C_1=20\ \mu\text{F}$，$C_2=5\ \mu\text{F}$，电源电动势 $E=500$ V，将开关 S 扳到位置 1 对 C_1 充电，再将开关 S 扳到位置 2。

(1) 当 C_1 与 C_2 连接后两极板间的电压是多少？

(2) C_1、C_2 所带电荷量是多少？

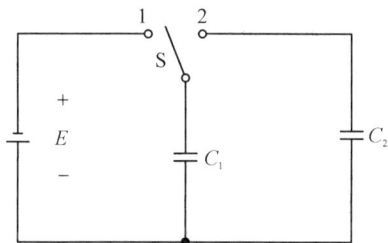

图 4-2

【分析】 两个电容器相连接，它们的电压不同，连接后 C_1 相当于电源，两者为并联关系，C_1 与 C_2 间必有电荷迁移，电荷迁移的结果是：两电容器最终达到电压相等。电荷迁移过程中遵守电荷量守恒，即总电荷不变。

解 (1) 开关 S 扳到位置 1 对 C_1 的充电量为

$$Q_1=C_1E=20\times10^{-6}\times500\text{ C}=1\times10^{-2}\text{ C}$$

C_1、C_2 连接后两极板间的电压为

$$U_1=U_2=U=\frac{Q}{C}=\frac{Q_1}{C_1+C_2}=\frac{1\times10^{-2}}{(20+5)\times10^{-6}}\text{ V}=400\text{ V}$$

(2) C_1、C_2 所带电荷量分别为

$$Q_1=C_1U_1=20\times10^{-6}\times400\text{ C}=8\times10^{-3}\text{ C}$$

$$Q_2=C_2U_2=5\times10^{-6}\times400\text{ C}=2\times10^{-3}\text{ C}$$

4.3 综 合 练 习

一、判断题

1. 因为 $C=Q/U$，所以 C 与 Q 成正比，与 U 成反比。　　　（　　）

2. 两只电容器的电容 $C_1>C_2$，它们串联时电荷量相同。　　　（　　）

3. 两只电容器的电容 $C_2>C_1$，它们并联时 $Q_1>Q_2$。　　　（　　）

4. 两只电容器的电容 $C_1>C_2$，它们串联时 $U_1>U_2$。　　　（　　）

5. 平行板电容器的电容与两极板的间距及正对面积有关，与其他因素无关。（　　）

6. 电容不相等的电容器串联接到电源后其端电压与它的电容量成反比。（　　）

7. 10 pF 的两个电容，耐压分别为 10 V 和 30 V，串联后的耐压值为 40 V。（　　）

8. 电容器串联后，其等效电容量小于其中任一电容器的电容量。（　　）

9. 几个电容器并联后，电容量越大，它所带的电荷越多。　　　（　　）

10. 电容器的充、放电过程就是电容器储存电荷和释放电荷的过程。（　　）

11. 电容量是衡量电容器储存电荷多少的物理量，根据电容器电容量的定义式 $C=Q/U$，说明平行板电容器的电容量大小与电量成正比，与电压成反比。（　　）

12. 电容器接在交变电路中有电流，说明电荷从一个极板到达了另一个极板。（　　）

二、填空题

1. 一只电容器所带电荷量为 2×10^{-6} C，两极板间的电压为 2 V，它的电容等于_____，如两极板间所带电荷量减为原来的一半，则它的电容为_____，两极板间的电压为_____。

2. 4 个额定值为"10 V、20 μF"的电容器串联，等效电容是_____，耐压是_____；如果将它们并联，等效电容是_____，耐压是_____。

3. 两空气平行板电容 C_1 和 C_2，若两极板的间距之比为 2，两极板的正对面积之比为 3/2，则它们的电容量之比为_____。若 $C_1=6$ pF，则 $C_2=$_____ pF。

4. 两个电容器，分别标注为"10 μF、25 V"和"20 μF、15 V"，现将它们并联后接在 10 V 的直流电源上，则它们储存的电荷量分别是_____和_____，它们的等效电容是_____，该并联电路的最大工作电压是_____。

5. 将标注为"10 μF、25 V"和"20 μF、15 V"的两个电容器串联后接在 30 V 的直流电源上，则它们储存的电荷量分别是_____和_____，它们的等效电容是_____，它们串联后的最大工作电压是_____。

6. 两平行板电容器 C_1 和 C_2 串联接在直流电源上。若将 C_1 的两极板间的距离增大，则 C_1、C_2 所带电荷量将_____，C_1 两端的电压将_____，C_2 两端的电压将_____。

7. 平行板电容器的容量为 C，接到电压为 U 的电源上，稳定后脱离电源。现把两极板的距离由 d 增大到 $2d$，则电容器的电容变为_____，这时电容所带的电荷量为

_____，两极板间的电压为_____。

8. 两只电容器的额定值分别为 $2\ \mu F$、$160\ V$ 和 $10\ \mu F$、$250\ V$，它们串联以后的耐压值为_____，它们并联后的耐压值为_____。

9. 一只电容器外加电压 $10\ V$ 时，极板所带电荷量为 $4\times10^{-5}\ C$，它的电容为_____，极板间的电场能为_____。

10. 在图 $4-3$ 所示的电路中，电源电动势为 E，大容量的电容器 C 未带电。当开关 S 向位置 1 闭合时，电源对 C 充电，此时白炽灯 L 开始_____，然后逐渐_____，可观察到电流表 A_1 上的充电电流_____，电压表 V 的读数_____。经过一段时间后，电流表 A_1 的读数为_____，电压表 V 的读数为_____。电容器充电结束后，把开关 S 从位置 1 切换至位置 2，电容器开始放电，此时白炽灯 L 开始_____，然后逐渐_____，可观察到电流表 A_2 上的放电电流_____，电压表 V 的读数_____。经过一段时间后，电流表 A_2 的读数为_____，电压表 V 的读数为_____。

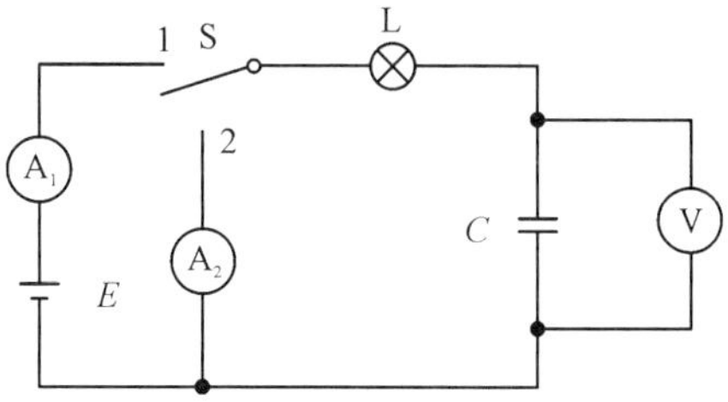

图 $4-3$

11. 检测大容量电容器的好坏时，应将万用表拨到_____（倍率）挡。如果万用表表笔分别与电容器两电极连接时，指针有一定的偏转角后很快回到接近起始位置的地方，说明该电容器_____；如果指针偏转到零后不再返回，则说明电容器内部_____。如果指针偏转后回不到起始位置，而是停在表盘的某处，则说明电容器内部_____。如果指针根本不偏转，则说明电容器内部_____。

12. 电容器的充、放电时间常数 $\tau=$_____，SI 制单位是_____。

三、选择题

1. 容量 $C_1=3C_2$ 的电容器串联接在直流电路中，则 C_1 两端电压是 C_2 两端电压的（　　）。

A. 3 倍　　　　　　B. 9 倍　　　　　　C. 1/3　　　　　　D. 1/9

2. 一个平行板电容器，要使两板间的电压加倍，可采用的办法有（　　）。

A. 电荷量加倍，极板间距变为原来的 4 倍

B. 电荷量加倍，极板间距变为原来的 2 倍

C. 电荷量减半，极板间距变为原来的 2 倍

D. 电荷量减半，极板间距变为原来的 4 倍

3. 如果把平行板电容器极板的面积加倍，两极板间的距离减半，则（　　）。

A. 电容增大到 4 倍　　　　　　　　　B. 电容减半

C. 电容加倍　　　　　　　　　　D. 电容保持不变

4. 电路如图 4-4 所示，电源电动势 $E_1=E_2=10$ V，不计内阻，电阻 $R_1=6$ Ω，$R_2=4$ Ω，$R_3=8$ Ω，$R_4=2$ Ω，电容 $C=4$ μF。下列结论正确的是（　　）。

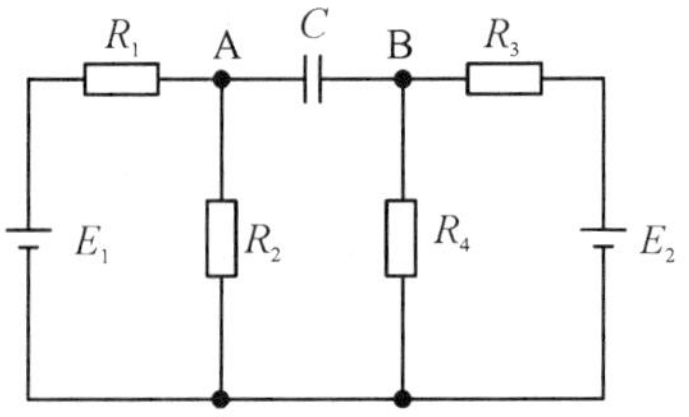

图 4-4

A. 电容器两极板的电位均为零　　B. 电容器两极板间无电位差，也不带电

C. 电容器 A 极板的电位比 B 极板的高　　D. 电容器所带电荷量为 $8×10^{-6}$ C

5. 标有"3 μF、100 V"的 3 个电容器，将其中的 2 个并联再与第 3 个串联，则整个电容器组的等效电容和额定工作电压分别是（　　）。

A. 4.5 μF、200 V　　　　　　B. 4.5 μF、150 V

C. 2 μF、150 V　　　　　　　D. 2 μF、200 V

6. 如图 4-5 所示，$R_1=20$ Ω，$R_2=50$ Ω，当 $C_1=1$ μF 时，C_1、C_2 刚好达到额定工作状态，则 C_2 的电容等于（　　）。

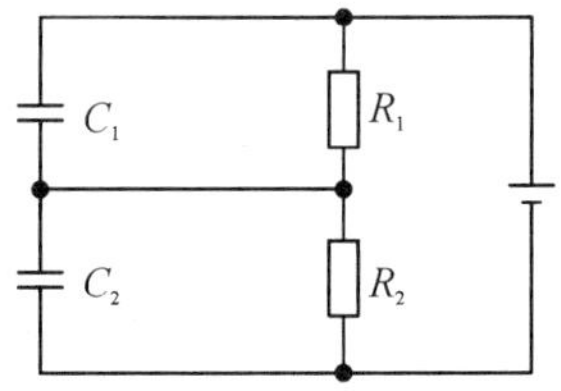

图 4-5

A. 2 μF　　　　B. 5 μF　　　　C. 5/2 μF　　　　D. 2/5 μF

7. 电路如图 4-6 所示，电动势 $E=10$ V，内阻为 1 Ω，则电容两端的电压 $U=$（　　）。

A. 9 V　　　　B. 10 V　　　　C. 1 V　　　　D. 0

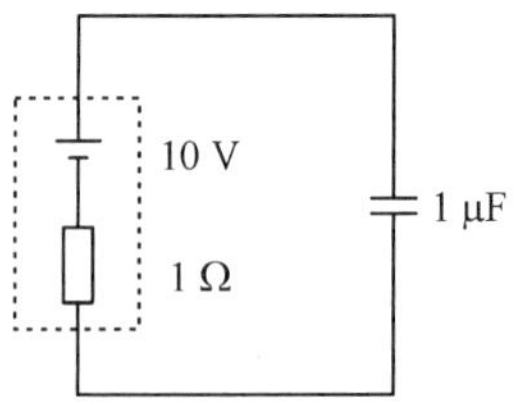

图 4-6

8. 电容器 C_1 和 C_2，其额定值分别为 20 μF、50 V 和 30 μF、90 V，串联后接入 100 V 的电源，则（　　）。

A. C_1 击穿，C_2 不击穿　　　　B. C_1 先击穿，C_2 后击穿

C. C_2 先击穿，C_1 后击穿　　　　　　　D. 均不击穿

9. 电容器 C_1、C_2、C_3 串联，当 $C_1>C_2>C_3$ 时，它们两端的电压的关系是(　　)。

　　A. $U_1=U_2=U_3$　　　　　　　　　B. $U_1>U_2>U_3$

　　C. $U_1<U_2<U_3$　　　　　　　　　D. 不能确定

10. 两个完全相同的电容器串联接到直流电源上后，在 C_2 中插入介质云母，下列说法正确的是(　　)。

　　A. $U_1=U_2$，$Q_1=Q_2$　　　　　　　B. $U_1>U_2$，$Q_1=Q_2$

　　C. $U_1<U_2$，$Q_1>Q_2$　　　　　　　D. $U_1=U_2$，$Q_1<Q_2$

11. 电容为 C 的平行板电容器与电压为 U 的电源相连，电容器极板上的电荷量为 Q，在不断开电源的情况下，把两极板间的距离增大一倍，则(　　)。

　　A. U 不变，Q 和 C 都减小一半　　　B. U 不变，C 减小一半，Q 增大一倍

　　C. Q 不变，C 减小一半，U 增大一倍　　D. U 都不变，C 减小一半

12. 已知两电容器的电容 $C_1=2C_2$，C_1 充电后电压为 U，C_2 未充电。如果将两电容器的同极性电极分别相连接，则电容 C_1 两端的电压为(　　)。

　　A. $U/2$　　　　　B. $U/3$　　　　　C. $2U/3$　　　　　D. U

13. 某电路中，需要接入容量为 $16\ \mu F$、耐压为 $800\ V$ 的电容器，现有 $16\ \mu F$、$450\ V$ 的电容器多只，要达到上述要求，其连接方法是(　　)。

　　A. 2 只 $16\ \mu F$ 电容器串联后接入电路

　　B. 2 只 $16\ \mu F$ 电容器并联后接入电路

　　C. 4 只 $16\ \mu F$ 电容器先两两并联，再串联接入电路

　　D. 无法达到上述要求，不能使用 $16\ \mu F$、$450\ V$ 的电容器

14. 已知三个电容器的额定值分别为：C_1 是 $10\ \mu F$、$600\ V$；C_2 是 $50\ \mu F$、$300\ V$；C_3 是 $60\ \mu F$、$800\ V$。将 C_1、C_2 串联再与 C_3 并联构成电容器组，该电容器组能承受的最大电压为(　　)。

　　A. $900\ V$　　　　　B. $720\ V$　　　　　C. $800\ V$　　　　　D. $600\ V$

15. 收音机中常用双连可变电容器来调节频率以进行电台选择，它是通过改变(　　)来改变电容的。

　　A. 极板间距　　　　B. 极板正对面积　　　C. 电介质　　　　D. 体积

参考答案

第 5 章　磁场与磁路

5.1　知识要点

（1）磁性：物体吸引铁磁性物质的性质。

异名磁极相吸引，同名磁极相排斥。

（2）磁感线是假想的能形象地描述磁场分布的互不交叉的闭合曲线，在磁体外部由 N 极指向 S 极，在磁体内部由 S 极指向 N 极。磁感线上一点的切线方向表示该点的磁场方向。

磁感线的疏密表示磁场的强弱。匀强磁场的磁感线是一些分布均匀的平行直线。

（3）电流和磁铁周围都存在着磁场。电流产生的磁场称为电流的磁效应，其磁场方向可用右手螺旋定则（安培定则）判断。

① 通电直导线：用右手握住导线，让伸直的大拇指所指的方向与电流方向一致，那么弯曲的四指所指的方向就是磁感线的环绕方向。

② 通电螺线管：用右手握住螺线管，让弯曲的四指所指的方向与电流方向一致，那么大拇指指向通电螺线管的 N 极。

环形电流相当于单根通电螺线管：让右手弯曲的四指和环形电流的方向一致，那么伸直的大拇指所指的方向就是环形导线中心轴线上磁感线的方向。

应用安培定则判定直线电流、通电螺线管（环形电流）周围磁场的磁感线方向时，要注意四指与拇指的含义。

（4）磁场的主要物理量

① 磁感应强度 B：是描述磁场中某点处磁场强弱的物理量，单位为 T。B 可用下列公式求出：

$$B = \frac{F}{Il}$$

磁感应强度是矢量，它的方向即磁场方向，是该处小磁针静止时 N 极所指的方向。

② 磁通 Φ：是描述磁场在某一范围内的分布及变化情况的物理量，单位为 Wb。其表达式：

$$\Phi = BS$$

在匀强磁场中，与磁场方向垂直的平面面积与磁感应强度的乘积，称为穿过这个面的磁通。

③ 磁导率 μ：表示物质的导磁能力，同时也说明该物质对磁场影响程度，$B = \mu H$。

真空的磁导率 μ_0 是一个常数，其他介质的磁导率 μ 与真空的磁导率的比值称为相对磁

导率 μ_r，即 $\mu_r = \mu / \mu_0$。铁磁物质的 $\mu_r \gg 1$。铁磁物质的 μ 不是常数，非铁磁物质的 μ 是常数。

④ 磁场强度 H：磁回路中单位长度所占的 IN（磁回路的磁动势）称为磁场强度，用 H 表示，即

$$H = \frac{IN}{l}$$

式中，l 为整个磁回路的长度，单位是米（m）；H 的单位是安/米（A/m）。

磁场中各点的磁感应强度 B 与介质的特性有关。因此，磁感应强度 B 的第二种定义形式为：介质的磁导率 μ 与磁场强度 H 的乘积称为该点的磁感应强度 B，即

$$B = \mu H \quad \text{或者} \quad H = B / \mu$$

磁感应强度 B 是体现磁性材料的性质对整体磁场强弱影响的物理量。

磁场强度是矢量，在均匀介质中，它的方向和磁感应强度的方向一致。

（5）磁场对处在其中的载流直导体有作用力——电磁力，其方向用左手定则判断，电磁力的大小 $F = BIl\sin\theta$，式中 θ 为载流直导线与磁感应强度方向的夹角。

（6）磁阻 R_m 描述磁路材料对磁通的阻力，$R_m = \dfrac{l}{\mu S}$，单位为 H^{-1}，它不是常数。

（7）磁路欧姆定律：$\varPhi = \dfrac{IN}{R_m}$。磁动势 IN 是描述磁路产生磁通的条件和能力的物理量，单位是 A。

（8）铁磁材料在磁场中被反复磁化形成的封闭曲线称为磁滞回线，它说明铁磁材料在磁场中被反复磁化就会有磁滞损耗。铁磁材料可分为硬磁材料、软磁材料、矩磁材料三大类，其特点见表 5 - 1。

表 5 - 1　铁磁材料的分类与特点

名称	磁滞回线	特点	典型材料与用途
软磁材料		易磁化 易退磁	硅钢、铸钢、铁镍合金、铁铝合金、铁氧体材料等，适合制作仪表、电机、变压器、继电器等设备的铁芯
硬磁材料		不易磁化 不易退磁	碳钢、钴钢、铝镍钴合金等，适合制作永久磁铁，如扬声器的磁钢、磁电系仪表的磁钢

续表

名称	磁滞回线	特点	典型材料与用途
矩磁 材料		很易磁化 很难退磁	锰镁铁氧体、锂锰铁氧体 等，适合制作磁带、计算机 的磁盘

5.2　解题示例与分析

应用右手螺旋定则（安培定则）判定直线电流、通电螺线管环形电流产生磁场的磁感线方向，以及应用左手定则判定电磁力的方向时，要注意四指与拇指的含义。

【例1】　试分析两根相距较近且相互平行的直导线，分别通以相同方向的电流和相反方向的电流时，它们之间的相互作用力。

【分析】　两根通电直导线都会产生磁场，每根通电直导线都处在另一根通电直导线产生的磁场中，因此，每根通电直导线都受到电磁力的作用。先用右手螺旋定则判断出一根通电直导线产生的磁场方向，再用左手定则判断出另一根通电直导线在这个磁场中所受电磁力的方向。

解　（1）两根相互平行的直导线通以相同方向的电流，用右手螺旋定则可判断电流 I_1 产生的磁场，如图 5-1(a) 所示，电流 I_2 在此磁场中受到电磁力的作用，用左手定则知其电磁力 F 向左。

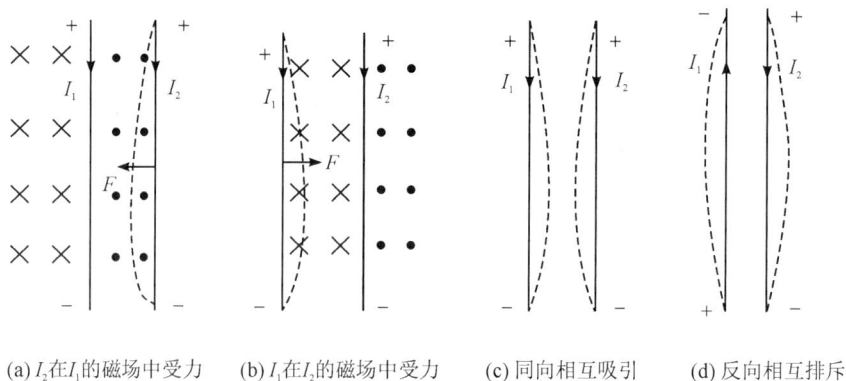

(a) I_2 在 I_1 的磁场中受力　　(b) I_1 在 I_2 的磁场中受力　　(c) 同向相互吸引　　(d) 反向相互排斥

图 5-1　通电平行直导线间的相互作用

（2）用右手螺旋定则可判断电流 I_2 产生的磁场，如图 5-1(b) 所示。用左手定则可判断电流 I_1 在此磁场中受到的电磁力 F 方向向右。

从图分析可知，两平行导线通以相同方向的电流时相互吸引，如图 5-1(c) 所示。

同理分析，两平行导线通以相反方向的电流时相互排斥，如图 5-1(d)所示。

发电厂或变电所的母线排就是互相平行的载流直导线，它们之间存在着相互作用的电磁力。在发生短路事故时，通过母线的电流会骤然增大几十倍，这时平行母线排之间的作用力可以达到几千牛顿。为了使母线不会因短路时产生的巨大电磁力作用而受到破坏，每隔一定间距安装一个绝缘瓷柱支撑，以平衡电磁力。

【例 2】　如图 5-2 所示，直线电流 I_1 与通以电流 I_2 的矩形线框同在纸面内，矩形线框所受电磁力的合力方向是怎样的？

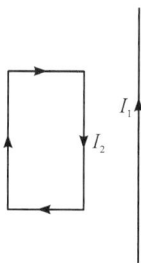

图 5-2

【分析】　直线电流产生的磁场随着离开导线距离的增大而加速减弱，因此，线框右边的磁场大于左边的磁场。

解　根据安培定则和导体在磁场中受到的电磁力 $F = BIl$ 知，直线电流在通电矩形线框区域产生的磁场方向为垂直于纸面向外。根据左手定则，矩形线框上、下、左、右四条边所受磁场力的方向分别为向下、向上、向右、向左，上、下两边受力平衡，相互抵消，但直线电流的磁场在线框右边的大于左边的，所以，线框右边所受磁场力大于左边，线框所受合力向左。

【例 3】　如图 5-3(a)所示，要使图中通电导线受到电磁力的方向向下，应如何连接电源？

【分析】　通电导线受到方向向下的电磁力，可先用左手定则判断出螺旋管 A、B 的磁场方向，确定螺旋管 A、B 的磁极，再根据右手定则，可确定螺旋管 A、B 的电流方向。

解　通电导线受到方向向下的电磁力作用，用左手定则判断出螺旋管 A 端磁场向外为 N 极，则 B 端为 S 极，如图 5-3(b)所示。根据右手定则，可判断出螺旋管 A、B 的电流方向，连接电源即可。

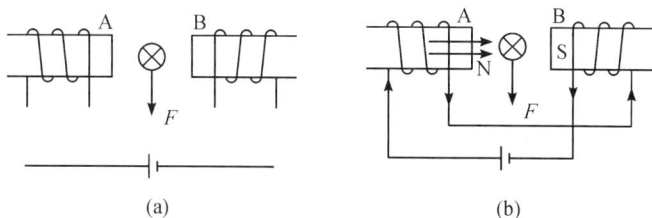

(a)　　　　　　　　　　　　　(b)

图 5-3

5.3　综　合　练　习

一、判断题

1. 每个磁体都有 N、S 两个磁极，把磁体断成两段，一段为 N 极，另一段为 S 极。　　　　　　　　　　　　　　　　　　　　　　　　　　　　　（　　　）

2. 磁场的方向总是由 N 极指向 S 极。　　　　　　　　　　　　　（　　　）

3. 磁感线始于 N 极，终于 S 极。　　　　　　　　　　　　　　　（　　　）

4. 磁感线是实际存在的线，在磁场中可以表示各点的磁场方向。　（　　　）

5. 磁感线能形象地描述磁场的强弱和方向，它存在于磁极周围的空间里。（　　　）

6. 穿过某一截面积的磁感线数称为磁通，也称为磁通密度。　　　（　　　）

7. 通电线圈插入铁芯后，它所产生的磁通大大增加。　　　　　　（　　　）

8. 两根靠得很近的平行直导线，通以相反方向的电流，则它们互相排斥。（　　　）

9. 在均匀无穷大介质中，磁场强度的数值不仅与电流的大小和导体的形状有关，还与介质的性质有关。　　　　　　　　　　　　　　　　　　　（　　　）

10. 通电线圈在磁场中的受力方向，可用安培定则判别。　　　　（　　　）

11. 如果通过某一截面的磁通为零，则该截面处的磁感应强度一定为零。（　　　）

12. 磁导率是表示介质磁性能的物理量，不同的物质有不同的磁导率。（　　　）

13. 通电导线在磁场中某处受到的磁场力为零，则该处的磁感应强度一定为零。　　　　　　　　　　　　　　　　　　　　　　　　　　　　　　（　　　）

14. 适于制成永久磁铁的铁磁物质是硬磁物质。　　　　　　　　（　　　）

15. 两根靠得很近的直导线，一根通以直流，另一根无电流，它们间无作用力。（　　　）

16. 在电源电压一定的情况下，电阻大的负载就是大负载。　　　（　　　）

二、填空题

1. 磁感线上任意一点的_____方向，就是该点磁场的方向，也就是放在该点的小磁针_____极所指的方向。

2. 电流的磁效应是_____，其磁场方向可用_____来判断。

3. 如果通电环形螺旋管的线圈匝数和电流都不变，只改变线圈中的介质，则线圈内磁场强度将_____，而磁感应强度将_____。

4. 两根相互平行的直导线中通以反向电流时，它们_____；若通以同向电流，则它们_____。

5. 要使导体所受电磁力最大，则载流直导体与磁场_____；若要使导体所受电磁力最大，则载流直导体与磁场_____。

6. 磁滞现象就是_____的变化总是落后于_____的变化。

7. 把长为 30 cm、通以 4 A 电流的导线放在匀强磁场中，测得导线和磁感线垂直时的电磁力是 0.06 N，则磁场的磁感应强度为_____；如果导线和磁场方向形成 30°角，则导线所受到的电磁力的大小为_____。

8. 长 10 cm 的导线，通以 3 A 电流，方向如图 5-4 所示，磁场均匀。测得导线所受电磁力为 0.15 N，则该区域的磁感应强度为_____，导线受到的电磁力的方向为_____。若导线中的电流为零，那么该区域的磁感应强度为_____。

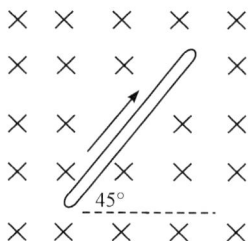

图 5-4

9. 在 0.5 T 的匀强磁场中放入 20 cm² 的线框，则线框平面与磁场方向垂直时的磁通为_____，线框平面与磁场方向平行时的磁通为_____。

10. 指出图 5-5 所示电流或力的方向。

图(a)_____；图(b)_____；图(c)_____。

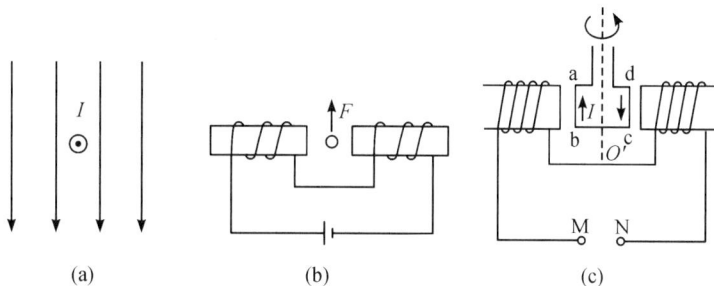

图 5-5

三、选择题

1. 下列关于磁感线说法正确的是(   )。

A. 磁感线是客观存在的有方向的曲线

B. 磁感线上的箭头表示磁场方向

C. 磁感线总是始于 N 极，而终于 S 极

D. 磁感线上某处小磁针静止时，N 极所指方向应与该处曲线的切线方向一致

2. 磁感线上任一点的(   )方向，就是该点的磁场方向。

A. 指向 N 极   B. 切线   C. 直线   D. 磁感线上箭头的方向

3. 关于电流的磁场，说法正确的是(   )。

A. 直线电流的磁场只分布在垂直于导线的某一平面上

B. 直线电流的磁场是一些同心圆，距离导线越远，磁感线越密

C. 直线电流、环形电流的磁场方向都可用右手螺旋定则判断

4. 在匀强磁场中，一载流导线受到的电磁场力为 F，若将电流减少一半，导线的长度

增加一倍，则载流导线所受的电磁场力为(　　　)。

　　A. 2 F　　　　　　　B. F　　　　　　　C. $F/2$　　　　　D. 4 F

5. 下列说法正确的是(　　　)。

　　A. 一段通电导体，在磁场某处受到的磁场力大，则该处的磁感应强度就大

　　B. 磁感线越密处，磁感应强度越大

　　C. 通电导体在磁场中受到的力为零，则该处的磁感应强度为零

　　D. 在磁感应强度为 B 的匀强磁场中，放入一面积为 S 的线圈，则通过该线圈的磁通
　　　 $\Phi = BS$

6. 保持通电线圈的电流、形状、匝数不变，改变线圈中的介质，则线圈内(　　　)。

　　A. 磁场强度不变，磁感应强度变化

　　B. 磁场强度变化，而磁感应强度不变

　　C. 磁场强度和磁感应强度均不变化

　　D. 磁场强度和磁感应强度均要改变

7. 空芯线圈被插入铁芯后(　　　)。

　　A. 无影响　　　　　　　　　　　　B. 磁性将大大减弱

　　C. 磁性略有增强　　　　　　　　　D. 磁性将大大增强

8. 长度和截面积相同的两段磁路，a 段为气隙，磁阻为 R_{ma}，b 段为铸钢，磁阻为 R_{mb}，下列说法正确的是(　　　)。

　　A. $R_{ma} = R_{mb}$　　　　B. $R_{ma} < R_{mb}$　　　　C. $R_{ma} > R_{mb}$　　　D. 不能比较

9. 在铁磁材料构成的磁路中，关于磁阻，下列说法正确的是(　　　)。

　　A. 磁路的长度和面积不变，磁阻不变

　　B. 磁阻与磁导率成正比

　　C. 磁阻不是常数，与磁通的变化有关

　　D. 不能确定

10. 关于磁滞回线，下列说法正确的是(　　　)。

　　A. 磁滞回线面积越大，磁化过程消耗的能量越多

　　B. 磁滞回线面积越大，说明导磁性能越好

　　C. 磁滞回线面积越小，说明导磁性能越好

　　D. 磁滞回线面积越小，磁化过程消耗的能量越多

参考答案

第 6 章　电 磁 感 应

6.1　知 识 要 点

（1）变化的磁场（磁通）能在导体中产生电动势的现象称为电磁感应现象。

（2）产生感应电动势（感应电流）有两种形式。

① 直导体切割磁感线产生感应电动势，其大小为 $e = Blv\sin\theta$，方向可用右手定则判断。该公式适合匀速运动切割磁感线产生感应电动势，或者导体切割磁感线在某时刻（速度瞬时值）产生感应电动势。

② 穿过闭合电路的磁通发生变化会产生感应电动势和感应电流，其方向用楞次定律判断。

楞次定律：感应电流的磁场总是要阻碍原磁通的变化。

应用楞次定律判断感应电动势和感应电流方向的步骤如下：

a. 确定原磁场的方向。

b. 确定原磁场的变化趋势，看它是增加还是减少。

c. 根据楞次定律，判断感应磁场的方向。

d. 应用右手螺旋定则判断感应电流的方向：拇指指向感应磁场的方向，四指所指的方向即为感应电流和感应电动势的方向。

产生感应电动势的导体是电源，则四指所指向的一端为感应电动势的正极。

闭合电路或线圈中感应电动势的大小与线圈中磁通的变化率成正比，即

$$e = N\,\frac{\Delta\Phi}{\Delta t}$$

这就是法拉第电磁感应定律，它适合计算一段时间 Δt 内感应电动势的平均值。

（3）自感现象。

线圈本身电流发生变化而在线圈中产生感应电动势的现象称为自感现象。

① 自感现象的特点：

a. 是线圈自身电流变化所引起的。

b. 有阻碍电路中电流发生变化的作用。

② 应用楞次定律判断自感电动势的方向——"增反减同"。通过电路的电流增加时，自感电动势方向与电流方向相反；通过电路的电流减小时，自感电动势方向与电流方向相同。

③ 自感电动势的大小与电流的变化率和线圈的自感系数 L 成正比：

$$e_L = L\,\frac{\Delta I}{\Delta t}$$

（4）自感系数 L 是描述线圈本身特性的物理量，它与线圈的匝数、长度、几何形态、线

圈中的导磁材料等有关,它的单位是 H。

（5）两个靠得很近的线圈,一个线圈中的电流发生变化而在另一线圈中产生电磁感应的现象称为互感现象。各种变压器、电动机、钳形电流表等都是应用互感原理制成的。

互感系数 M 与两个线圈的匝数、几何形状、相对位置以及周围介质等因素有关。

（6）线圈的绕向一致且产生感应电动势的极性始终保持一致的端子称为同名端。

（7）线圈的连接可分为顺串和反串两种,顺串等效电感 $L_顺 = L_l + L_2 + 2M$,反串等效电感 $L_反 = L_l + L_2 - 2M$。

（8）交流铁芯线圈电路的功率损耗 $P = P_铜 + P_铁$。为减少涡流损耗,其铁芯用硅钢片叠成。

（9）变压器是应用电磁感应（互感）原理制成的电气设备,可改变交变电压、电流和阻抗,但不能改变频率,即

$$\frac{U_1}{U_2} = \frac{I_2}{I_1} = \frac{N_1}{N_2} = K$$

$$Z_1 = K^2 Z_2$$

式中,K 为变压比。

（10）运行中的电流互感器二次侧不允许开路,电压互感器二次侧不允许短路,互感器的二次绕组必须有一点接地。

6.2　解题示例与分析

解答本章习题时往往需要和前一章的知识联系起来,应用公式、定理时要透彻理解各物理量的意义。

（1）解答电磁感应现象问题时用右手定则判定,解答磁场对电流的作用时用左手定则。左手定则和右手定则联合使用时,要注意左、右手的选用。

（2）磁通、磁通的变化量和磁通的变化率的区别如下:

① 磁通 $\Phi = BS$。

② 磁通的变化量 $\Delta\Phi = \Phi_2 - \Phi_1$。穿过某一线圈的磁通很大,但磁通的变化量不一定大。只要 $\Delta\Phi \neq 0$,导体就会产生感应电动势；但 $\Delta\Phi = 0$,导体一定不会产生感应电动势。

③ 磁通的变化率 $\frac{\Delta\Phi}{\Delta t}$：磁通的变化量大,不一定磁通的变化率就大,它与时间 Δt 有关。感应电动势 e 的大小与磁通的变化率成正比。如果磁通的变化率是常量,则感应电动势为定值,其所构成的电路是稳恒直流电路；如果磁通的变化率在各个时刻不同,则感应电动势是变化的。

（3）对于匝数一定的变压器,变压器的输出电压大小由输入电压大小决定,但输入电流和输入功率的大小则由输出侧负载的电流和功率决定。

【例 1】　如图 6-1 所示,在竖直平面内,当长度为 l 的导体 AB 在匀强磁场中沿两条光滑的导轨 E、F 无初速度下滑时,导体 AB 两端的电位哪个高？导体 AB 受到的电磁力方向是怎样的？导线 ab 与 cd 间的作用力情况如何？如果某时刻后,导体 AB 匀速下滑,上述情况会如何变化？

　　【分析】　导体下滑，切割磁感线，产生感应电动势和感应电流，是电磁感应问题，用右手定则；感应电流在磁场中受到电磁力的作用，用左手定则来解决。开始下滑时，速度是变化的，根据 $e = Blv\sin\theta$ 知，感应电动势也是变化的，在 N 线圈中有感应电动势和感应电流产生。但导体匀速下滑时，M 线圈中的感应电流大小恒定不变，是直流电路的情形。

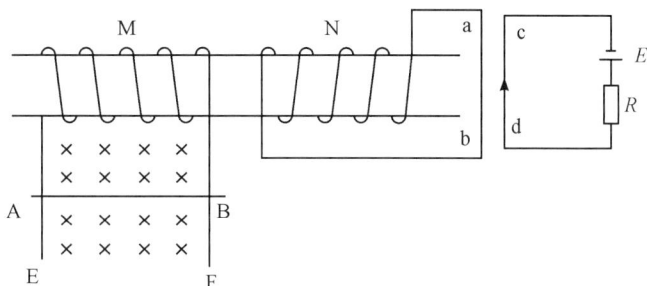

图 6 - 1

　　解　导体 AB 在重力作用下无初速度下滑，切割磁感线，根据右手定则可知，感应电流方向为由 A 流向 B，导体 AB 是电源，B 端电位高。通电导体 AB 在磁场中受到电磁力的作用，根据左手定则可判定电磁力的方向为垂直于 AB 向上。

　　由于导体 AB 向下的速度越来越大，M 线圈中的感应电流也越来越大，穿过 N 线圈的磁通增加，因此在 N 线圈中产生感应电流。M 线圈中的磁场方向向左，根据楞次定律可判定 N 线圈中产生的感应电流方向为由导线 b 端流向 a 端。

　　导线 ab 与导线 cd 中的电流方向相同，因此，两者相互吸引。

　　某时刻后，导体 AB 匀速下滑时，根据 $e = Blv\sin\theta$ 知，M 线圈中的感应电流大小恒定不变，穿过 N 线圈的磁通也不变，N 线圈中无感应电流，导线 ab 与导线 cd 不发生相互作用。这时，垂直 AB 向上的电磁力与重力相等，如果导轨无限长，导体 AB 将一直匀速滑下去。

　　【例 2】　图 6 - 2 所示是多绕组理想变压器，它的一次绕组匝数为 N_1，两个二次绕组匝数分别为 N_2 和 N_3，一次、二次绕组的电压分别为 U_1、U_2、U_3，电流分别为 I_1、I_2、I_3。试求电压、电流之间的关系。

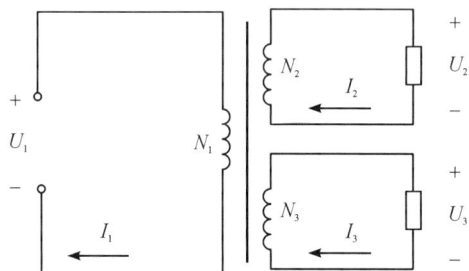

图 6 - 2

　　【分析】　多绕组变压器中，一次绕组和各二次绕组的电压关系仍为

$$\frac{U_1}{U_2} = \frac{N_1}{N_2}, \quad \frac{U_1}{U_3} = \frac{N_1}{N_3}$$

根据变压器的工件原理，多绕组变压器的电流可由功率关系得出：

$$P_1 = P_2 + P_3$$

解 （1）由理想变压器的工作原理知，电压与匝数成正比，即

$$\frac{N_1}{U_1} = \frac{N_2}{U_2} = \frac{N_3}{U_3}$$

（2）对于多绕组理想变压器，不能直接套用 $U_1 I_1 = U_2 I_2$，该式只适用于理想变压器中一次绕组、二次绕组都只有一个绕组的情况。对于多绕组理想变压器，应用 $P_入 = P_出$，即

$$U_1 I_1 = U_2 I_2 + U_3 I_3$$

此式不可能得出电流与匝数成反比的关系。

由（1）得，$U_2 = \frac{N_2}{N_1} U_1$，$U_3 = \frac{N_3}{N_1} U_1$，代入上式得

$$N_1 I_1 = N_2 I_2 + N_3 I_3$$

该式表明：理想变压器的一次绕组的安匝数等于各二次绕组安匝数之和。

【例3】 如图 6-3 所示，用绝缘细线悬吊着一个闭合轻质铝环，磁铁和铝环的中心线在一条直线上，当磁铁快速靠近铝环时，铝环会如何运动？说明原因。如果磁铁远离铝环，铝环又如何运动？

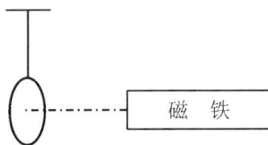

图 6-3

解 当磁铁快速靠近铝环时，铝环将远离磁铁向左运动。因为当磁铁快速靠近铝环时，穿过铝环的磁通迅速增加，铝环产生感应电流和感应磁场。根据楞次定律，感应磁场要阻碍穿入铝环中磁铁产生的磁通，因此，铝环将远离磁铁向左摆动，阻碍穿入铝环中磁通的增加。

同理，当磁铁远离铝环时，铝环将"追随"磁铁向它靠近，阻碍穿入铝环中磁通的减少，这样铝环就向右运动。

这种电磁感应现象可概括为：来拒去留。

6.3　综 合 练 习

一、判断题

1. 只要导线在磁场中切割磁感线，导线中就一定能产生感应电流。　　　　（　　）
2. 只要导线在磁场中运动，导线中就一定能产生感应电动势。　　　　（　　）
3. 感应电流产生的磁场其方向总是与原磁场的方向相反。　　　　（　　）
4. 线圈中磁通发生变化产生的感应电动势与磁通的变化量成正比。　　　　（　　）
5. 线圈的右手螺旋定则：四指表示磁感线方向，大拇指表示电流方向。　　　　（　　）
6. 通电金属环产生磁场的现象属于电磁感应现象。　　　　（　　）
7. 感应电流的磁通总是阻碍原磁通的变化，那么，感生电流的磁通总是与原磁通方向

相反。 ( )

8. 通电直导线在磁场中做切割磁感线运动时一定会产生感应电动势。 ( )

9. 感应电流总是阻碍原电流的变化。 ( )

10. 已知互感线圈的同名端，可根据电流的变化趋势判断互感电动势的极性。 ( )

11. 互感线圈的同名端与它们的绕向有关，与线圈中的电流方向无关。 ( )

12. 由同一电流引起的自感或互感电动势其极性始终保持一致的端子称为同名端。
( )

13. 互感电动势的方向与线圈的绕向是有关的。 ( )

14. 由于线圈中的磁通发生变化而引起的电磁感应现象称为自感。 ( )

15. 流过线圈中的电流变化量越大，则自感电压越大。 ( )

16. 荧光灯正常工作后，取下启动器，灯管不会熄灭。 ( )

17. 要获得感应，电动势必须做功。 ( )

18. 电路中有感应电流，它是导体做功的结果。 ( )

19. 两互感线圈顺串时的等效电感总比反串时的等效电感大。 ( )

20. 线圈中感应电动势的大小与穿过线圈的磁通变化成正比，这是法拉第电磁感应定律。 ( )

21. 铁芯内部环流称为涡流，涡流所消耗的电功率称为涡流损耗。 ( )

22. 电机、变压器的铁芯通常都是用硅钢等软磁材料制成的。 ( )

23. 变压器可以改变各种电源的电压。 ( )

24. 变压器一次绕组的输入功率由二次绕组的输出功率来决定。 ( )

25. 一只降压变压器只要将一次绕组、二次绕组对调就可作为升压变压器使用。 ( )

26. 变压器的输出电压大小由输入电压大小和一次绕组、二次绕组的匝数比决定。
( )

27. 线圈中电流变化越快，则自感电动势越大 ( )

28. 当结构一定时，铁芯线圈的电感是一个常数。 ( )

二、填空题

1. 如图 6 - 4 所示，将一条形磁铁插入或拔出线圈时，图（a）、（b）、（c）、（d）中 M、N 中电位的比较分别是_____，_____，_____，_____。

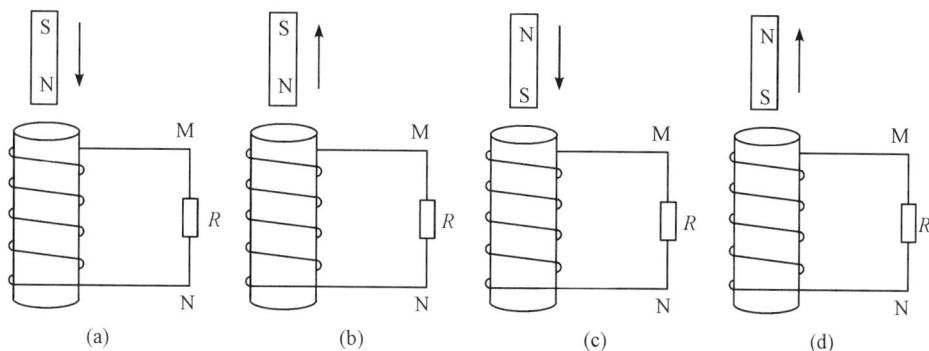

图 6 - 4

2. 如图 6-5 所示，不计线圈的电阻，判断下列四种情况下 C、D 两点电位的高低：① S 未接通时，_____；② S 闭合瞬间，_____；③ S 闭合后，_____；④ S 断开瞬间_____。

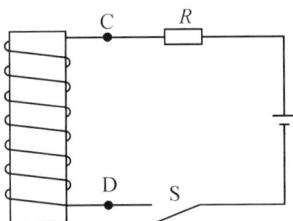

图 6-5

3. 在螺线管中放有一条形磁铁，磁极如图 6-6 所示，当磁铁突然向左抽出时，A 点电位将比 B 点电位_____；当磁铁突然向右抽出时，A 点电位将比 B 点电位_____。

4. 如图 6-7 所示，当导体 ab 在外力作用下，沿金属导轨在均匀磁场中以一定的速度向右移动时，放置在导轨右侧的导体 cd 将向_____移动。

5. 如图 6-8 所示，电压表的"＋""－"极性已在图中标出，当开关 S 断开时，电压表指针应_____偏转。

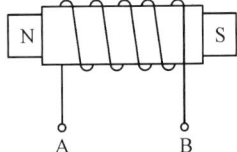
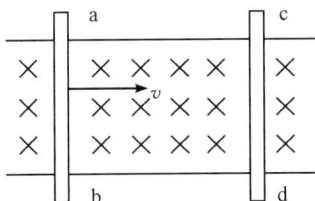
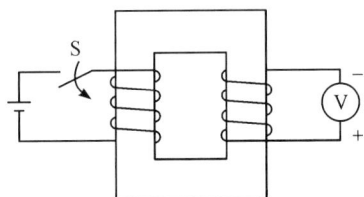

图 6-6　　　　　　　　　图 6-7　　　　　　　　　图 6-8

6. 如图 6-9 所示，要使开关 S 闭合瞬间线圈 B 中感应电动势的方向由 3 端指向 4 端，那么电源正极应与_____端相连。

7. 如图 6-10 所示，A、B 是两个用绝缘细线悬吊着的闭合轻质铝环，在开关 S 闭合瞬间，A 环向_____运动，B 环向_____运动。

8. A、B、C 三个线圈在铁芯上的绕向如图 6-11 所示，那么，可以确定端子_____或端子_____为同名端。

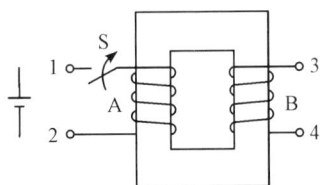
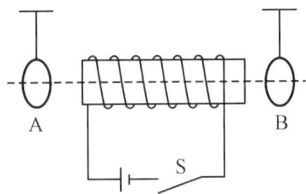
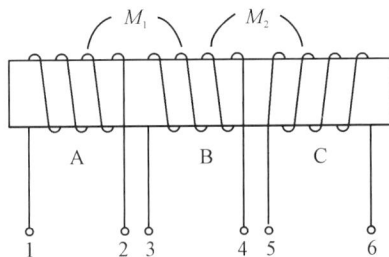

图 6-9　　　　　　　　　图 6-10　　　　　　　　　图 6-11

9. 两个互感线圈采用如图 6 - 12(a)、(b)所示的两种方式连接,交流电压相同,$I_a = 10$ A,$I_b = 5$ A,则_____ 为同名端。

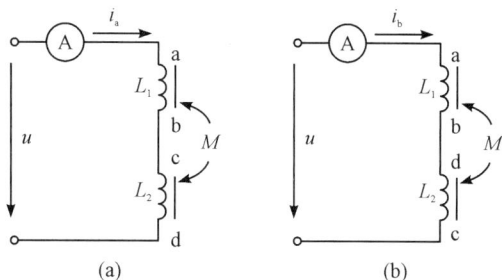

图 6 - 12

10. 如图 6 - 13 所示的两互感线圈 A、B,它们的接线端子分别为 1、2 和 3、4。当开关 S 闭合时,伏特表指针反偏,则与 1 相应的同名端是_____。

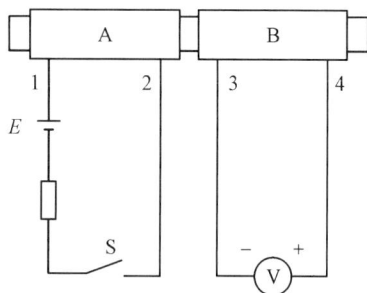

图 6 - 13

11. 理想变压器一次、二次绕组的电压与它们的匝数之比的表达式为_____;它的电流与匝数之比的表达式为_____。因此,接高压的线圈匝数_____,导线线径_____;接低压的线圈匝数_____,导线线径_____。

12. 机床上照明灯一般采用 36 V 安全电压,它是把 220 V 的电压通过变压器降压后得到的,如果这台变压器给 40 W 的电灯供电(不考虑变压器的损失),则一次绕组、二次绕组的电流之比是_____。

13. 一台理想变压器的一次输入阻抗 $Z_1 = 50$ Ω,二次绕组负载为 200 Ω,则变压器的一次、二次绕组的匝数比 $N_1 : N_2$ 是_____。

14. 铁芯是变压器的_____ 通道。铁芯多用彼此绝缘的硅钢片叠成,目的是减小_____。

15. 一台降压变压器,输入电压的最大值为 220 V,二次绕组接上负载电阻 R,它消耗的功率为 $P/2$,把负载电阻 R 接到 22 V 的电源上时,消耗功率为 P,则此变压器的一次、二次绕组的匝数比为_____。

三、选择题

1. 下列属于电磁感应现象的是( )。

A. 通电直导体产生的磁场　　　　　　B. 通电直导体在磁场中运动

C. 变压器铁芯被磁化　　　　　　　　D. 线圈在磁场中转动发电

2. 通过线圈的磁通量与产生的感应电动势的关系，下列说法中正确的是（　　　）。

A. 穿过线圈的磁通量越大，感应电动势越大

B. 穿过线圈的磁通量为零，感应电动势一定为零

C. 穿过线圈的磁通量变化越大，感应电动势越大

D. 穿过线圈的磁通量变化越快，感应电动势越大

3. 在电磁感应现象中，下列说法正确的是（　　　）。

A. 导体相对磁场运动，导体内一定会产生感应电流

B. 导体做切割磁感线运动，导体内一定会产生感应电流

C. 穿过闭合电路的磁通量发生变化，电路中就一定有感应电流

D. 闭合电路在磁场内做切割磁感线运动，电路中就一定有感应电流

4. 如图 6-14 所示，在均匀磁场中，两根平行的金属导轨上，放置两条平行的金属导线 ab、cd。它们沿导轨运动的速度分别为 v_1、v_2，且 $v_1 > v_2$。现要使回路中产生的最大感应电流由 a 流向 b，那么 ab、cd 的运动情况应为（　　　）。

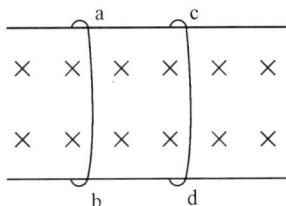

图 6-14

A. 背向运动　　　　　　　　B. 相向运动

C. 都向右运动　　　　　　　D. 都向左运动

5. 当线圈中通入（　　　）时，就会引起自感现象。

A. 不变的电流　　　　　　　B. 变化的电流

C. 直流电流　　　　　　　　D. 任一电流

6. 如图 6-15 所示，灯 A、B 完全相同，大电感 L 的电阻可忽略，则（　　　）。

A. S 闭合瞬间，A、B 同时发光，接着 A 熄灭，B 更亮

B. S 闭合瞬间，A 不亮，B 立即亮

C. S 闭合瞬间，A、B 都不立即亮

D. 稳定后再断开 S 的瞬间，B 逐渐变暗，直至熄灭

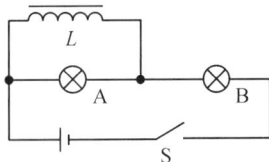

图 6-15

7. 如图 6-16 所示，变压器的输入电压 U 保持不变，两个二次绕组的匝数分别是 N_2 和 N_3。将电热器接 a、b 端，c、d 空载，此时电流表读数是 I_1；将同一电热器接 c、d 端，a、b 空载，这时电流表读数是 I。$I_1 : I = $（　　　）。

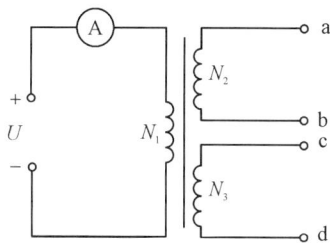

图 6 - 16

A. $N_2 : N_3$　　　　　　　　B. $N_3 : N_2$

C. $N_2^2 : N_3^2$　　　　　　　D. $N_3{}^2 : N_2{}^2$

8. 交流铁芯线圈的铁损是由(　　　)引起的。

A. 磁滞损耗　　　　　　　　B. 涡流损耗

C. 磁滞损耗和涡流损耗　　　D. 线圈发热

9. 一根长度 $l = 1$ m 的通电直导线，平行于磁感应强度 B 的方向放入匀强磁场中，导线中的电流强度 $I = 2$ A，磁感应强度 $B = 1$ T，该导线受到的电磁力的大小是(　　　)。

A. 1 N　　　　　　　　　　B. 2 N

C. 0　　　　　　　　　　　D. 4 N

10. 制造电机、变压器铁芯的铁磁物质是(　　　)。

A. 硬磁物质　　　　　　　　B. 软磁物质

C. 矩磁物质　　　　　　　　D. 顺磁物质

11. 磁势的单位是(　　　)。

A. 伏特　　　　　　　　　　B. 安培

C. 欧姆　　　　　　　　　　D. 韦伯

12. 线圈电感的单位是(　　　)。

A. 亨利　　　　　　　　　　B. 法拉

C. 韦伯　　　　　　　　　　D. 特

参考答案

第7章　单相交流电路

7.1　知识要点

（1）交流电的产生。

将矩形线圈置于匀强磁场中匀速转动，就产生了按正弦规律变化的交流电。

① 当线圈平面与磁场方向平行时，磁通 $\Phi=0$，速度 v 与磁感线垂直（$v \perp B$），磁通的变化率 $\dfrac{\Delta \Phi}{\Delta t}$ 最大，感应电动势 e 最大。

② 当线圈平面与磁场方向垂直时，磁通 Φ 最大，速度 v 与磁感线平行（$v /\!/ B$），磁通的变化率 $\dfrac{\Delta \Phi}{\Delta t}$ 为零，感应电动势 e 为零。

线圈在匀强磁场中不停地匀速转动，就产生了大小和方向都随时间按正弦规律变化的交流电。

（2）描述交流电的物理量。

① 瞬时值、最大值和有效值。

瞬时值：交流电的大小和方向随时间做周期性的变化，它在某时刻的值称为瞬时值，用小写字母 e、u、i 表示。

最大值：瞬时值中的最大数值称为交流电的最大值，它是交流电的峰或谷的数值，用大写字母加角标 m 表示，如 E_m、U_m、I_m。

有效值：交流电的有效值是根据电流的热效应来规定的，让交流电和某一直流电通过同样阻值的电阻，如果它们在同一时间里产生的热量相等，就把这一直流电的数值称为这个交流电的有效值，用大写字母 E、U、I 表示。

交流电的有效值和最大值之间的关系如下：

$$I=\frac{I_m}{\sqrt{2}}, \quad U=\frac{U_m}{\sqrt{2}}, \quad E=\frac{E_m}{\sqrt{2}}$$

通常所说的交流电的大小都是指交流电的有效值。例如，照明电压 220 V 指的就是交流电的有效值，仪表测量的数值都是交流电的有效值。

② 周期 T、频率 f 和角频率 ω。周期、频率和角频率都是表示交流电变化快慢的物理量，它们之间的关系如下：

$$T=\frac{2\pi}{\omega}, \quad f=\frac{1}{T}, \quad \omega=2\pi f$$

③ 初相位、相位和相位差。

初相位 φ_0：表示计时起点 $t=0$ 时的相位。

相位($\omega t + \varphi_0$)：表示正弦量随时间变化的角度，它反映了交流电变化的进程。

初相位和相位是用来比较交流电变化步调的物理量。

相位差：两个同频率交流电的相位之差等于它们的初相位之差，即

$$\varphi = \varphi_{01} - \varphi_{02}$$

如果它们的相位差为零，则称这两个交流电同相，表明它们的变化步调一致。

如果它们的相位差为 180°，则称这两个交流电反相，表明它们的变化步调正好相反。

④ 三要素。交流电的有效值（或最大值）、频率（或周期、角频率）、初相位称为交流电的三要素。

（3）交流电的表示法（以电压为例）。

① 解析式。交流电的三要素确定了，就能写出它的解析式：

$$u = U_m \sin(\omega t + \varphi_0) = U_m \sin(2\pi f t \omega t + \varphi_0)$$

② 波形图表示法，如图 7-1 所示。

③ 矢量图表示法，如图 7-2 所示。

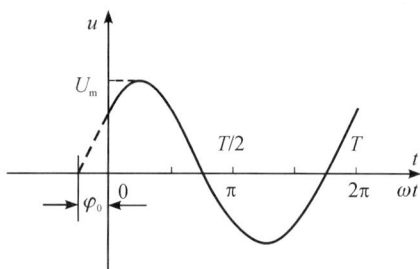
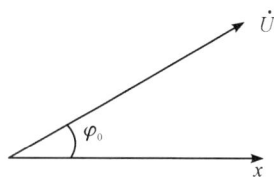

图 7-1　　　　　　　　　　　　图 7-2

（4）电容和电感都是储能元件，它们对交流电的阻碍作用分别称为容抗（X_C）和感抗（X_L），单位是 Ω，计算式如下：

$$X_C = \frac{1}{\omega C} = \frac{1}{2\pi f C}, \qquad X_L = \omega L = 2\pi f L$$

容抗与频率的关系：隔直流，通交流，阻低频，通高频。电容是高通元件。

感抗与频率的关系：通直流，阻交流，通低频，阻高频。电感是低通元件。

（5）单一元件交流电路的特性见表 7-1。

表 7-1　单一元件交流电路的特性

项目		纯电阻电路	纯电感电路	纯电容电路
U、I 关系	大小	$U = IR$	$U = IX_L$	$U = IX_C$
	相量图			
功率		$P = UI$	$P = 0$ W, $Q_L = UI$	$P = 0$ W, $Q_C = UI$

（6）多元件串联交流电路的特性见表 7-2。

表 7 - 2　多元件串联交流电路的特性

项　目		RL 串联电路	RC 串联电路	RLC 串联电路
阻　抗		$Z=\sqrt{R^2+X_L{}^2}$	$Z=\sqrt{R^2+X_C{}^2}$	$Z=\sqrt{R^2+(X_L-X_C)^2}$
U、I 关系	大小	$U=IZ$	$U=IZ$	$U=IZ$
	相位	$\tan\varphi=\dfrac{X_L}{R}$	$\tan\varphi=-\dfrac{X_C}{R}$	$\tan\varphi=\dfrac{X_L-X_C}{R}$
	相量图			
无功功率		$Q_L=U_LI=UI\sin\varphi$	$Q_C=U_CI=UI\sin\varphi$	$Q=(U_L-U_C)I=UI\sin\varphi$
有功功率		$P=U_RI=UI\cos\varphi$		
视在功率		$S=UI=\sqrt{P^2+Q^2}$		

RL 串联电路与 RC 串联电路是 RLC 串联电路的特例，要注意它们之间的联系。

（7）在 RLC 串联电路中，当 $X_L=X_C$ 时，电路发生串联谐振，又称电压谐振。此时电路总电流与总电压同相，电路呈电阻性，阻抗最小，电流最大，电感和电容两端的电压会大大超过电源电压，$U_L=U_C=QU$。

（8）RLC 并联电路谐振时，总电流与电压同相，电路呈电阻性，总阻抗最大，$I_L=I_C=QI_0$，因此，并联谐振又称为电流谐振。

串联谐振和并联谐振的谐振频率均为 $f_0=\dfrac{1}{2\pi\sqrt{LC}}$，电路品质因数 $Q=\dfrac{X_L}{R}=\dfrac{\omega_0 L}{R}$。

（9）功率因数 $\cos\varphi=\dfrac{P}{S}=\dfrac{R}{Z}$，它表示电源功率被利用的程度。提高功率因数的基本方法是在电感性负载两端并联一只电容量适当的电容器。提高功率因数，可提高发电供电设备的利用率，减少输电线路中的损耗。

7.2　解题示例与分析

（1）要理解交流电瞬时值表达式的意义，要把交流电波形图上的特殊点和瞬时值表达式联系起来。

（2）正弦交流电路的分析与计算，主要是确定不同参数的交流电路中电流与电压之间的数值关系、相位关系以及电路中能量的转换和功率问题。

（3）由于交流电流与电压存在相位差，因此分析与计算时必须采用相量，绝对不能以简单的代数和、差进行计算。要注意相关物理量是否符合欧姆定律。

（4）作相量图时，串联电路的电流相同，一般以电流为参考量较为方便；并联电路的电压相同，以电压为参考量较为方便。

【例 1】　正弦交流电流 i_A 和 i_B 的波形如图 7-3 所示，交流电的周期 $T=0.02$ s。

（1）比较它们的相位差；

（2）求 i_A 和 i_B 的时间差；

（3）求 i_A 和 i_B 的有效值；

（4）求瞬时值。

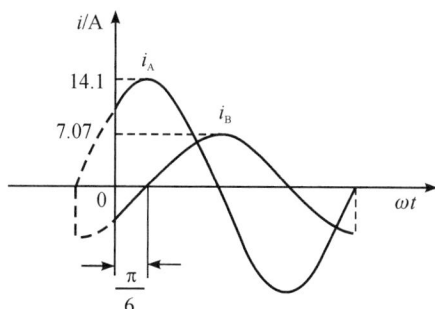

图 7-3

【分析】　通过波形图可找出初相位，根据条件可得出交流电的三要素，写出交流电瞬时值表达式。i_A 和 i_B 的时间差用公式 $\Delta t=\dfrac{\varphi}{\omega}$ 求得。

解　（1）从 i_A 和 i_B 的波形可直接看出 i_A 比 i_B 超前 $\pi/2$。

（2）由 $T=0.02$ s 得 $\omega=\dfrac{2\pi}{T}=100\pi$ rad/s，则 i_A 和 i_B 的时间差为

$$\Delta t=\frac{\varphi}{\omega}=\frac{\pi/2}{100\pi} \text{ s}=0.005 \text{ s}$$

或者，i_A 比 i_B 超前 $\pi/2$，即超前 $T/4$，$\Delta t=\dfrac{T}{4}=\dfrac{0.02}{4}$ s$=0.005$ s。

（3）它们的最大值分别是 $I_{Am}=14.1$ A，$I_{Bm}=7.07$ A。它们的有效值分别是

$$I_A=\frac{I_{Am}}{\sqrt{2}}=\frac{14.1}{\sqrt{2}} \text{ A}=10 \text{ A}$$

$$I_B=\frac{I_{Bm}}{\sqrt{2}}=\frac{7.07}{\sqrt{2}} \text{ A}=5 \text{ A}$$

（4）从 i_A 和 i_B 的波形可直接看出，$\varphi_{B0}=-\pi/6$，则它们的瞬时值分别是

$$i_B=7.07\sin\left(100\pi t-\frac{\pi}{6}\right)$$

$$i_A=14.1\sin\left(100\pi t-\frac{\pi}{6}+\frac{\pi}{2}\right)=14.1\sin\left(100\pi t+\frac{\pi}{3}\right)$$

【例 2】　（1）某交流电流 i 初始时 $i_0=1$ A，初相位为 30°，求它的有效值。

（2）正弦交流电流的波形图如图 7-4 所示，它的周期是 0.02 s，求它的最大值和当 $t=0.01$ s 时交流电流的瞬时值。

【分析】　这是两道应用瞬时值表达式求解的题，要理解瞬时值表达式中各物理量的含义及波形图上关键点对应的物理量。

解　（1）设 $i=\sqrt{2}I\sin(\omega t+\varphi_0)$，初始时 $i_0=1$ A，即 $t=0$，$I=1$ A，则

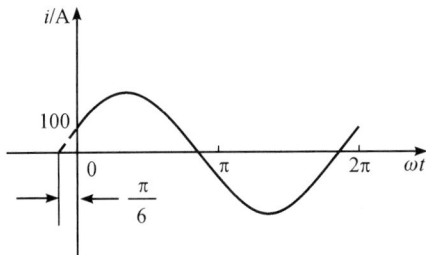

图 7 - 4

$$1 = \sqrt{2}\, I \sin 30°$$

解得

$$I = \sqrt{2}\ \text{A} = 1.414\ \text{A}$$

（2）设 $i = I_m \sin(\omega t + \varphi_0)$，由波形图知，它的初相位 $\varphi = \pi/6$，$t = 0$ 时 $I = 100$ A。

由 $T = 0.02$ s 得

$$\omega = \frac{2\pi}{T} = 100\pi\ \text{rad/s}$$

则

$$100 = \frac{I_m \sin\pi}{6}$$

解得

$$I_m = 200\ \text{A}$$

该电流瞬时值表达式：

$$i = 200 \sin\left(100\pi t + \frac{\pi}{6}\right)$$

将 $t = 0.01$ s 代入上式，解得

$$i = -100\ \text{A}$$

【例 3】　如图 7 - 5 所示的电路中，已知电源角频率 $\omega = 2.5 \times 10^4$ rad/s，电压 $U = 20$ V，容抗 $X_C = 8$ Ω。开关 S 闭合或断开时，电路中的电流始终保持不变，$I = 2$ A。求 R、L、C 的值。

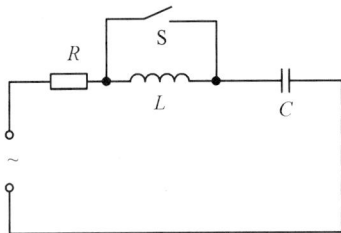

图 7 - 5

解　S 断开时，RLC 串联，则

$$I = \frac{U}{\sqrt{R^2 + (X_L - X_C)^2}}$$

$$Z = \sqrt{R^2 + (X_L - X_C)^2} = \frac{U}{I} = \frac{20}{2}\ \Omega = 10\ \Omega \qquad ①$$

S 合上时，L 被短路，RC 串联，则

$$I = \frac{U}{\sqrt{R^2 + X_C^2}}$$

$$Z' = \sqrt{R^2 + X_C^2} = \frac{U}{I} = \frac{20}{2} \ \Omega = 10 \ \Omega \qquad ②$$

联立方程①、②解得

$$X_L = 16 \ \Omega, \quad R = 6 \ \Omega$$

由 $X_C = \dfrac{1}{\omega C}$ 得

$$C = \frac{1}{\omega X_C} = \frac{1}{2.5 \times 8 \times 10^4} \ \text{F} = 5 \times 10^{-6} \ \text{F} = 5 \ \mu\text{F}$$

由 $X_L = \omega L$ 得

$$L = \frac{X_L}{\omega} = \frac{16}{2.5 \times 10^4} \ \text{H} = 6.4 \times 10^{-4} \ \text{H} = 64 \ \text{mH}$$

【例 4】　图 7-6 所示为处于谐振状态下的 RLC 串联电路，将 a、b 两点短接。

(1) 电路中电流是否改变？

(2) L、C 上的电压和电流是否改变？

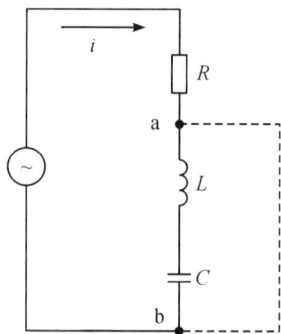

图 7-6

解　(1) RLC 串联电路谐振时，$U = U_R$，$U_L = U_C$，且 U_L 和 U_C 相位相差 $180°$，即 U_L、U_C 反相，a、b 两点间任何时刻的电压总等于零。因此，即使将这两点短接，也不影响电路的电流。

(2) 谐振状态下将 a、b 两点短接，电流改道由短接线通过，所以，L 和 C 中都不再有电流通过，L 和 C 中自然也就没有电压存在了。

注意：a、b 两点电位相等，短接 a、b 两点不影响电路的工作，但影响被短接元件的工作状态。

7.3　综合练习

一、判断题

1. 万用表测得交流电压为 220 V，这是交流电压的有效值。　　　　　　　（　　）

2. 额定电压为 220 V 的白炽灯，可以接在最大值为 311 V 的交流电源上使用。（　　）

3. 负载可把电能转换成其他形式的能量，是耗能元件。　　　　　　　　　（　　）

4. 初始值为零的正弦量，其初相一定为零。　　　　　　　　　　　　（　　）

5. 正弦量的有效值与初相无关。　　　　　　　　　　　　　　　　　（　　）

6. 已知同频率正弦量 u_1、u_2、u_3，当 u_1 滞后 u_2，u_2 滞后 u_3 时，u_1 一定滞后 u_3。
　　　　　　　　　　　　　　　　　　　　　　　　　　　　　　　　（　　）

7. 已知 u 的初相为 $30°$，则 $-u$ 的初相为 $-30°$。　　　　　　　（　　）

8. 在荧光灯电路的实验中，某同学测得灯管两端电压为 120 V，就推断整流器所承受的电压也为 100 V。　　　　　　　　　　　　　　　　　　　　（　　）

9. 交流电路的阻抗随电源的频率升高而增大，随频率的下降而减小。　（　　）

10. 电感性负载并联一只适当数值的电容器后，可使线路中的总电流减小。（　　）

11. 只有在纯电阻电路中，端电压与电流的相位差才为零。　　　　　　（　　）

12. 在 RLC 串联电路中，如 $X_C>X_L$。则该电路为电感性电路。　　（　　）

13. 在 RLC 串联电路中，容抗和感抗的数值越大，电流就越小，电流与电压的相位差就越大。　　　　　　　　　　　　　　　　　　　　　　　　　　（　　）

14. 一个电感线圈分别接电流 $i_1=10\sin100t$ 和 $i_2=\sin1000t$ 时，其端电压的有效值是相同的。　　　　　　　　　　　　　　　　　　　　　　　　　　　（　　）

15. RLC 串联谐振电路中，增大电阻 R，电路的品质因数下降。　　（　　）

16. 在 RLC 串联电路中，如 $X_L=X_C$，则电路的端电压与电流的相位差为零。（　　）

17. RLC 串联电路中，当电源频率大于谐振频率时，该电路呈电容性。（　　）

18. 谐振电路的品质因数越高，则电路的选择性越好，通频带也就越宽。（　　）

19. 谐振曲线越陡，电路的选择性越好，但通频带越窄。　　　　　　　（　　）

20. 在并联谐振电路中，电感与电阻的差值越大，则品质因数越高。　（　　）

21. 串联谐振电路作选频电路使用时适合电源内阻很小的信号源。　　（　　）

22. 并联谐振电路作选频电路使用时适合电源内阻很大的信号源。　　（　　）

23. 在感性负载两端并联电容器，电路的功率因数一定会提高。　　　（　　）

24. RLC 多参数串联电路由感性变为容性的过程中，必然经过谐振点。（　　）

25. 无功功率可以理解为这部分功率在电路中不起任何作用。　　　　（　　）

26. RLC 串联谐振电路中，品质因数 $Q=100$，若 $U=4\text{ V}$，则 $U_L=400\text{ V}$。（　　）

27. 理想并联谐振电路对总电流产生的阻碍作用为无穷大，因此总电流为零。（　　）

28. 串联谐振电路不仅广泛应用于电子技术中，也广泛应用于电力系统中。（　　）

29. 谐振状态下电源供给电路的功率全部消耗在电阻上。　　　　　　（　　）

30. 电路发生谐振时，电源只供给电阻耗能，电感、电容元件进行能量转换。（　　）

31. 纯电阻的功率因数为 1，纯电容的功率因数也为 1。　　　　　　（　　）

32. RLC 串联电路的功率因数不可能为 1。　　　　　　　　　　　　（　　）

33. 角频率的实质是角速度。　　　　　　　　　　　　　　　　　　　（　　）

二、填空题

1. 正弦交流电流 $i=10\sin(100\pi t-\pi/6)$，则该交流电流的最大值为_____，有效值为_____，频率为_____，周期_____，初相位_____。

2. $u_1=3\sqrt{2}\sin100\pi t$，$u_2=4\sqrt{2}\sin(100\pi t+\pi/2)$，$\tan53°=4/3$，则 $u_1+u_2=$_____。

3. 正弦交流电流初相为 45，初始值为 2 A，则它的有效值为_____。

4. 一个电热器接在 10 V 的直流电源上，产生一定的热功率。把它改接到交流电源上，使其产生的热功率是直流时的一半，则该交流电源电压的最大值是_____。

5. 如图 7 - 7 所示，图(a)是_____电路的相量图，图(b)是_____电路的波形图。

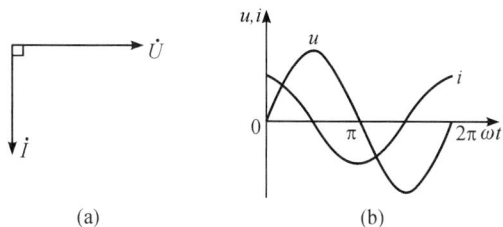

图 7 - 7

6. 交流电路的电压 $u = 100\sqrt{2}\sin(\omega t - 30°)$，电流 $i = \sqrt{2}\sin(\omega t - 90°)$，则电压与电流之间的相位差是_____，电路的功率因数 $\cos\varphi =$ _____，电路消耗的有功功率 $P =$ _____，电路的无功功率 $Q =$ _____，电源输出的视在功率 $S =$ _____。

7. 在 RLC 串联电路中，已知端电压 $U = 50$ V，电阻、电容两端电压分别为 $U_R = 30$ V，$U_C = 80$ V，当电路呈容性时，电感两端电压 $U_L =$ _____；当电路呈感性时，电感两端电压 $U_L =$ _____；若电源电压不变，电阻两端电压 $U_R = 50$ V，这时电感两端电压 $U_L =$ _____。

8. 设有 R、L、C 元件若干个，在某频率下，每一元件的阻抗值都相等，均为 10 Ω。若每次选两个元件串联或并联起来使用，它们的阻抗会满足不同的要求。CC 串联阻抗为_____ Ω；RC 串联阻抗为_____ Ω；LC 串联阻抗为_____ Ω；LL 并联阻抗为_____ Ω；LC 并联阻抗为_____。

9. 如图 7 - 8 所示的电路中，各并联支路电流均为 5 A，图(a)、(b)、(c)中的总电流分别为_____ A、_____ A、_____ A。

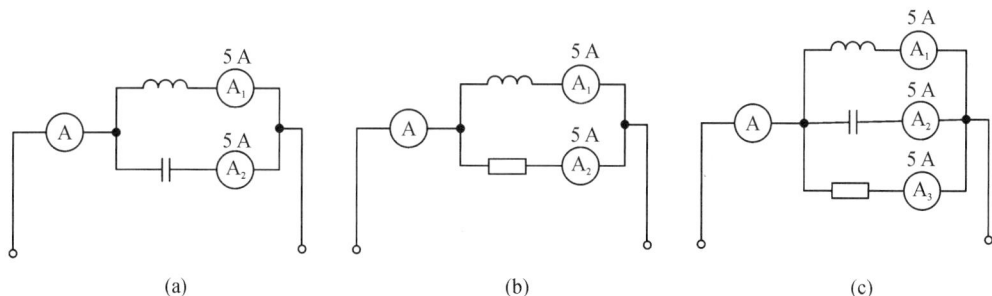

图 7 - 8

三、选择题

1. 同频率正弦交流电压 u_1、u_2 的最大值都是 10 V，$u_1 + u_2$ 的最大值也是 10 V，则 u_1 与 u_2 之间的相位差是(　　)。

A. 30°　　　　　　B. 45°　　　　　　C. 90°　　　　　　D. 120°

2. u_1 超前 u_2 60°，u_2 超前 u_3 150°，则 u_1 和 u_3 的相位关系是（　　　）。

　　A. u_1 超前 u_3 100°　　　　　　　　　B. u_1 滞后 u_3 150°

　　C. u_1 超前 u_3 150°　　　　　　　　　D. u_1 滞后 u_3 100°

3. 已知 u_1 超前 u_2 30°，若将 u_2 的参考方向反过来，则 u_1 和 u_2 的相位关系是（　　　）。

　　A. u_1 滞后 u_2 150°　　　　　　　　　B. u_1 滞后 u_2 30°

　　C. u_1 超前 u_2 150°　　　　　　　　　D. u_1 超前 u_2 30°

4. 已知正弦交流电压 $u = 7\sin(100t + 30°)$，$i = \sin(30t - 30°)$，它们的相位差是（　　　）。

　　A. 30°　　　　　　　B. 60°　　　　　　　C. 0　　　　　　　D. 无固定相位差

5. 在白炽灯与电容器组成的串联交流电路中，如果交流电的频率减小，则白炽灯（　　　）。

　　A. 变亮　　　　　　B. 变暗　　　　　　C. 不变　　　　　　D. 不确定

6. 在白炽灯与电感线圈组成的串联交流电路中，如果交流电的频率增大，则线圈的（　　　）。

　　A. 电感增大　　　B. 电感减小　　　C. 感抗增大　　　D. 感抗减小

7. 在纯电感电路中，下列各式正确的是（　　　）。

　　A. $I = \dfrac{U}{L}$　　　　B. $I = \dfrac{U}{\omega L}$　　　　C. $I = \omega L U$　　　　D. $i = \dfrac{u}{X_L}$

8. 如图 7-9 所示，当交流电源电压为 220 V、频率为 50 Hz 时，三只白炽灯的亮度相同。现将交流电的频率改为 100 Hz，则下列情况正确的是（　　　）。

　　A. A 灯比原来暗　　B. B 灯比原来亮　　C. C 灯比原来亮　　D. C 灯和原来一样亮

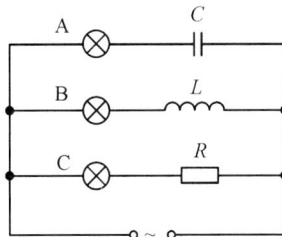

图 7-9

9. 在图 7-10 所示的电路中，交流电压表的读数分别是 V 为 10 V，V_1 为 8 V，则 V_2 的读数是（　　　）。

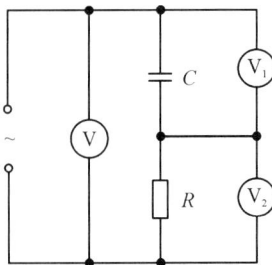

图 7-10

　　A. 6 V　　　　　　　　B. 2 V　　　　　　　　C. 1 V　　　　　　　　D. 4 V

10. 如图 7 - 11 所示的电路中，$u = 10\sin(\omega t + 30°)$，电流 $i = 2\sin(\omega t + 90°)$，则电路 N 吸收的平均功率 P 为（　　）。

　　A. 8 W　　　　　　　　B. 6 W　　　　　　　　C. 5 W　　　　　　　　D. 3 W

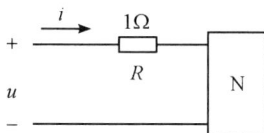

图 7 - 11

11. 已知交流电路两端的电压 $u = 10\sin(\omega t + 30°)$，电流 $i = 2\sin(\omega t - 60°)$，则该电路消耗的功率是（　　）。

　　A. 0　　　　　　　　　B. 20 W　　　　　　　C. 4W　　　　　　　　D. 不确定

12. 电路中某元件的电压和电流分别为 $u = 10\sin(\omega t + 60°)$，$i = -2\sin(\omega t - 60°)$，则该元件是（　　）。

　　A. 电感性元件　　　　B. 电容性元件　　　　C. 电阻性元件　　　　D. 纯电感元件

13. 已知交流电流的解析式为 $i = 4\sin(314t - 60°)$，当它通过 $R = 2\ \Omega$ 的电阻时，电阻上消耗的功率是（　　）。

　　A. 32 W　　　　　　　B. 8 W　　　　　　　　C. 16 W　　　　　　　D. 4 W

14. 在 RLC 串联电路中，下列属于电感性电路的是（　　）。

　　A. $R = 4\ \Omega$，$X_L = 1\ \Omega$，$X_C = 5\ \Omega$　　　　　B. $R = 4\ \Omega$，$X_L = 1\ \Omega$，$X_C = 8\ \Omega$

　　C. $R = 4\ \Omega$，$X_L = 3\ \Omega$，$X_C = 2\ \Omega$　　　　　D. $R = 4\ \Omega$，$X_L = 3\ \Omega$，$X_C = 3\ \Omega$

15. 在 RLC 串联电路中，当电流与总电压同相时，下列各关系中正确的是（　　）。

　　A. $\omega L^2 C = 1$　　　　B. $\omega^2 LC = 1$　　　　C. $\omega LC = 1$　　　　D. $\omega = LC$

16. 在 RLC 串联交流电路中，电阻、电感和电容两端的电压都是 200 V，则电路的端电压是（　　）。

　　A. 100 V　　　　　　　B. 300 V　　　　　　　C. 200 V　　　　　　　D. 不确定

17. RLC 串联电路原处于容性状态，欲使电路发生谐振，则应（　　）。

　　A. 减小电源频率　　　　　　　　　　　B. 增大电源频率

　　C. 减小电容　　　　　　　　　　　　　D. 增大电阻

18. 要使 RLC 串联电路的谐振频率增高，采用的方法是（　　）。

　　A. 在线圈中插入铁芯　　　　　　　　　B. 增加电容器两极板的正对面积

　　C. 增加线圈的匝数　　　　　　　　　　D. 增加电容器两极板间的距离

19. 处于谐振状态的电感线圈和电容器的并联电路，当电源频率升高时，电路为（　　）。

　　A. 电阻性　　　　　　　　　　　　　　B. 电容性

　　C. 电感性　　　　　　　　　　　　　　D. 不能确定

20. 电路如图 7 - 12 所示，在 RLC 串联谐振电路中，调高频率 f，同时使开关 S 闭合，前后电压表的读数不变，则（　　）。

A. 电容被击穿   B. 电路重新发生谐振

C. $X_C = 2X_L$ D. $X_L = 2X_C$

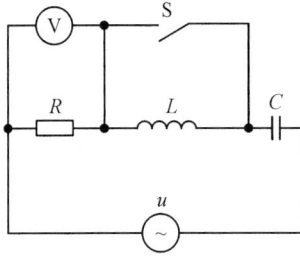

图 7 - 12

参考答案

第8章　三相交流电路

8.1　知识要点

（1）最大值相等、频率相同、相位互差120°的三相交流电动势称为对称三相交流电动势。电力系统输、配电主要是三相交流电。

（2）三相交流电表示方法：解析式、波形图和相量图。三相交流电的解析式如下：

$$e_U = E_m \sin(\omega t + 0°)$$
$$e_V = E_m \sin(\omega t - 120°)$$
$$e_W = E_m \sin(\omega t + 120°)$$

e_U、e_V、e_W 的波形图和相量图如图 8-1 所示。

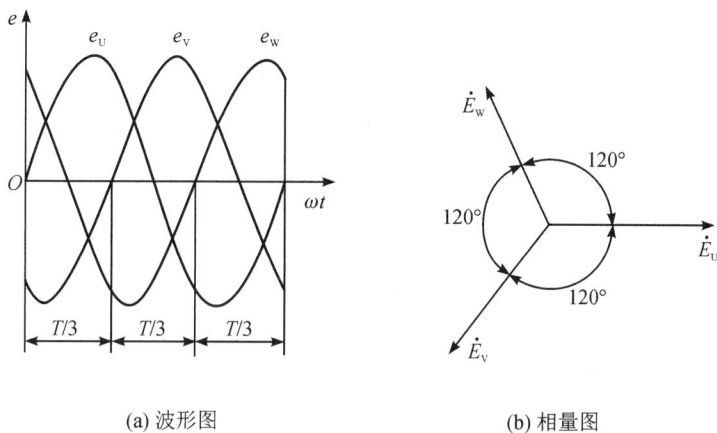

(a) 波形图　　　　　　　　(b) 相量图

图 8-1　对称三相交流电动势的波形图和相量图

对称三相交流电动势在任一时刻的代数和为零，即

$$e_U + e_V + e_W = 0$$

从波形图很容易看出：它们的代数和为零。也可以通过相量图求和证明它们的代数和为零。

（3）低压系统可采用三相四线制供电方式。目前广泛应用三相五线制供电方式，它设有专门的保护零线，接线方便，安全可靠。

（4）星形连接的对称负载常采用三相三线制供电。星形连接的不对称负载常采用三相四线制供电；中线的作用是使负载中性点保持零电位，从而使三相负载成为三个独立的互不影响的电路。

（5）对称三相电路中，负载线电压与相电压、线电流与相电流的关系见表 8-1。

表 8-1　Y 形与△形连接比较

关系	方　式	
	Y 形连接	△形连接
线电压与相电压的关系	数量关系：$U_L = \sqrt{3} U_P$ 相位关系：线电压超前对应相电压 30°	$U_L = U_P$
线电流与相电流的关系	$I_L = I_P$	数量关系：$I_L = \sqrt{3} I_P$ 相位关系：线电流滞后对应相电流 30°

（6）当三相负载对称时，不论它是星形连接还是三角形连接，负载的三相电流、电压均对称，因此，对称三相电路的计算可归结为单相电路的计算，相电流为

$$I_P = \frac{U_P}{Z}$$

（7）对称三相电路的功率为

$$P = \sqrt{3} U_L I_L \cos\varphi_P$$

式中，每相负载的功率因数为

$$\cos\varphi_P = \frac{R}{Z}$$

同一个三相负载作 Y 形连接和作△形连接时，线电流是不同的，因此，二者的功率也不同。在同一个三相电源中将同一个三相负载作星形连接时的线电流、有功功率均是作三角形连接时的 1/3。因此，大功率三相电动机采用 Y-△降压启动时的线电流仅为三角形连接启动时的线电流的 1/3。

8.2　解题示例与分析

在分析与计算对称三相电路时要注意：

（1）三相负载采用星形连接还是三角形连接应根据电源线电压和负载的额定电压来确定。

（2）不论负载作星形连接还是作三角形连接，必须弄清每相负载的电压与电源线电压的关系。对称三相负载，它的三相电流、电压均对称，这样三相电路的计算可归结为计算一相负载的单相电路的计算。负载不对称时，对于三相四线制电路，必须要有中性线，否则会造成阻抗较小（负载重）的负载电压低，阻抗较大的负载电压高，产生不良后果。

【例 1】　如图 8-2 所示的电路中，L_1 相灯泡的额定值为 220 V、100 W，L_2、L_3 相灯泡的额定值为 220 V、60 W，L_2 断开，三相电源的线电压为 380 V。求：

（1）中线上开关 S 闭合时各相电流；

（2）中线上开关 S 断开时各负载两端的电压。

【分析】　图 8-2 所示电路是三相四线制供电方式，中线的存在可保证各相非对称负载电压的对称，各相负载能正常工作。中线断开后，不对称星形负载变成串联后接在 L_1 相与 L_3 相之间。

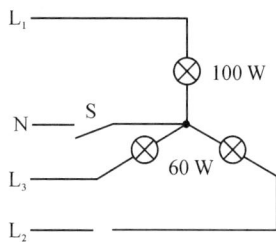

图 8 - 2

解　(1) 中线上开关 S 闭合时，各相电压均为 220 V。灯泡为纯电阻负载，各相电流为

$$I_1 = \frac{P_1}{U_P} = \frac{100}{220}\ \text{A} \approx 0.46\ \text{A}$$

$$I_2 = 0\ \text{A}$$

$$I_3 = \frac{60}{220}\ \text{A} \approx 0.27\ \text{A}$$

(2) 中线断开后，100 W 和 60W 灯泡串联后接在 L_1 与 L_3 两相线之间。由灯泡的额定值得各灯泡的电阻为

$$R_1 = \frac{U^2}{P_1} = \frac{220^2}{100} = 484\ \Omega$$

同理，可得

$$R_3 = 807\ \Omega$$

则两灯泡两端的电压分别为

$$U_1 = \frac{U_L}{R_1 + R_3} \times R_1 = \frac{380}{484 + 807} \times 484\ \text{V} \approx 142.5\ \text{V}$$

$$U_3 = U_L - U_1 = 380\ \text{V} - 142.5\ \text{V} = 237.5\ \text{V}$$

L_3 相负载小，电阻大，电压超过了灯泡的额定电压，很快会烧坏；L_1 相负载大，电阻小，电压远低于灯泡的额定电压，灯光变暗。当 L_3 相灯泡烧坏后，造成 L_3 相断路，L_1 相灯泡也就熄灭了。

【例 2】　图 8 - 3 所示电路是三相对称三角形负载，设每相阻抗为 Z，线电压为 U_L，求开关 S 断开前、后各相线电流是多少。

解　开关 S 闭合，三相负载对称，则

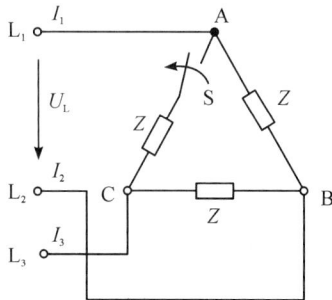

图 8 - 3

$$I_P = \frac{U_L}{Z}, \quad I_L = \sqrt{3}\,I_P = \sqrt{3}\,\frac{U_L}{Z}$$

开关 S 断开后，L_1、L_3 相线电流分别等于 L_1、L_3 相负载的相电流，则 $I_1 = I_3 = \dfrac{U_L}{Z}$。

L_2 相线电流保持不变，$I_2 = I_L = \sqrt{3}\,I_P = \sqrt{3}\,\dfrac{U_L}{Z}$。

【例 3】 A 组有三根额定电压为 220 V、功率为 1 kW 的电热丝接到三相 380 V 的电源上，采用何种接法？B 组有三根额定电压为 380 V、功率为 1 kW 的电热丝接到三相 380 V 的电源上，采用何种接法？把 A、B 两组电热丝接成一只电热器，接到三相 380 V 的电源上，如何连接？三种接法的电热器功率和线电流是多少？

解 A 组三根电热丝接成 Y 形，B 组三根电热丝接成 △ 形。把 A、B 两组六根电热丝接成如图 8 - 4 所示的连接方式。无论是 A 组还是 B 组，它们的功率都是 $3 \times 1 \text{ kW} = 3 \text{ kW}$，负载为纯电阻，功率因数 $\cos\varphi_P = 1$，根据三相对称电路的功率公式

$$P = \sqrt{3}\,U_L I_L \cos\varphi_P$$

得

$$I_{\triangle L} = I_{YL} = I_L = \frac{3000}{\sqrt{3} \times 380} \text{ A} \approx 4.55 \text{ A}$$

A 组 Y 形：

$$I_{YL} = I_{YP} = \frac{1000}{220} \text{ A} \approx 4.55 \text{ A}$$

B 组 △ 形：

$$I_{\triangle L} = \sqrt{3}\ I_{\triangle P} = \frac{1000}{380}\sqrt{3} \text{ A} \approx 4.55 \text{ A}$$

A、B 两组电热丝接成一只电热器时，功率为 6 kW，则

$$I_L = 2 \times 4.55 \text{ A} = 9.1 \text{ A}$$

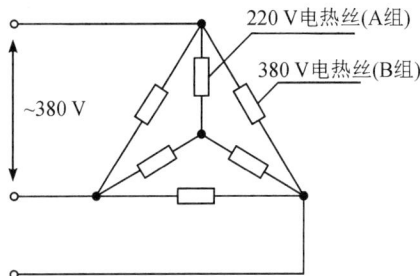

图 8 - 4

【例 4】 一个大功率三相对称负载，每相电阻 $R = 6 \text{ }\Omega$，感抗 $X_L = 8 \text{ }\Omega$，连成三角形后接在线电压为 380 V 的三相电源上，如图 8 - 5 所示。求：

（1）线电流大小；

（2）缺相（一根相线断开）时，各负载的相电流和线电流大小。

解 每相负载阻抗 $Z=\sqrt{R^2+X_L^2}=\sqrt{6^2+8^2}=10\ \Omega$，因负载、电源对称，故线电流相同。

(1) $I_L=\sqrt{3}\,I_P=\sqrt{3}\dfrac{U_P}{Z}=\sqrt{3}\times\dfrac{380}{10}\ \text{A}=65.7\ \text{A}$。

(2) 设 L_3 缺相(断线)，L_1 相负载的相电压 $U_P=380\ \text{V}$，相电流为

$$I_{12}=\frac{U_P}{Z}=\frac{380}{10}\ \text{A}=38\ \text{A}$$

L_2、L_3 相负载串联接在 380 V 电源上，$Z'=2\sqrt{R^2+X_L^2}=2\times\sqrt{6^2+8^2}\ \Omega=20\ \Omega$，相电流为

$$I_{23}=I_{31}=\frac{U_P}{Z'}=\frac{380}{20}\ \text{A}=19\ \text{A}(方向与图中标注方向相反)$$

负载 Z 和 Z' 都是感性负载，$\tan\varphi=\dfrac{X_L}{R}$，电压与电流的相位差相同，则各线电流为

$$I_1=I_2=I_{12}+I_{23}=19\ \text{A}+38\ \text{A}=57\ \text{A}$$
$$I_3=0\ \text{A}$$

设备供电电源缺相，由三相电源变成单相 380 V(不能说成二相)电源供电，功率下降很多，如果是电热设备，发热严重不足；如果是电动机，因拖动的负载不变，而电动机的功率下降，故电动机很快就会烧坏。实践中要严防电动机缺相运行。

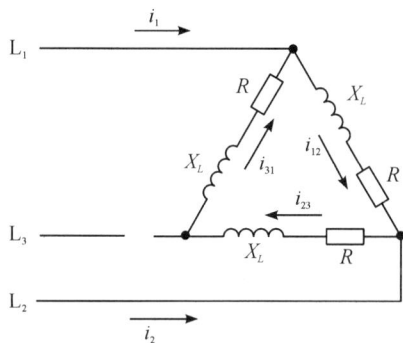

图 8 - 5

8.3 综合练习

一、判断题

1. 三相四线制供电线路中的相电压为 220 V，则线电压为 311 V。　　　　　　(　　)

2. 负载连接成三角形时，线电流必等于相电流的 $\sqrt{3}$ 倍。　　　　　　　(　　)

3. 三相负载越接近对称，中线电流就越小。　　　　　　　　　　　　(　　)

4. 三相交流电源是由频率、有效值、相位都相同的三个单相交流电源按一定方式组合起来的。　　　　　　　　　　　　　　　　　　　　(　　)

5. 三相三线制供电只能给三相用电器供电，不能给单相用电器供电。　　　(　　)

6．三相电源绕组作星形连接时，线电压总是超前于对应的相电压 $30°$。　　　（　　）

7．三相对称电动势任一瞬间的代数和为零。　　　　　　　　　　　　　　（　　）

8．三相四线制供电方式中，中线的作用是保证不对称负载的相电压对称。　（　　）

9．连接在同一电源下的星形负载与三角形负载的线电压相等。　　　　　　（　　）

10．三相功率计算式 $P=\sqrt{3}U_LI_L\cos\varphi$，$\varphi$ 是线电压与线电流间的相位差。（　　）

11．一台三相电动机，每相绕组的额定电压是 220 V，三相电源经调压器降压后变为 220 V 的线电压，则电动机的绕组应连成星形。　　　　　　　　　　　（　　）

12．三相对称负载连成三角形时，线电流的有效值是相电流有效值的 $\sqrt{3}$ 倍，且相位比相应的相电流超前 $30°$。　　　　　　　　　　　　　　　　　　　（　　）

13．三相不对称负载作星形连接时，为了使各相电压保持对称，应采用三相四线制。

（　　）

14．三相对称负载作三角形连接，接在线电压为 380 V 的三相交流电路中，若每相负载的电阻为 10 Ω，则电路的线电流为 38 A。　　　　　　　　　　　（　　）

15．在三相四线制不对称电路中，一相负载断开，另两相负载不能正常工作。（　　）

二、填空题

1．三相对称负载作星形连接，$U_{YP}=$ _____ U_{YL}，且 $I_{YP}=$ _____ I_{YL}，中性线电流为 _____。

2．三相对称负载作三角形连接，$U_{\triangle L}=$ _____ $U_{\triangle P}$，且 $I_{\triangle L}=$ _____ $I_{\triangle P}$，各线电流的相位比相应的相电流 _____。

3．三相对称电源线电压 $U_L=380$ V，对称负载每相阻抗 $Z=10$ Ω，若连接成星形，线电流 $I_L=$ _____ A；若连接成三角形，则线电流 $I_L=$ _____ A。

4．如图 8-6 所示的三相对称负载电路中，电压表 V_1 示数为 380 V，电压表 V_2 示数为 _____，电流表 A_1 示数为 10 A，电流表 A_2 示数为 _____。

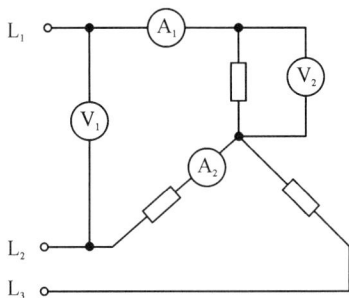

图 8-6

5．如图 8-7 所示的三相对称负载电路中，电压表 V_1 示数为 380 V，电压表 V_2 示数为 _____，电流表 A_1 示数为 10 A，电流表 A_2 示数为 _____。

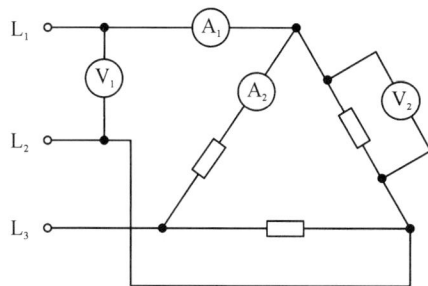

图 8-7

6. 三相对称负载接成星形，每相负载的阻抗为 22 Ω，功率因数为 0.8，负载中的电流为 10 A，则三相电路的有功功率为_____。如果负载改为三角形连接，且仍保持负载中的电流为 10 A，则三相电路的有功功率为_____。如果保持电源线电压不变，负载改为三角形连接，则三相电路的有功功率为_____。

7. 如图 8-8 所示的电路中，$u_{12}=380\sqrt{2}\sin(\omega t +15°)$，$i=38\sin(\omega t -15°)$，如果负载为三角形连接，每相阻抗为_____；如果负载为星形连接，每相阻抗为_____。负载性质属于_____性，三相负载的有功功率为_____。

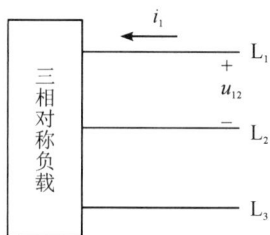

图 8-8

8. 如图 8-9 所示的三相四线制供电线路，相电压是 220 V，每相负载为两个"220 V、100 W"白炽灯并联，则相线 L_1、L_2 间交流电压的最大值为_____，相电流为_____，线电流为_____，中性线中的电流为_____。若某相线断路，则其他两组白炽灯_____正常发光。如果这时中性线又发生断路，则其他两组白炽灯_____正常发光，这时每组白炽灯的电压是_____。

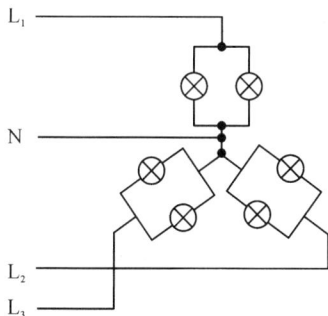

图 8-9

三、选择题

1. 额定电压为 220 V 的三相电热丝，接到线电压为 380 V 的三相电源上，最佳的连接方法是（　　　）。

    A. 三角形连接　　　　　　　　　　B. 星形连接并在中性线上装熔断器

    C. 三角形连接、星形连接都可以　　D. 星形连接，无中性线

2. 在如图 8－10 所示的三相四线制电源中，用电压表测量电源线的电压以确定零线，测量结果 $U_{12}＝380$ V，$U_{23}＝220$ V，则（　　　）为零线。

    A. 2 号　　　　　　　　　　B. 3 号　　　　　　　　　　C. 4 号

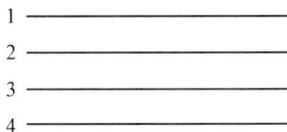

图 8－10

3. 如图 8－11 所示的三相交流电路中连接着三个规格相同的白炽灯，它们都能正常发光，如其中一相断开，则其他两相的灯泡将（　　　）。

    A. 烧毁其中一个或都烧毁　　　　B. 不受影响，仍正常发光

    C. 都略微增亮些　　　　　　　　D. 都略微变暗些

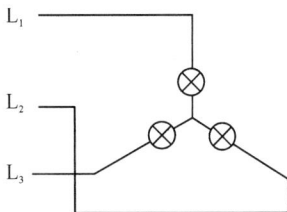

图 8－11

4. 同一三相对称负载接在同一电源中，作三角形连接时三相电路相电流、线电流、有功功率分别是作星形连接时的（　　　）倍。

    A. $\sqrt{3}$、$\sqrt{3}$、$\sqrt{3}$　　　　　　　　B. $\sqrt{3}$、$\sqrt{3}$、3

    C. $\sqrt{3}$、3、$\sqrt{3}$　　　　　　　　D. $\sqrt{3}$、3、3

5. 在采用三相四线制供电的动力线路中，三相负载相同，则（　　　）。

    A. 三相负载作三角形连接时，每相负载的电压等于 U_L

    B. 三相负载作三角形连接时，每相负载的电流等于 I_L

    C. 三相负载作星形连接时，每相负载的电压等于 U_L

    D. 三相负载作星形连接时，每相负载的电流是 $I_L/\sqrt{3}$

6. 三相电路如图 8－12 所示，三个同规格灯泡正常工作。若在 b 处出现开路故障，则各灯亮度情况为（　　　）。

    A. L_1、L_2 熄灭，L_3 正常发光　　　B. L_1、L_2 变暗，L_3 正常发光

    C. L_1、L_2、L_3 均正常工作　　　　D. L_1、L_2、L_3 均变暗

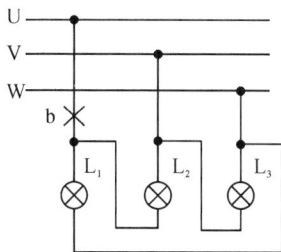

图 8-12

7. 如图 8-13 所示的三相交流电路中,三相对称负载作三角形连接,如 W 相电源线断开,则电流表和电压表的示数变化分别为(　　　)。

A. 变小;不变

B. 变小;变小

C. 变大;不变

D. 不变;变小

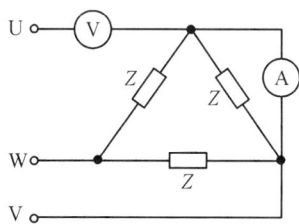

图 8-13

参考答案

第9章　安全用电

9.1　知识要点

（1）远距离高压输电的目的是减少输电线路上的电能损失。

（2）将区域发电厂、变电所和电力用户连接起来构成电力系统，可以提高发电厂的设备利用率，合理调配各发电厂的负载，可以提高供电的可靠性和经济性。

（3）安全电压是指人体持续接触而不会使人直接致死或致残的电压。通常规定交流 36 V 以下及直流 48 V 以下为安全电压，安全电压必须由双绕组变压器降压获得。我国工频安全电压等级为五级，分别是 42 V、36 V、24 V、12 V、6 V，特殊环境手持电动工具可采用 42 V 电压供电。水下作业应采用 6 V 电压。

（4）我国安全色标准规定黄、绿、红、蓝四种颜色为安全色。

（5）保护接地适用于高压电气设备及电源中性线不直接接地的低压电气设备；保护接零适用于三相四线制或三相五线制时中性线直接接地的供电系统。工作接地、保护接地的接地体电阻 $R \leqslant 4$ Ω，公共接地的接地体电阻取各接地要求中的最小值，一般 $R \leqslant 1$ Ω。

在同一供电系统中，绝不允许一部分电气设备采用保护接地而另一部分设备采用保护接零，否则会发生严重后果。

（6）漏电保护器是利用漏电保护装置来防止电气事故的一种安全技术措施。一般场所的漏电保护装置中，额定漏电动作电流不大于 30 mA，动作时间小于 0.1 s。

（7）人体触电可分为电击和电伤两种。电流对人体的危害程度，与通过人体的电流的频率和大小、通电时间长短、电流通过的途径以及人体电阻的大小等多种因素有关。实践证明，50～100 Hz 的电流最危险，当通过人体的电流达到 50 mA 时，就会致命。

（8）常见人体触电方式：单相触电、两相触电和跨步电压触电三种。使触电者脱离低压电源的方法可用"拉""切""挑""拽"来概括。

（9）人工急救方法：口对口人工呼吸法和胸外心脏按压法。

（10）绝缘电阻表的三个接线桩的连接方法是：L 接在被测物与大地绝缘的导体部分，E 接被测物的外壳或大地，G 接在被测物的屏蔽环上或不需要测量的部分。测量时顺时针摇动兆欧表手柄至匀速 120 r/min，持续 1 min。一般地，低压线路的和低压设备的绝缘电阻都应在 0.5 MΩ 以上。

9.2　综合练习

一、判断题

1. 触电对人体造成伤害的主要形式为电击和电热两种。　　　　　　　　　　（　　）

2. 电力部门规定的安全电压是 36 V 及以下的电压。　　　　　　　　　　　（　　）

3. 人体不同部位接触到同一电源同一根相线的现象，称为两相触电。　　　　（　　）

4. 当触电者心跳和呼吸都停止时，应坚持轮流做人工胸外按压抢救和人工呼吸心肺复苏抢救。　　　　　　　　　　　　　　　　　　　　　　　　　　　　　　　　　（　　）

5. 在进行线路电气作业时，禁止约定时间停、送电。　　　　　　　　　　　（　　）

6. 在使用家用电器的过程中，用湿手操作开关会引起触电事故。　　　　　　（　　）

7. 可采用绝缘、防护、隔离等技术措施防止触电，保障安全。　　　　　　　（　　）

8. 在危险性较大的场所，灯具高度小于 2.4 m 时，应使用小于 36 V 的安全电压。（　　）

9. 人体的某一部位碰到相线或绝缘性能不好的电气设备外壳时，电流由相线经人体流入大地的触电现象称为两相触电。　　　　　　　　　　　　　　　　　　　　　（　　）

10. 用验电笔测试 220 V/380 V 三相四线制电源线路时，使氖泡发亮的被测导线是火线，不发亮的是零线。　　　　　　　　　　　　　　　　　　　　　　　　　（　　）

11. 当用手靠近电气设备测试其温度时，要用手掌而不能用手背。　　　　　　（　　）

12. 触电的危险程度完全取决于通过人体的电流的大小。　　　　　　　　　　（　　）

13. 维修电气设备后，要检查它的绝缘电阻，其绝缘电阻值应不小于 0.5 MΩ。（　　）

14. 家庭用电插座左边插孔应接相线，右边插孔应接零线。　　　　　　　　　（　　）

15. 日光灯和镇流器应匹配使用。　　　　　　　　　　　　　　　　　　　　（　　）

16. 公共接地时取各接地要求中接地体电阻的最小值，一般 $R \leq 1$ Ω。　　　　（　　）

17. 同一供电系统中，保护接地和保护接零可共存。　　　　　　　　　　　　（　　）

18. 测量绝缘电阻时顺时针摇动兆欧表手柄应持续 1 min。　　　　　　　　　（　　）

二、选择题

1. 三相母线按相序的颜色分别规定为（　　）。

A. 红、黑、白　　　　　　　　　　　　B. 黄、蓝、绿

C. 黄、绿、红　　　　　　　　　　　　D. 蓝、黄、绿

2. 照明灯具的螺口灯头接电时（　　）。

A. 相线应接在中心触点端上　　　　　　B. 零线应接在中心触点端上

C. 相线应接在螺口金属接线端上　　　　D. 可任意接线

3. 开关合上后熔断器熔丝烧断，不可能的原因是（　　）。

A. 灯座内两线头短路　　　　　　　　　B. 线路发生断路

C. 线路发生短路　　　　　　　　　　　D. 螺口灯座内中心铜片与螺旋铜圈相碰短路

4. 安装三相四线制的插座，地线孔应在（　　）方。

A. 上　　　　　　　B. 下　　　　　　　C. 左　　　　　　　D. 右

5. 在特别潮湿的场所及金属容器内，应使用（　　）的低压照明灯。

A. 110 V　　　　　　　　　　　　　　　B. 48 V

C. 等于或小于 24 V　　　　　　　　　　D. 大于 36 V

6. 下列做法中，符合安全用电原则的是（　　）。

A. 将开关安装在灯泡和零线之间

B. 发生触电事故后，先切断电源，再救人

C. 用湿抹布擦拭亮着的台灯灯泡

D. 使用试电笔时，手与笔尖金属体接触

7. 通过人体的安全电流为（　　　）。

A. 60 mA   B. 30 mA   C. 100 mA   D. 80 mA

8. 对触电者进行口对口人工呼吸急救时，应该每分钟做（　　　）。

A. 12～14 次   B. 1～4 次

C. 30～35 次   D. 任意次数都可以

9. 当触电者心跳和呼吸都停止时，抢救操作的顺序是（　　　）。

A. 打开气道，做人工呼吸抢救，做人工胸外按压抢救

B. 做人工胸外按压抢救，做人工呼吸抢救，打开气道

C. 测脉搏，进行心脏按压，进行人工呼吸

D. 人工呼吸和胸外按压同时进行

10. 保护接地的主要作用是（　　　），减少流向人身的电流。

A. 防止电路不通   B. 防止发生触电事故

C. 防止电路过载   D. 短路保护

参考答案